U0342824

山西省普通高等学校人文社会科学重点研究基地项目成果

流域环境变迁与
科学发展研究丛书

丛书主编／王尚义

汾河流域水资源与水安全

任世芳／著

科学出版社

北京

图书在版编目(CIP)数据

汾河流域水资源与水安全 /任世芳著. —北京：科学出版社，2015.5
（流域环境变迁与科学发展研究丛书/王尚义主编）
ISBN 978-7-03-044428-8

Ⅰ.①汾… Ⅱ.①任… Ⅲ.①汾河-流域-水资源-研究②汾河-流域-水资源管理-研究 Ⅳ.①TV21

中国版本图书馆 CIP 数据核字（2015）第 111868 号

策划编辑：杨 静
责任编辑：付艳 宋开金 高丽丽 / 责任校对：张怡君
责任印制：张 倩 / 封面设计：黄华斌 陈 敬
编辑部电话：010-64033934
E-mail：fuyan@mail.sciencep.com

科 学 出 版 社 出版
北京东黄城根北街 16 号
邮政编码：100717
http://www.sciencep.com
中国科学院印刷厂 印刷
科学出版社发行 各地新华书店经销

*

2015 年 5 月第 一 版 开本：720×1000
2015 年 5 月第一次印刷 印张：14
字数：229 000
定价：65.00 元
（如有印装质量问题，我社负责调换）

出版前言

流域作为以河流为中心的人—地—水相互作用的复合系统，是受人类活动影响最为深刻的地理单元。近年来，我国流域性资源环境问题日益突出，洪涝灾害、水资源短缺、水污染、流域生态安全、流域经济与城镇的协调发展等问题已引起高度关注，流域科学发展问题在国家和区域经济社会可持续发展中占有举足轻重的地位。我们认为，以历史流域为视角，对流域系统进行综合、交叉研究，不仅对区域历史地理学理论创新具有重要的学术意义，也对科学治水、科学解决现代流域问题具有重要的实践价值。具体包括以下几个方面：

第一，以流域的整体观和历史观为视角，从流域人—地—水相互作用的系统性、整体性、流域问题的因果性出发，开展多学科集成的历史流域学的综合研究，是深化历史地理研究的新领域，是历史地理理论研究和实际应用相结合最适宜的"实验地"，对历史地理理论创新、研究方法创新和应用拓展具有重要的学术意义。

第二，我国较早的历史地理著作《水经注》，即是以水道为纲，来描述中国地理特征的。以流域为单元进行区域地理研究，有助于探索以水资源为核心的、独特的自然与人文要素的历史演进规律，系统、综合地揭示国家、区域历史时期人地关系的变化及其作用、规律。

第三，人类文明往往与河流联系在一起。历史流域学研究，有助于系统揭示历史时期人类发展及地域运动的基本规律，揭示人类文明演进的特征与规律。

第四，通过对历史时期流域自然环境、人文环境变迁、流域人地关系演替规律的研究，可以有效揭示流域人地系统形成过程中的每一个环节及其形成机理和演化规律。科学认识当前流域性问题的特征和历史根源，以有效地协调、控制其发展过程，为流域科学治水、科学解决流域问题提供借鉴。

山西省普通高等学校人文社会科学重点研究基地——太原师范学院汾河流域科学发展研究中心，以流域的整体观和历史观为视角，以流域环境变迁与科学发展为主线，多年来致力于黄河中游及其支流——汾河流域历史时期的河湖变迁、水患灾害、生态环境演进、流域聚落与经济活动发展等研究工作。在长期研究基础上，我们于 2009—2010 年在《光明日报》连续发表了关于历史流域学的 5 篇系列文章，首次提出创建历史流域学的构想，认为应从流域人地系统整体性、因果性出发，加强历史时期流域人地系统演进特征、规律及要素之间、区域之间相互作用关系的综合性、交叉性研究，以揭示流域空间特征、空间联系与空间分异规律，流域自然、人文环境的演进过程及规律，揭示流域问题的历史背景及发展过程，流域物质循环、能量流动、空间格局演进与维持机制。这一成果发表后引起学界的高度关注，著名历史地理学家陈桥驿先生认为："把历史流域学作为一门独立的学科，这是科学发展中的一种创新，有待学术界对此从事深入的探索，使这门学科能够获得充实与发展。"2011 年 11 月，我们主办了"中国历史流域学首次学术研讨会"，来自北京大学、复旦大学、陕西师范大学、中国人民大学等院校的20 多名历史地理专家就流域环境变迁与历史地理学创新问题进行了深入研讨。中国地理学会 2012 年学术年会专门设立了"历史流域与流域环境演变"分会场，就这一问题做了更为广泛地研讨。汾河流域科学发展研究中心在上述研究基础上，受山西省普通高等学校人文社会科学重点研究基地项目资助，就历史流域学和汾河流域环境变迁与科学发展开展了系列研究，"流域环境变迁与科学发展研究丛书"即是这一系列研究成果的展现。

本系列丛书，内容涵盖历史流域学基本理论、汾河流域政区历史变迁与文明演进、水资源与水安全、流域环境变化及环境质量评估、流域经济发展与空间开发、流域文化空间解构与整合再生、流域城镇变迁与城镇化、流域聚落演进与古村落保护、流域灾害问题与防灾减灾、流域水利开发与治河工程等 10 个方面。其鲜明特点是，以流域的整体观和历史观为视角，从流域人—地—水相互作用的系统性、整体性、流域问题的因果性出发，以流域整体观视角揭示汾河流域空间特征、空间联系与空间分异规律，以历史观视角揭示流域自然、人文环境的演进过程及演进机制，以流域问题的因果观视角，揭示目前流域问题的历史背景及发展过程。这些著作既有对历史流域学理论的探索，又有关于汾河流域科学发展问题的探索，我们期望丛书的出版不仅可以丰富区域历史地理理论，推进流域环境变迁的综合研究，而且能够为汾河流域科学发展决策提供参考。

王尚义

2014 年 10 月 18 日

目 录

第一章
绪　论

第一节　汾河流域概况

　　汾河是山西第一大河，也是黄河的第二大支流，汾河流域是山西省经济、社会等事业最发达的地区，在山西省具有举足轻重的地位。

　　汾河干流全长 694km，流域面积 39 471km^2。干流流经忻州、太原、晋中、吕梁、临汾、运城 6 市，截至 2010 年，流域内耕地面积 115.91 万 hm^2，占全省耕地面积的 29.5 ％。有效水浇地面积为 47.61 万 hm^2（714.1 万市亩[①]），占全省有效水浇地面积 110.5 万 hm^2（1657.5 万市亩）的 43.1％。汾河流域耕地面积虽占全省耕地面积的不到 1/3，但流域内水浇地面积却占全省水浇地面积的 43.1％，水资源开发利用条件比较优越。[②][③][④]

　　截至 2010 年，流域内共有人口 1315 万人，占全省总人口的 45％。国内生产总值（GDP）为 730.6 亿元，占全省 GDP 1 643.8 亿元的 44.4％。汾河干流两岸分布着众多的大中小型工矿企业，包括钢铁、化工、有色冶金、机械制造、采矿，其中有不少是骨干型的规模以上企业。这些企业多

---

① 1亩≈666.7平方米。
② 李英明、潘军峰：《山西河流》，北京：科学出版社，2004 年，第 20-165 页。
③ 山西省水利厅：《汾河志》，太原：山西人民出版社，2006 年，第 15-250 页。
④ 山西省统计局、国家统计局山西调查总队：《山西统计年鉴》，北京：中国统计出版社，2011 年，第 86-88 页。

数集中在太原、临汾、晋中等大城市，也有一些大企业设置在古交、岚县、洪洞、河津、霍州等县市，工矿企业和城市生活用水数量很大。

山西是国家能源基地，而汾河流域是这一基地的心脏。山西本来是个资源性的省份，煤炭、铝土储量均居全国前列，汾河流域就有西山、汾西、霍州等大矿，因此在工业方面长期依赖输出原煤、焦炭支持经济发展。在进入深化改革时期，山西被确定为山西省国家资源型经济转型发展综合配套改革试验区先行试验的地区，水资源开发利用如何与山西省国家资源型经济转型发展综合配套改革试验区的新要求相适应，为其提出了新问题。与此同时，干旱半干旱的自然地理条件和极端气候事件频发的影响，也使得水危机和水安全问题日益凸显。

第二节　汾河流域的历史流域学特征

流域是人类文明的摇篮，也是现代人类活动与环境之间趋于和谐的基石。历史流域学是从整体性、区域性、系统性出发，多角度地重新审视了流域发展过程，旨在完整地获得某流域在整个人类历史时期的演变的学科。[1] 从历史流域学的因果性和系统性观点分析，每个流域在其漫长的历史进程中都会逐渐形成有别于其他流域的历史流域特征，而这种特征绝不仅仅体现在地理位置、气候特点、水系特征等自然因素方面。汾河流域自历史时期起就有着悠久的开发历史，这与该流域独特的历史流域特征所产生的动力是分不开的。

一、汾河流域的地望优势

汾河流域北为管涔山河源，东隔云中山、太行山与海河水系为界，西以芦芽山、吕梁山与黄河北干流为界，东南有太岳山与沁河为界，南面则以紫金山、稷王山与涑水河为界，四周被高山山脉所围绕，军事上易守难攻，历史上大多数时期相对和平稳定，在此发生的重大战役不多，这对经济社会发展相对有利。

流域中游的自然地形特点则是一片沃野。在汾河干流的中游，即太原市兰村至洪洞县石滩河段，该段河道长 243.4km，流经宽阔平坦的太原盆

---

① 王尚义、张慧芝：《关于创建历史流域学的构想》，《光明日报》，2009 年，11 月 19 日第 9 版（理论综合版）。

地，属平原型河流。下游从洪洞县石滩至万荣县庙前入黄河口，流经更为平坦宽阔的临汾盆地，该段河道长 233km，河流水势更为平缓。上述两大盆地的土地面积均为 5000km²，加上岚县等山间小盆地，平原面积在 10 000km² 以上。

并州险塞、沃野千里的地望优势给予了农业经济发展很好的条件，其在历史上也一度被美称为"天府之国"，可与两汉三国时期的益州相媲美。

二、农田水利发展有 4000 多年的历史

由于农业经济发展较早，为了农田灌溉而开发利用地上、地下水资源的历史也很悠久。按照本书推测，早在虞舜时可能已凿井汲水，而凿井技术可能由舜传到汾河流域，因为传说"尧都平阳（今山西临汾市），舜都蒲阪（今山西运城市）"[①]，而舜有着凿井的技能（见本书第二章及《史记·五帝本纪》）。

汾河流域是中国农田水利发展最早的地区之一。史籍明确记载，凿井的发者伯益与禹同时[②]（另见《世本》）。而禹登帝位后，"夏禹都阳城，……又都平阳，或在安邑，或在晋阳"（《世本·居篇》），这里写的平阳和晋阳，分别为今天的山西省临汾市和太原市，两市均位于汾河干流河畔。孔子曾说禹"尽力乎沟洫"，意思是讲夏禹致力于原始的农业灌溉工程，既包括凿井，也包括排灌沟渠（《论语·泰伯》），这些都实施在距今 4200 年。

三、历史上曾多次成为政治中心

经济是政治的基础，由于汾河流域有相对发达的农业经济基础，历史上曾多次成为政治中心。建都于汾河流域的夏禹世袭王朝是中国古代最早的国家。尧、舜在古籍中以圣王的形象出现，实际上他们并不是帝王，而只是父系氏族公社部落联盟中的军事首长，是联盟议事组织推选出来的，故实行所谓的"禅让"制度，尧禅让给舜，舜禅让给禹，这是部落联盟内军事民主制的体现。由于原始部落联盟和私有制的发展，到禹担任军事首长时，就破坏了禅让传统，最终启即位，中国古代第一个世袭王朝由此产生，它同时标志着原始部落联盟向早期国家的转变，因此，夏朝是中国古代最早

---

① 姚启明、张纪仲、王铭等：《山西省地理》，太原：山西教育出版社，1994 年，第 6 页。
② 范文澜：《中国通史简编（修订本）》第一编，北京：人民出版社，1964 年，第 94-95 页。

的国家。① 夏朝在迁都过程中，有两次选择了汾河流域。如果没有该流域相对发达的农业经济作为基础，就不可能有上述选择。

除了夏朝，汾河流域的临汾和太原在历史上也曾多次成为分裂时期割据政权的都城。在五胡十六国时期，匈奴族建立的前赵政权曾定都平阳（今临汾西），时间长达 14 年（当时国号为汉）。534—550 年的东魏，以及 550—577 年的北齐，虽定都于邺（今河北磁县南），但实际掌权者高欢及其称帝的子孙均在晋阳（今太原市晋源镇），建立"大丞相府"，当时人称晋阳为"别都"（《隋书·地理志》），时间长达 43 年。隋朝末年，天下大乱，隋太原留守李渊及其子李世民（当时人称"太原公子"）起兵灭隋，建立唐帝国，在 690 年定晋阳为北都（《旧唐书·地理志》及《新唐书·地理志》），742 年改名为北京，756 年恢复北都旧名。

五代十国时期，后唐定都晋阳为西京凡 13 年；后晋石敬瑭 936 年在晋阳称帝（次年迁都开封）；后汉刘知远在 947 年称帝，后虽迁都开封，但为了看守老家，任其弟刘崇为河东节度使，在北京留守。

刘崇于 951 年称帝于晋阳，史称北汉。北汉虽只有今太原、忻州及吕梁等市，但也存在了 28 年（951—979）。以上这些割据政权以晋阳为都城，累计时间长达百年。这一时期水资源的开发利用，得到了较大的发展。

四、以矿冶手工业为主的手工业中心

汾河流域经济社会的发展，也推动了以矿冶为主的手工业的蓬勃发展。

以采煤为例，煤在古代被称为石炭。正如郝树侯先生所说："太原古为冶铸工业发达的城市，为了适应炼铁的需要，石炭被利用，应当不会太迟；但由于缺乏文献考证，很难考出确实的年代。"②

现在能找到的历史文献，是《隋书·王劭传》，其记载"王劭，字君懋，太原晋阳人"③，北周时官居员外散骑侍郎之职。王劭曾在任内上表云："今温酒用石炭、柴火、竹火、草火、麻根火，气味各不同"，北周（557—581）时人们已用煤火来烫酒，说明煤炭已成为人们的日常消费品，距今已有 1400 多年。

开始详记采煤地，始于明代。据文献记载，山西在 1473 年时有 34 个县拥有煤窑，其中，阳曲、太原、清源、交城、文水、榆次、寿阳、静

---

① 张帆：《中国古代简史》，北京：北京大学出版社，2001 年，第 8-9 页。
② 郝树侯：《太原史话》，太原：山西人民出版社，1979 年，第 59-60 页。
③ 《二十五史·隋书》卷 67《王劭传》，杭州：浙江古籍出版社，1998 年，第 1130 页。

乐、临汾、翼城、浮山、洪洞、赵城、汾西、灵石、河津 16 个有煤窑的
县份位于汾河流域①，其时距今已有 540 年。

第三节 汾河流域水资源利用情况与水安全的含义

一、汾河流域水资源利用情况

（一）水资源开发利用简史

据推测，该流域在虞舜时可能已凿井汲水，以供园圃灌溉及生活之
用，但仅仅是推理而无实证。最早载于史籍的水利工程，是北魏郦道元对
《水经》的注文："汾水分为二流，北渎即智氏故渠也。昔在战国，……故
智氏用亡其溉，乘高东北，注入晋阳城，以周园溉。"② 但其灌溉面积
不详。

有灌溉面积记载的首见于隋代，开皇十六年（596），临汾郡临汾县令
梁轨主持，开渠 12 条，引古堆泉水灌溉农田 500 余顷（约合 2.72 万市
亩）。

唐代灌溉渠道颇多，古堆泉、新绛渠、引汾 3 项灌田 13 600 余顷，栅
城渠、甘泉渠、荡沙渠、灵长渠、千亩渠 5 项，除第 1 项为"数百顷"
外，其余 4 项均为"数千顷"，现分别按 200 顷及 2000 顷计，估计至少有
8200 顷，故已知上述 8 项灌渠就有 21 800 顷，以唐制小亩估计，约合今
制 49.4 万市亩。③

北宋时期，王安石拜相，大兴洪水淤灌，笔者估计，当时该流域的淤
灌面积达 90 万市亩。

金、元时期，朝廷提倡水利，金代洪洞霍泉渠灌田面积 8.17 万市亩，
已与 1989 年有效灌溉面积 8.26 万市亩相合。元代汾河中游晋祠泉灌田
1.84 万市亩，下游利泽、善利、大泽等灌渠面积为 9.2 万市亩。遗憾的
是，这两个朝代的典籍中没有叙述其他灌溉工程的规模和效益，故而无法
统计当时全流域的灌溉面积。

明太祖朱元璋即位之初，即下诏指示各地兴修水利，史籍记载了几个

① （明）李侃修、胡谧纂：《山西通志》，太原：山西省史志研究院，北京：中华书局，1998 年，
第 263-266 页。
② 王国维校：《水经注校》，上海：上海人民出版社，1984 年，第 268-295 页。
③ 姚汉源：《中国水利史纲要》，北京：水利水电出版社，1987 年，第 219、224、392 页。

县的农田灌溉面积：榆次县 1300 余顷（1473），徐沟县 420 余顷（嘉靖年间），临汾县平水渠 360 顷以上，赵城县利泽渠 1000 顷以上，平遥、介休两县各引汾河水灌溉 100 多顷，以上 6 县共有水田 3280 多顷，折合 30.23 万市亩。[①]

清代统一的时间长达 200 多年，社会比较安定。据史籍记载，清代该流域的小型水利大量兴建，但没有灌溉面积的统计数字。又据调查统计，民国时期（1912—1949）汾河流域的水利事业并没有新的发展，仍然是清末原有的 500 余条渠道，灌溉面积 149 万多市亩[②]，依此推测，清末时该流域的灌溉面积已达 149 万市亩。

新中国成立以来，水利事业有了飞快的发展。据山西省水利厅的调查统计，截至 2000 年年底，汾河流域内有效灌溉面积发展到 730.38 万市亩，比民国时期增加了 581.38 万市亩。换言之，新中国成立 50 年来新增的有效灌溉面积，是 4000 多年来兴修水利所发展面积的将近 4 倍。因为古代对工程控制面积和有效灌溉面积不加以区分，以及供水不足或渠系不配套等，所谓××渠灌田 1000 顷，往往不等于能实际灌溉 1000 顷，所以新中国成立 50 年来增加的有效灌溉面积实际上远大于历代的"灌田"面积。

（二）水资源开发利用现状

汾河流域 1956—2000 年（45 年系列），多年平均水资源总量为 33.58 亿 m³，多年平均河川径流量为 20.67 亿 m³，地下水资源量为 24.09 亿 m³，地表水与地下水重复量为 11.18 亿 m³。汾河流域水资源的一个重要特点，就是地表水与地下水重复量在水资源总量中所占的比例较大，当一些岩溶大泉用井采方式利用以后，河流中的清水流量迅速减少，甚至断流[③]，如表 1-1 所示。

表 1-1　汾河流域 1956—2000 年系列水资源量表　　单位：亿 m³/a

流域分区	水资源总量	河川径流量	地下水资源量	重复量	不同保证率（P）的水资源总量			
					20%	50%	75%	95%
汾河上中游	21.11	13.27	14.76	6.92	22.15	17.45	15.06	13.25
汾河下游	12.47	7.40	9.33	4.26	13.23	11.20	9.22	7.99
汾河流域合计	33.58	20.67	24.09	11.18	35.38	28.65	24.28	21.24

---

① 水利部黄河水利委员会《黄河水利史述要》编写组：《黄河水利史述要》，北京：水利出版社，1982 年，第 293 页。

② 水利部黄河水利委员会《黄河水利史述要》编写组：《黄河水利史述要》，北京：水利出版社，1982 年，第 125-330 页。

③ 李英明、潘军峰：《山西河流》，北京：科学出版社，2004 年，第 30 页。

汾河流域水资源在 2001 年的开发利用情况如表 1-2 所示。该年供水 25.31 亿 m³，其中，地表水供水量为 8.14 亿 m³（蓄水 2.02 亿 m³；引水 4.47 亿 m³；提水 1.61 亿 m³），地下水供水量为 16.71 亿 m³，污水回用量为 0.46 亿 m³，扣除污水回用量，总用水量为 24.85 亿 m³。[1]

表 1-2　汾河流域 2001 年分行业用水量　　　　　单位：亿 m³

行业 水源	农业灌溉	林牧业	工业	城镇	农村生活	合计
地表水	6.73	0.09	0.96	0.21	0.15	8.14
地下水	8.68	0.22	4.27	2.48	1.06	16.71
合计	15.41	0.31	5.23	2.69	1.21	24.85

由表 1-2 得知，2001 年地表水供水量为 8.14 亿 m³，占多年平均年径流量 20.67 亿 m³ 的 39.38%。而据研究，该流域的地表水允许开发利用率为 31.74%，显然目前已过度开发，加之大量污水未经处理，直接排入河道，两种因素的综合叠加，使汾河河道水环境严重恶化。据以 2000 年为基准年的水资源评价，评价河长 1320.9km，其中，符合 I 类水标准的河长仅 10km；符合 II、III 类水标准的河长 441.6km；其余 869.3km 均为劣于 III 类水的污染河道。[2]

二、水安全的含义

水资源是保障社会经济可持续发展的重要自然资源之一，关系到流域的粮食安全、社会稳定和经济发展，甚至生态系统健康和环境安全。

流域水安全评价的实质，是如何把多层次的多维系统评价指标转换成单层次的一维系统评价指标的过程。这一过程既要反映评价对象的主要特征信息，又要反映评价者的价值判断，还包含基于定性分析和定量计算综合集成的数学模型构造和求解的实用方法、计算机程序设计、系统评价模型的灵敏度分析与反馈控制等一系列丰富而复杂的研究内容。[3] 由于流域水安全评价问题的复杂性，用常规的综合评价方法处理实际流域水安全问题已经日趋困难。因此，有必要将视角重新投向流域水安全事件本身加以研究和探讨。

当前学术界对水安全的研究虽然日益广泛和深入，但如何客观地评价

[1]　山西省水利厅：《汾河志》，太原：山西人民出版社，2006 年，第 141 页。

[2]　山西省水利厅：《汾河志》，太原：山西人民出版社，2006 年，第 136-137 页。

[3]　金菊良、王文圣、洪天求等：《流域水安全智能评价方法的理论基础探讨》，《水利学报》2006 年第 8 卷，第 918-925 页。

流域水安全状况，尚在广泛的研究和探讨之中，因而关于水安全，国内外研究中有着不同的定义和诠释。无论是历史时期还是当代，对人类社会水安全的含义，都可以解释为人类面临与水相关联的灾害威胁时所产生的不安全感。[①] 这种威胁基本来自 3 个方面：一是与水有关的自然和人为灾害，如水旱灾害、水污染事件等；二是水资源自身的短缺，影响到社会管理和政府决策的情况，如水资源短缺对经济发展的制约；三是由前两个方面造成的与人类有关的水环境、水生态受到破坏，间接影响到人类的生活质量的情况。很明显，历史时期和当代流域的水安全问题在种类和严重程度方面均有差异。在历史时期，由于人类活动的有限性，水安全问题主要体现在洪水和干旱灾害上，也就是水量的多寡；而进入现代以后，随着工业化和城市化进程的推进，包括水质、水量在内的水资源危机引起了水环境和水生态的变化，人们对于极端气候发生时的洪旱灾害抵御能力也提出了更高的要求，水安全问题不断发生转型。[②] 针对汾河流域的特点，本书将汾河流域当代的水安全含义概括为以下 4 个方面的内容：保证防洪安全、保证水量安全、保证水质安全和保证水生态安全，并加以探讨。

（一）保证防洪安全

汾河中游和下游段流经省内重要的经济发展区域，人口稠密，工矿企业众多，一旦发生洪涝灾害，损失巨大。早在 1988 年和 1993 年，山西省政府就分别制定了汾河中游段和中下游段的防洪标准：汾河干流在农村河段达到 20 年一遇的防洪标准；沿河县城河段和有较大工矿企业的河段达到 50 年一遇的防洪标准；省会城市区段和重要工矿企业的河段则要达到百年一遇的防洪标准。从 1998 年开始，按此要求而进行的河道治理工程目前都已基本竣工，因此，可以认为就汾河干流而言，防洪安全已经有了一定程度的保证。

（二）保证水量安全

保证水量安全，是指当流域内各行业，如农业灌溉、林牧、工矿企业、城市生活等的需水量确定之后，应该对其提供时间上和数量上的供应保证。这里存在着两个层面的问题：首先，汾河干支流均为季节性河流，

---

① 张翔、王晓妮、穆宏强等：《中国主要流域水安全评价指数的应用研究》，见：《中国水利学会第二届青年科技论坛论文集》，郑州：黄河水利出版社，2005 年，第 577-582 页。

② 张翔、夏军、贾绍凤：《水安全定义及其评价指数的应用》，《资源科学》2005 年第 3 期，第254-263 页。

即汛期（一般为每年的 6—9 月）径流量约占全年的 70%，而基流（清水流量）仅占全年的 30%，很多支流的基流甚至不足 30%。因此，为了保证供水，需要在有条件的地段兴修水库，拦蓄汛期洪水和非汛期的基流，把天然径流进行重新分配，以满足各用水部门比较固定的用水数量和供水时间的要求，这种水库的功能称为年调节。

另外，该流域河川径流的年际变化很大，当用水量较大时，枯水年份的来水量将小于用水量，使供水不足。而丰水年份则是来水量大于用水量，使水量过剩。例如，汾河水库每年被要求的供水量大约是 2.47 亿 m^3，但自 1960—2000 年的 41 年中，年来水量少于 2.47 亿 m^3 的有 16 年，而年来水量多于 2.47 亿 m^3 的年份却有 25 年。因而，在有条件的时候，需要加大水库库容，尽量拦蓄丰水年的来水量，以备枯水年之需要，这类水库就是多年调节水库。

一般水库的兴利库容，即总库容中扣除防洪库容、泥沙库容之后，用以调节蓄水的库容，它与多年平均年径流量的比值，称为库容系数，常以 β 表示。这一参数可用来估计水库的调节性能。就汾河流域而言，$\beta \geqslant 0.50$ 时为多年调节，$\beta \leqslant 0.50$ 时为年调节。例如，汾河水库设计年平均来水量为 4.16 亿 m^3，兴利库容为 2.64 亿 m^3，库容系数 $\beta = 2.64/4.16 = 0.63$，$\beta > 0.50$，故为多年调节水库。

即便是多年调节水库，也不可能将丰水年份的来水全部拦蓄，更不可能在极端干旱的年份保证全额供水，这就涉及设计供水保证率的问题。一般以正常供水年数（或供水不受破坏的年数）占总年数的百分比 P 来表示，其计算公式为

$$P = \frac{\text{正常供水年数}}{\text{总年数} + 1} \times 100\% \tag{1-1}$$

通常，当农业灌溉的设计供水保证率在缺水地区以旱作物为主时，P 为 50%—75%；工矿企业、城市生活用水的设计供水保证率为 95% 或更高。汾河水库 2002 年的农业灌溉设计供水保证率 $P = 50\%$，工业用水设计供水保证率 $P = 95\%$，显然，农业灌溉的供水保证率不高。

（三）保证水质安全

维护水质安全的内容除了控制和治理排污，也包括维持水体自身的自净功能。按照国家标准，地表水的水质优劣共分 5 级：Ⅰ级——符合饮用、渔业水质标准；Ⅱ级——轻微污染；Ⅲ类——较重污染；Ⅳ级——重污染；Ⅴ级——严重污染，失去任何使用价值。近几十年来，很多污水不加处理排入汾河河道，加之以多数水库尽量拦截径流，造成干、支流河道

长期干涸断流，没有足够的水流对污染物进行稀释和降解，致使水环境严重恶化。汾河水质量劣于Ⅲ类水标准的河道长度已占评价河段长度的65.8%以上，即2/3左右。

（四）保证水生态安全

为了保障河流的生态功能和环境功能，对地表水资源不能全部开发利用耗尽，而必须保持一定的生态环境需水量（W_e），它包括河流基本生态环境需水量（W_b），河流、水库排沙需水量（W_{se}），以及河流排盐需水量（W_{sa}）。W_b主要用以维持水生生物的正常生长、入渗补给地下水，以及污染物自净和稀释等方面的要求。W_{se}用于河道和水库的输沙排沙，避免或减少淤积。W_{sa}用以缓和盐渍化过程的加剧，维持生态平衡，把盐分排出需要保护的地区。以汾河上游为例，W_b为1.63亿 m^3，合计冲沙排盐需水量（W_s）为2.41亿 m^3，W_{sa}因在W_b和W_s流出时已附带把盐分排出，故可略去不计。以上W_e共需水量为4.40亿 m^3，占1944—1970年共计21年多年平均年径流量6.60亿 m^3的66.67%。这意味着汾河上游的允许利用水量，只能限于年来水量的33.33%。

目前的情况是，汾河水库全年有2/3的时间关闸蓄水，1/3的时间（122天）河道干涸。[①] 枯水年份的来水量全部用光，根本谈不上生态环境用水。2004年是枯水年，全年来水量仅2.19亿 m^3，为设计年来水量3.51亿 m^3的62.39%；当年来沙量32.13万 t，而当年水库积量为33万 t，说明排沙量为负值。1996年为丰水年，来水量为6.00亿 m^3，来沙量为1556.81万 t，而当年水库淤积了1153万 t，排沙量只占来沙量的近26%，说明利用泄洪洞进行异重流排沙效果很有限，该库的淤积仍在增加。而水库以下河道长期干涸，致使生态环境严重恶化，亟待设法改进。

第四节　研究方法和研究基础

一、历史时期资料的来源和修正

研究所依据和参考的资料来自以下5个方面。

1）史籍。主要采用正史，即二十五史（包括《清史稿》）。主要参考了正史中有关洪涝灾害防治、农田灌溉发展等的记述，如《史记·河渠

---

① 任世芳：《山西河流水资源安全研究》，北京：气象出版社，2008年，第35-98页。

书》、《汉书·沟洫志》、《后汉书·安帝纪》、《新唐书·地理志》、《宋史·
河渠志》等。对于某些史料（如《史记·河渠书》所记载的番系建议引汾
水灌溉），还根据现代调查统计资料加以论证，说明此计划可行，惜因技
术问题而失败。此外，还参考了郦道元的《水经注》中关于晋祠泉水利用
的亲历记载。

2）清宫档案。水利部从故宫档案中摘编的《清代黄河流域洪涝档案
史料》，其中，从清道光时期开始到光绪三十二年（1906），山西巡抚、总
督等官吏有关汾河流域洪涝灾害的奏折，对洪涝灾害的时间、地域和灾
情，叙述得较为详细而翔实，似无夸大或隐瞒。

3）地方史志。其包括明、清、民国时期及现代的《山西通志》、《汾
河志》等，数量很多，就不一一列举了。

4）前人编写的水利史。主要参考黄河水利委员会编写的《黄河水利
史述要》和姚汉源先生编著的《中国水利史纲要》。

5）此外，还借鉴了陕西师范大学硕士研究生苏慧慧同志在查小春副
教授的指导下，撰写的硕士学位论文《山西汾河流域公元前730年至2000
年旱涝灾害研究》，受益匪浅，特此致谢。

对于史料中整理发现的一些问题，尽可能地做了修订。例如，清代道
光、咸丰、同治、光绪四朝的洪涝灾害，地方志中多有失实之处，原则上
一律以清宫档案为准进行修正，因为档案中的奏折都是封疆大吏向皇帝上
奏的官方正式文件，估计不敢有夸大或隐瞒之处。又如，《汾河志》及苏
慧慧同志论文中提到的岚县1978年大雨，受灾农田59万亩，笔者对当年
和历年的粮食产量、当年和历年全县的耕地面积等正式统计资料进行分析
论证，认为该项数字不实，暂按5.9万亩计。

二、当代水安全的标准

如果说历史时期的水安全问题主要体现在洪旱灾害的发生方面，当代
的水安全问题则发生了转型：水资源、水环境、水生态和水灾害四大水问
题相互作用，彼此叠加，影响着未来流域的发展和安全。[①]《中国至2050
年水资源领域科技发展路线图》指出：在现阶段，中国面临的流域性问题
比世界上任何国家在同一发展阶段所面临的问题都复杂。主要问题包括流
域水资源短缺；流域水污染问题；经济功能与生态功能矛盾突出；流域性

---

① 中国科学院水资源领域战略研究组：《中国至2050年水资源领域科技发展路线图》，北京：科
　学出版社，2009年，第9-28页。

灾害问题。流域性水问题特别是水污染问题正在成为制约中国发展的瓶颈之一。

因此，根据针对汾河流域特点提出的水安全含义，可以扩展到当代流域水安全的标准。

1）防洪标准。山西省人民政府业已制定了中、下游的防洪标准，即农村河段为 20 年一遇的标准；沿河县城河段和有较大工矿企业的河段为 50 年一遇的标准；省会城市区段和重要工矿企业的河段为百年一遇的标准。目前，这些工程在 2000 年均已基本竣工，达到了规划标准，今后将着重在常年维修加固上下工夫。

2）供水量安全的标准。目前，该流域各水库的供水保证率普遍不高。笔者认为，汾河水库 41 年来平均年供水量仅 2.47 亿 m^3，而该库最新设计多年平均年进库水量为 3.51 亿 m^3，调节系数 $\alpha = W_供 / \overline{W} = 0.70$（其中，$\overline{W}$ 为多年平均年进库水量）。如将多年调节库容的调节系数提高到 0.90，则供水量可达 3.16 亿 m^3，比过去增加 0.69 亿 m^3，此其一；再者，最好将灌溉保证率由目前的 50%（平年）提高到 75%（中等干旱年），此其二。当然，多年调节库容势必大为增加，这项任务可由规划中的石家庄水库来担负。

例如，文峪河水库的平均年来水量为 1.69 亿 m^3，而文峪河灌区 1962—2000 年的 39 年间，引水 30.30 亿 m^3，年引水量仅 0.78 亿 m^3，调节系数 α 为 0.46。如果把调节系数提高 1 倍左右，达到 0.90，则年供水量可达 1.52 亿 m^3，是目前引水量的近 1 倍，灌溉保证率也按 75% 设计，所增加的多年调节库容，则可由上游建设中的柏叶口水库分担。

再如，潇河灌区可控制耕地面积为 39 万亩，有效灌溉面积 33.24 万亩。但从 20 世纪 90 年代末期开始连续干旱，河源来水锐减，灌区引水量每年仅有 1500 万 m^3，平均每亩用水地只有 45m^3 的水量，可谓杯水车薪。例如，上游松塔河的松塔水库建成并实现多年调节，灌溉保证率达到 75%，调节系数达到 0.90，则可保证年平均供水量最低达到 3857 万 m^3，每亩用水量可达 116 m^3，是目前的 2.58 倍。

由以上对汾河水库、文峪河水库、柏叶口水库、石家庄水库、松塔水库 5 座水库的介绍可知，该流域三大自流灌区（汾河、文峪河、潇河）提高灌溉保证率和增加供水量的关键在于，实现五大水库的多年调节功能，同时使调节系数达到 0.90 左右，使灌溉保证率达到 75%，这样才能抵御极端干旱气候的袭击。同理，该流域所有已建、在建、拟建的水库，凡有条件的应尽可能扩大库容，或在其上、下游增建水库，实现能达到上述标准的多年调节，以避免光绪三年（1877）大旱灾的重演。

3）水质安全和水生态安全的保证。水是流域生态系统的基础支持，只有在保证水量和水质安全的基础上，水生态安全才有可能实现，因此这两者有着密切的关系，必须综合考虑。现以上游汾河水库至上兰村河段为例进行研究。

据观测，在河水流量 $Q=0.5$ m³/s 时，除古交钢铁厂以下属严重污染（Ⅴ级）外，其余河段属中、重污染级（Ⅲ、Ⅳ级）。只有在河水流量达到 15m³/s 时，全区河段（除古交钢铁厂以下）才属尚清洁级（Ⅱ级）。显然，汾河水库在拦洪蓄清期间，不会将 15m³/s 这样大的流量白白泄掉，因为此时下游的太原盆地可能也并不需要如此多的水（非灌溉季节），而下游的汾河二库也无足够库容加以拦蓄，进行所谓的反调节。

正因为如此，统计汾河水库建成后寨上水文站历年各月的河水流量，1960—1984 年共 25 年，从多年平均过水天数来看，将有 122 天的河水流量小于 0.5m³/s，河水稀释污染物的能力大大减弱，特别是每年的 11 月到次年 2 月的 4 个月，河水几乎断流。

观测分析又指出，影响河流水质的主要污染物是酚，它在整个河段起作用；其次是氰，它在古交钢铁厂以下的河段起作用。如果使酚、氰全部得到治理，在 $Q=0.5$m³/s 时，全区河段均可达到清洁或尚清洁级（Ⅰ、Ⅱ级），退一步讲，由于酚、氰具有降解作用，即使污水处理厂按Ⅱ级处理，对酚、氰不加治理，只要保证 $Q>0.5$m³/s，在上兰村断面的河水不会劣于尚清洁级（Ⅱ级）。[①]

基于以上分析，笔者建议成立一个协调监督机构，协调水库和古交区工矿企业之间的互动。按河水流量的变化规律，制定古交区工矿企业的废水排放标准，对污染物进行总量控制和定时排放；同时，汾河水库在 122 天的断流时期内下泄流量为 $Q=0.5$m³/s。这样做下泄水量不过 527 万 m³，而下游的汾河二库兴利库容多达 4800 万 m³，下泄水量仅占其 10.9％，完全可以容纳，而采取这些措施，当可使该段河流水质不受污染。

---

① 《太原西山水源保护研究》编写组：《城市水源保护——太原西山水源保护研究》，北京：中国环境科学出版社，1990 年，第 26-98 页。

第二章
历史时期汾河流域水资源利用概况

第一节　水资源利用史的开端及两汉时期的农田水利建设

一、水资源利用可能始于虞舜时期

汾河流域的水资源利用有着十分悠久的历史，至少可以追溯到传说中的虞舜时期。在古代传说里，舜是上古五帝之一，号有虞氏，《孟子·离娄下》云："舜生于诸冯（今山东省诸城县），……，卒于鸣条（今河南省开封市附近），东夷之人也。"

范文澜先生认为，"《尚书》有《尧典》等篇，叙述尧、舜、禹'禅让'的故事。春秋、战国时人，尤其是儒、墨两大学派，都推崇取法这三个古帝，因此关于他们的传说，比黄帝以下诸帝更多些，真实性似乎也大些"[①]。

舜虽是山东人，但即帝位后定都于蒲坂，此地即今山西省永济市的蒲州城（见郭沫若主编：《中国史稿地图集》上册）。[②]

司马迁的《史记·五帝本纪》云："（舜的父帝瞽叟欲杀舜），又使舜穿井，舜穿井为匿空旁出。舜即入深，瞽叟与象（舜之同父异母弟）共下土实井，舜从匿空出，去。"可见舜是一个十分聪明，而又懂得打井技术

---

① 范文澜：《中国通史简编（修订本）》第一编，北京：人民出版社，1965年，第92页。
② 郭沫若：《中国史稿地图集》（上册），北京：中国地图出版社，1996年，第9页。

的人。《史记》还说：舜"陶（黄）河滨，河滨器皆不苦窳"①，即舜在黄河边制作陶器，成品都很精美，更可见他是一个多才多艺的人。如此，舜在汾、涑水流域的下游很有可能提倡和推广打井。然而，这只是笔者的一种推测，是否属实，还有待进一步考证。

二、春秋时期的水利资源开发

春秋时期（公元前 770—前 403），晋国已开渠引用今之晋祠泉水。郦道元的《水经注·晋水》注文云："汾水分为二流，北渎即智氏（即智伯，《史记》作'知伯'）故渠也。昔在战国（应为春秋），襄子保晋阳，智氏防山以水之，城不没者三版，与韩魏望叹于此，故智氏用亡其渎，乘高东北，注入晋阳城，以周园溉。……，东南出城，流注于汾水也。其南渎于石塘之下伏流，径旧溪东南出，径晋阳城，在晋水之南，曰晋阳也。……。其水又东南流，入于汾。"②

由郦氏注文可知，晋祠北南二渠，在智伯于公元前 453 年被杀之前即已开凿，并用于晋阳城及周围的农田灌溉和生活供水。晋祠泉水之开发利用，迄今已有 2466 年以上的悠久历史。

春秋时期，汾河下游的航运相当发达。据《左传·鲁僖（釐）公十三年》记载：公元前 647 年，当时的晋国（今山西）向秦国（今陕西）购买大批粮食，"秦于是乎输粟于晋，自雍及绛，相继。命之曰'泛舟之役'"③。雍是秦国都城，在今宝鸡市附近的渭河河畔；绛是晋国都城，在今侯马市以西的汾河河畔。所以，"泛舟之役"是粮船沿渭河顺流而下，入黄河小北干流，溯黄河而上到汾河口，再沿汾河上驶到绛。

春秋末期，晋国大夫窦鸣犊的封地在今太原城区北五里村。因政见不合，窦鸣犊被赵简子所杀。但窦鸣犊生前在狼孟（今太原市阳曲县）做过开渠利民的事，当地人民建窦大夫祠纪念他。④ 估计该渠是引汾河一级支流杨兴河水源，浇灌黄寨周边土地，时间距今约 2500 年。

三、西汉时期灌渠建设的记载

《史记·河渠书》云："汉兴三十九年，……，其后四十有余年，……，

---

① （汉）司马迁：《史记》卷 1《五帝本纪》，北京：中华书局，1982 年，第 15-34 页。

② 王国维校：《水经注校》，上海：上海人民出版社，1984 年，第 268-295 页。

③ 姚汉源：《中国水利史纲要》，北京：水利电力出版社，1987 年，第 33 页。

④ 郝树侯：《太原史话》，太原：山西人民出版社，1979 年，第 69-133 页。

其后河东守番系言：'漕从山东西，岁百余万石，更砥柱之限，败亡甚多，而亦烦费。穿渠引汾溉皮氏、汾阴下、引河溉汾阴、蒲坂下，度可得五千顷。'"① 番系云这5000顷都是荒地，"'民茭牧其中耳，今溉田之，度可得谷二百万石以上。谷从渭上，与关中无异，而砥柱之东可无复漕'。天子以为然，发卒数万人作渠田。数岁，河移徙，渠不利，则田者不能偿种。久之，河东渠田废，予越人，令少府以为稍入"。这是汾河流域河川水资源用于农田灌溉的第一例史实记载。

据姚汉源先生考证，在《汉书·百官表》中，元光五年（公元前130）时，番系尚为右内史，元朔五年（公元前124）已迁御史大夫，其间曾任河东太守。《史记·河渠书》记此事在开漕渠后。穿"漕渠三岁而通"，"其后"始有番系开渠事。开漕渠在元光六年（公元前129），则番系开渠应在元朔元年至四年，亦即公元前128—前125年。②

引汾河水的灌区位于皮氏（今山西省河津市）、汾阴（今山西省万荣县以西约30km处）。③ 引黄河水的灌区位于汾阴、蒲坂（今山西省永济市以西约15km处）。④ 即汾河灌区位于黄河小北干流上段，而黄河灌区位于小北干流下段。由《史记》的叙述文字看，是该段黄河的河滩地，在今汾河河口至涑水河河口一带。黄河大北干流出龙门后，所挟带的山峡谷区间的大量泥沙，因河床宽度由龙门（又称禹门口）的100m突然扩大到10—13km（最宽处达18km），平均比降由0.84‰减少到0.39‰。因此，河道淤积严重，属于典型的平原游荡型河道，素有"三十年河东，三十年河西"之称。河道流势散乱，河心洲浅滩密布，汊流串沟交织，主流左右摆动。⑤

所以，《史记》所云"河移徙，渠不利"，农民的收获还抵偿不了种子，极有可能是当时那种无坝引水的工程，由于引水口主流的西移而无水可引。

番系灌区的记载，提供了以下两个重要的信息。

第一，据勘查测量，小北干流形成的广阔河漫滩涂，仅山西一侧河津市、万荣县、临猗县3市县的滩涂面积就达38万市亩。⑥ 而据番系奏言，灌区面积为500顷，即50万西汉大亩。据吴慧研究，西汉大亩合今

① （汉）司马迁：《史记》卷29《河渠书》，北京：中华书局，1982年，第1410页。
② 姚汉源：《中国水利史纲要》，北京：水利电力出版社，1987年，第69-98页。
③ 谭其骧：《中国历史地图集》（第二册），北京：中国地图出版社，1982年，第69-98页。
④ 谭其骧：《中国历史地图集》（第二册），北京：中国地图出版社，1982年，第69-98页。
⑤ 李英明、潘军峰：《山西河流》，北京：科学出版社，2004年，第19-20页。
⑥ 李英明、潘军峰：《山西河流》，北京：科学出版社，2004年，第19-20页。

0.6912 市亩①，则番系规划的灌区面积约为 34.56 万市亩，与现代滩涂地面积相差仅 9%，表明番系所言不虚。

第二，番系奏言：发展 50 万大亩水浇地后，年可收获粮食 200 万石以上，即 34.56 万市亩的土地上，每市亩每年可收获 5.79 石粮食。据邹逸麟先生研究，汉代黄河中下游地区的旱地作物粟的亩产量约为 3 石，合今制为 120 市斤②（1 石粟约重 40 市斤），则番系认为每市亩水浇地可产粟 230 市斤以上，几乎增加 1 倍产量，这是当时官民渴望发展农田水利的原因。

北魏郦道元的《水经注·汾水》云："汉河东太守潘系穿渠，引汾水以溉皮氏县，故渠尚存，今无水也。"③ 可以证明该渠之废，原因在于引不上水。

当时汾河水量很大，下游河道比降也较平缓，故航运仍有可能。公元前 113 年，武帝刘彻曾乘楼船泛舟汾河，并赋《秋风辞》，辞中有句："泛楼船兮济汾河，横中流兮扬素波"，可见皇家船队巡游的盛况。

四、东汉时期太原郡的农田水利建设

东汉时期汾河中游的农田水利有所发展。汉和帝刘肇在永元十年（98）曾诏令各地云："堤防沟渠，所以顺助地理，通利壅塞。今废慢懈弛，不以为负。刺史、二千石其随宜疏导，勿因缘妄发，以为烦扰。"④

其后，安帝刘祜在元初二年（115）又一次诏令："三辅、河内、河东、上党、赵国、太原，各修理旧渠，通利水道，以溉公私田畴。"（《后汉书·安帝纪》）次年，更专门记载："三年春正月申戌，修理太原旧沟渠，溉灌官私田。"⑤

东汉之太原郡，主要区域是汾河上游和中游⑥，即汾河河源至今霍州市区间，包括了今太原市、晋中市和吕梁市的一部分。元初二年（115）的诏令，要求三辅等 6 郡修理旧渠，而元初三年（116）的记载只涉及太原一个郡。不仅如此，还记录了修理太原旧沟渠的年、月、日，显得有些突兀。这可能与《后汉书》作注者唐朝章怀太子李贤有关。李贤是唐高宗

① 吴慧：《中国历代粮食亩产研究》，北京：农业出版社，1985 年，第 236 页。
② 邹逸麟：《中国历史人文地理》，北京：科学出版社，2001 年，第 176 页。
③ 王国维校：《水经注校》，上海：上海人民出版社，1984 年，第 214 页。
④ （南朝·宋）范晔：《后汉书》卷 4《孝和孝殇帝纪》，北京：中华书局，1982 年，第 34 页。
⑤ （南朝·宋）范晔：《后汉书》卷 5《孝安帝纪》，北京：中华书局，1982 年，第 56 页。
⑥ 谭其骧：《中国历史地图集》（第二册），北京：中国地图出版社，1982 年，第 59-60 页。

李治与武则天的儿子，即唐太宗李世民的孙子。李世民之父李渊为隋朝的太原留守，隋末战乱，李渊、李世民以太原为基地，起兵夺取了政权，建立唐朝，李渊为唐高祖。人称李世民为"太原公子"，唐代并以太原为"北京"。再者，李贤之母武后亦为太原府文水县人。武后之父，据《旧唐书·则天皇后》简介："隋大业末为鹰扬府队正。高祖行军于汾、晋，每休止其家。义旗初起，从平京城。贞观中，累迁工部尚书、荆州都督，封应国公。"他原来是经营木材生意，文水县因文峪河而得名，其流域全部为森林茂密的关帝山森林区，伐木以木排泛文峪河入汾河，贸易极盛，《旧唐书》称他"家富于财"，是个商人兼地主。李渊为太原留守时，他被荐为行军司铠参军，从此由商人地主进入仕途。因此，可以估计，在此期间，他可能已由文水迁居晋阳（今山西省太原市晋源镇，即晋祠附近），李、武两家对晋阳及晋水（即晋祠泉水）都应该很熟悉。

晋祠泉水出露于平原，而晋阳这个西汉太原郡的首府（也是并州的首府）正好位于晋水之旁，也是在太原盆地这一冲积平原之中，土壤层厚而肥沃，引水灌溉极为便利。因此，晋祠泉水（即"晋水"）应该很早就已开发利用。李贤被立为皇太子后，与张大安、刘纳言等共同注释《后汉书》，他们在元初三年（116）的记载后，引了一段郦道元《水经注》中关于晋水的注文，原文是："郦道元《水经注》曰：'昔智伯遏晋水以灌晋阳，后人踵其遗迹，蓄以为沼，分为二派，北渎即智氏故渠也，其渎乘高，东北注入晋阳城，以溉灌，东南出城注于汾水'"，并加了一句话："今所修沟渠即谓此。"[①]

从上下文语义分析，李贤注文所称的"北渎"，应开凿于智伯被杀的公元前453年之前，即春秋末期。而李注在注文之末加的"今"字，并非指李贤所处的初唐，而是指的东汉安帝时期。这表明智伯渠在安帝时期还存在着，只是"废慢懈弛"，急需整修而已。

东汉时期，曾试图在汾河上游发展航运。据《水经注·汾水》云："（西）汉高帝十一年（公元前196）封靳疆为侯国，后立屯农积粟在斯，位之羊肠仓。"按《水经注》的描述，羊肠仓在当时的汾阳县故城，即今静乐县城周围。王国维先生标点有误，应为"汾水又南迳汾阳县故城，东川土宽平"，所谓"东川"，即今汾河支流东碾河，该河由东向西，在静乐县城关南注入汾河。其中、下游两岸的河滩地和一级阶地相对而言"川土宽平"。又，西汉之汾阳县故城在汾河之东，而非在汾河

---

① 王国维校：《水经注校》卷6《汾水》，上海：上海人民出版社，1984年，第231-232页。

之西。

《水经注·汾水注》又云：“（东）汉明帝永平中（58—75），治呼沱石臼河，按司马彪《后汉郡国志》，常山南行唐县，有石臼谷，盖资乘呼沱之水，转山东之漕，自都卢至羊肠仓，将凭汾水以漕太原用实。”① 由此分析，这一方案的设想是要把河北平原上（冀州）的粮食等军需物资，沿滹沱河逆流而上至静乐，然后沿汾河顺流而下运抵太原（并州太原郡）。但当时的决策者们高估了方案的可行性，实施中“秦晋苦役连年，转运所经，凡三百八十九隘，死者无算”。自冀州至并州的“滹沱河为峡谷型河道，河床窄处仅 30—50m，比降逐渐加陡至 1/200，有的河段可达几十分之一，水流湍急，形成不少陡坎。干流平均纵坡 3.2‰。”② “而汾河上游同样是绕行于峡谷中，平均纵坡为 4.4‰，比滹沱河峡谷段还要陡。”③ 东汉章帝于明帝永平十八年（75）即帝位后，任命护羌校尉邓训为谒者（多指负责水利工程的官吏）。《水经注·汾水注》云：“拜邓训为谒者，监护水功，训隐知其难，立具言肃宗（即章帝），肃宗从之，全活数千人。（邓训的女儿）和熹皇后之立，（其）叔父以为训积善之故也。”④《后汉书·邓训传》云：“训考量隐括，知大功难立。”⑤ 而《后汉书·肃宗孝章帝纪》云：“建初三年（78），……，夏四月己巳，罢常山呼沱石臼河漕。”⑥ 唐代李贤在此处注曰：“石臼，河名也，在今定州唐县东北。时邓训上言此漕难成，遂罢之。漕，水运也。”邓训建议罢修这项劳民伤财的工程，其功厥伟，而且功德无量。《后汉书·和熹邓皇后》云：“（邓）后叔父陔言：‘常闻活千人者，子孙有封。兄训为谒者，使修石臼河，岁活数千人。天道可信，家必蒙福。’”⑦

第二节　魏晋南北朝时期的水利事业

曹魏时期天下三分，战乱连年，曹操的农业建设重心在今河南、山东一带。观曹操分南匈奴为五部，即左、右、南、北、中，其部城分别位于

---

① 王国维校：《水经注校》卷 6《汾水》，上海：上海人民出版社，1984 年，第 198-199 页。
② 李英明、潘军峰：《山西河流》，北京：科学出版社，2004 年，第 25、392-394 页。
③ 李英明、潘军峰：《山西河流》，北京：科学出版社，2004 年，第 25、392-394 页。
④ 王国维校：《水经注校》卷 6《汾水》，上海：上海人民出版社，1984 年，第 198-199 页。
⑤ （南朝·宋）范晔：《后汉书》卷 16《邓训传》，北京：中华书局，2003 年，第 607-611 页。
⑥ （南朝·宋）范晔：《后汉书》卷 3《肃宗孝章帝纪》，北京：中华书局，2003 年，第 136 页。
⑦ （南朝·宋）范晔：《后汉书》卷 10《皇后纪》，北京：中华书局，2003 年，第 418-419 页。

兹氏（今汾阳市南）、祁（今祁县）、蒲子（今隰县）、新兴（今忻州市）、大陵（今交城县与文水县之间）。其中，左、中、右三部居住在汾河中游的太原盆地。南匈奴原从事游牧，但南下山西后，其太原盆地三部已改营农业生产，居忻定盆地新兴的北部也改事农耕。文献①中曾指出，《十六国春秋》所云左国城位于离石的叙述是错误的，其实左国城应为左部城，其位置不在离石而是在今介休市的汾河之畔。文献②中还指出，南匈奴首领刘渊实乃雄踞一方的大官僚和豪绅大地主，完全不像一个游牧民族的头领。刘渊的亲家刘殷是新兴人，家有存粮粟百石，足够七年食用，显然是一位地主。由此推之，刘渊居住在介休一带，当然也会从事农业经营。发展灌溉是必然的事，但可惜《魏书》、《北齐书》、《周书》、《北史》和《十六国别史》中对汾河流域的农田水利事业一字未提。

北齐以晋阳为"别都"，故长期致力于晋阳的建设，自532年高欢进入晋阳，在这里建起"大丞相府"，操纵着东魏的全国大权。550年其次子高洋篡东魏，国号齐，史称北齐。532—577年的45年间，高氏在晋阳大兴土木，晋水当然也不例外。

前文中曾经考证，东汉安帝元初二年（115）和元初三年（116）下诏修理太原郡之旧灌渠，主要包括了晋水（晋祠泉水）灌渠。但从304年刘渊在平阳起兵，到396年北魏占领晋阳，90多年间晋阳战乱连年，先后为十六国中的刘（聪）汉、前赵、前燕、前秦、后燕，以及不计入十六国的西燕所占领（其中，西晋刺史刘琨还坚守晋阳孤城11年），时间长达90多年。

北魏统一中国北方之后，晋水灌区的情况在《水经注》中有所描述：晋水"今在（晋阳）县之西南，昔智伯之遏晋水以水灌晋阳，其川上溯，后人踵其遗迹，蓄以为沼，沼西际山枕水，有唐叔虞祠，水侧有凉堂（台），结飞梁于水上，左右杂树交荫，希见曦景，至有淫朋密友，羁游宦子，莫不寻梁契集，用相娱慰，于晋川之中，最为胜处"。这一段注文说明，北魏时期，晋祠泉水及其人工湖（沼）已成为太原地区的一处大公园，是太原水文化的核心所在。接着，在《水经注》"（晋水）又东过其县南，又东入于汾水"句后又有注文："汾水分为二流，北渎即智氏故渠也。昔在战国，襄子保晋阳，智氏防山以水之，城不没者三版，与韩魏望叹于此，故智氏用亡其渎，乘高东北，注入晋阳城，以周园溉，……。东南出城，流注于汾水也。其南渎于石塘之下伏流，径旧溪东南出，径晋阳城南

---

① 任世芳：《黄河环境与水患》，北京：气象出版社，2011年，第28-29页。
② 任世芳：《黄河环境与水患》，北京：气象出版社，2011年，第28-29页。

城，在晋水之阳，曰晋阳矣。……其水又东南流，入于汾。"①

后一段注文有几点值得我们注意。

1）首句说的是"汾水"，而非"晋水"，表明汾河在今晋源镇以上，从春秋以前直至北魏，是分为两条河道的，分别称为"北渎"和"南渎"，两渎均为汾河故道，在今汾河之西，现统称为河西。

2）注文认为，智伯是引汾水而非晋水去灌晋阳城。

3）永乐大典本②此段首句作"湖水分为二流"。王国维依多数版本否定了"湖水"，改为"汾水"。

4）晋阳城在春秋至北魏的 900 余年间（公元前 403—534），其生活供水及农业灌溉，一直是汾河和晋祠泉兼用。

5）汾河故道改道至现代汾河，其时间应在 534 年以后，具体时间待考。

第三节　隋唐时期的水利事业

隋朝统一全国，结束了长达 300 多年的南北分裂、战乱不断的局面。但隋的寿命只有 30 多年，而水利事业的重点是放在漕运方面，如开凿广通渠，整治三门峡险段，开凿永济渠，等等。至于农田水利建设，则乏善可陈。

但有一点值得注意，隋建国之初，开皇三年（583），文帝杨坚以"京师仓廪尚虚，议为水旱之备"，下诏"于卫州置黎阳仓，洛州置河阳仓，陕州置常平仓，华州置广通仓，转相灌注。漕关东及汾、晋之粟，以给京师"。③ 由此推测，为了把太原盆地和临汾盆地的粮食运往长安（今西安市）和东都（今洛阳市），汾河的航运必然比较兴盛。隋代汾河水量丰沛，中游尚有大湖名薎泽④，它的位置恰似长江流域的洞庭湖，薎泽即南北朝时的邬泽⑤，湖面广阔，达 200—300km²，可以调洪济枯，有利于下游之航运。

隋代汾河流域新建灌渠见于史籍者，只有古堆泉的开发利用一项。开

---

① 王国维校：《水经注校》，上海：上海人民出版社，1984 年，第 232-233 页。
② 郦道元撰：《永乐大典本水经注》，扬州：江苏广陵古籍刻印社，1998 年，第 74-145 页。
③ 《二十五史·隋书》卷 24《食货志》，杭州：浙江古籍出版社，1998 年，第 1035 页。
④ 谭其骧：《中国历史地图集》（第五册），北京：中国地图出版社，1982 年，第 17-18 页。
⑤ 谭其骧：《中国历史地图集》（第四册），北京：中国地图出版社，1982 年，第 52-53 页。

皇十六年（596），临汾郡临汾县令梁轨主持，开渠12条，引古堆泉水灌溉农田500余顷（约合2.72万市亩），古堆泉位于今新绛县古堆村，现名鼓水泉，灌溉面积已经翻了一番。

唐代前期政治较为清明，经济比较发达，因此农田水利事业随之大为兴盛。清初学者顾炎武说：唐代289年间（618—907），农田水利建于玄宗天宝年以前的占7/10[1]，天宝十四年（755），安史之乱为唐代政治经济的转折点，唐代由盛而衰，经济由北方黄河流域开始转向长江、淮河以南。

根据姚汉源先生的著作[2]和水利部黄河水利委员会组织编写的文献[3]，对唐代汾河流域的农田水利工程进行整理，如表2-1所示。

由表2-1可见，隋唐时期农田水利工程绝大多数集中在汾河中游的文峪河灌区，以及下游临汾至河津段的临汾盆地。这两个地区水源丰富，土地肥沃，地势平坦，气候温和，水浇地增产显著，政府和民众兴修水利的积极性自然很高。下游的正平灌区灌溉面积13 000余顷，折合70余万市亩；中游的文峪河灌区，虽具体面积不详，估计也达数十万市亩。由于唐代封建经济有较大发展，城市人口显著增加，城市供水问题也被提到了相当重要的地位。在太原府，据《通典·州郡典》所载，唐天宝元年（742）户口数为126 190户，768 464口。当时该府下辖太原等13县，平均每县59 113口，太原县为府治所在，天授元年（690）置为"北都"兼都督府，天宝元年（742）改为"北京"，它的人口肯定多于6万人。

据冻国栋先生分析，"太原之城内人户也缺乏记载，但此地为唐代之北都，战略与经济地位甚为重要，其人户当不会少于蒲州"。而《唐会要》卷《诸府尹》开元元年（713）"五月"条，录韩覃上疏云：蒲州城中有10万户。[4] 太原县城市人口至少与蒲州相当，则亦应有10万户，人口可能达60万人。

太原县当时城中人口有60万人，似乎过于夸大。估计蒲州城中人口是10万人，而非10万户。则太原城人口在10万人左右。据《新唐书·地理志》记载，在太原府，"井苦不可饮。贞观中，……架汾引晋水入

① 水利部黄河水利委员会《黄河水利史述要》编写组：《黄河水利史述要》，北京：水利出版社，1982年，第59-98页。
② 姚汉源：《中国水利史纲要》，北京：水利电力出版社，1987年，第213-214页。
③ 水利部黄河水利委员会《黄河水利史述要》编写组：《黄河水利史述要》，北京：水利出版社，1982年，第59-98页。
④ 葛剑雄主编，冻国栋撰写：《中国人口史》（第二卷），上海：复旦大学出版社，2002年，第502-509页。

表 2-1　隋唐时期汾河流域农田水利工程表

序号	州、郡、府名	县名	今县名	工程名称	灌田顷数	兴建年份		附注
						纪元	公元	
1	临汾郡	临汾	临汾襄汾	古堆泉	500	隋开皇十六年	596	临汾县令梁轨修复，开渠十二条
2	绛州	曲沃	曲沃	新绛渠	100 余	唐显庆元年	656	曲沃县令崔翳主持，在当时的曲沃县东北三十五里
3	绛州	正平	新绛	引汾	13 000 余	唐贞元时	785—805	绛州刺史韦武主持
其中：(1)	绛州	临汾	临汾	高梁堰	不详	唐前期		引汾河支流高梁水
(2)	绛州	临汾	临汾	夏柴堰	不详	唐前期		引汾河支流巨河
(3)	绛州	龙门	河津	瓜谷山堰	不详	贞观		引汾河水（引汾灌区）
(4)	绛州	龙门	河津	十石垆渠	不详	贞观		引汾河水（引汾灌区）
(5)	绛州	龙门	河津	马鞍坞渠	不详	贞观		引汾河水（引汾灌区）
4	太原府	文水	文水	文谷水				引汾河支流文峪河水
其中：(1)	太原府	文水	文水	常渠		武德二年	619	灌区在汾洲隰城，即今汾阳
(2)	太原府	文水	文水	栅城渠	数百顷	贞观三年	629	引汾河支流文峪河水
(3)	太原府	文水	文水	甘泉渠	数千顷	开元二年	714	引汾河支流文峪河水
(4)	太原府	文水	文水	荡沙渠	数千顷	开元二年	714	引汾河支流文峪河水
(5)	太原府	文水	文水	灵长渠	数千顷	开元二年	714	引汾河支流文峪河水
(6)	太原府	文水	文水	千亩渠	数千顷	开元二年	714	引汾河支流文峪河水
5	晋州	临汾	临汾	百金泊				
6	太原府	晋阳	太原市	晋渠		贞观中		"架汾引晋水入东城"

东城，以甘民食"。[①]据张德一、陈涛先生分析，唐之太原县中城是建筑在东西二城之间的汾河故道上，清乾隆三十八年（1773）武英殿刻本《元和郡县志》所载，太原县在"州东二里百六十步"。因此，估计中城东、西宽度为 1 公里零 160 步，若每步 1.56m，则中城东西宽 1249.6m。[②]

　　但唐晋阳的中城建于武后天授元年（690），为并州长史崔神庆所建，用以连接隔汾河相望的东、西二城。后人大都不解，以当时的技术和经济

---

① ，（宋）欧阳修：《新唐书》卷 39《地理志》，北京：中华书局，2000 年，第 1003 页。
② 张德一、陈涛：《晋阳古城的创建时间与城垣探讨》，见：中国古都学会，太原市人民政府，太原师范学院：《中国古都研究二十辑》，太原：山西人民出版社，2005 年，第 45-55 页。

条件，何以能在汾河的河道上建设一座城池？正如本书前文所指出的，汾河在今太原市区的晋源镇一带，古代分为二流，即分为两河。因此，唐之中城是建在其中之一的"北渎"之上，北渎很可能是智伯用人工挖出来的一条渠道，它不会太宽，所以在其上建桥、建城和建渡槽，都不是太困难的事。

第四节　宋、金、元时期的水利事业

一、北宋时期的水利事业

文献指出，"北宋时期，黄河流域新建较大的农田水利工程不多。然而，北宋也有一个显著特点，就是宋神宗年间曾经出现过一次水利高潮，而且是以较大的规模进行了引黄放淤的实践，把黄河水沙利用推向了一个新的阶段"[1]。

放淤，山西俗称洪浇，官方正式名称为淤灌，如 20 世纪 50 年代初，雁北设有御河、桑干河淤灌区管理局。

淤灌一般用于多泥沙河流，泥沙中含有大量的腐殖质和羊粪、落叶等。淤灌可以培肥土壤、压碱洗盐，改良盐碱下湿地为良田，增产效果十分显著。北宋神宗年间，王安石拜相，在神宗赵顼的支持下，大力推行新法，尤其重视农田水利，熙宁二年（1069）十一月，制定颁布《农田利害条约》，亦即通称的"农田水利法"。据官居"权领都水淤田"的程师孟云："河东多土山高下，旁有川谷，每春夏大雨，众水合流，浊如黄河矾山水，俗谓之天河水，可以淤田。绛州正平县（今新绛、稷山县）南董村旁有马壁谷水，尝诱民置地开渠，淤瘠田五百余顷。其余州县有天河水及泉源处，亦开渠筑堰。凡九州二十六县新旧之田，皆为沃壤。"又说："南董村田亩旧直三两千，收谷五七斗。自灌淤后，其直三倍，所收至三两石。"按程师孟的调查，淤灌后的粮食单产为灌前的 3—4 倍，效果十分惊人。故到熙宁九年（1076），在程师孟的建议下，又"遣都水监丞耿琬淤河东路田"，但淤灌面积及效果均无记载。[2]

另据《宋会要》的记载：熙宁三年至九年（1070—1076），太原府修

①　水利部黄河水利委员会《黄河水利史述要》编写组：《黄河水利史述要》，北京：水利出版社，1982 年，第 189-197 页。

②　姚汉源：《中国水利史纲要》，北京：水利电力出版社，1987 年，第 245-246 页。

晋祠水利，灌田 600 余顷，折合 5.4 万市亩（但据山西省水利厅统计，1989 年晋祠灌区有效灌溉面积只有 3.64 万市亩，故怀疑北宋时期调查的数字不实）。

又有资料称：河东路的"九州二十六县，兴修田四千二百余顷，并修复旧田五千八百余顷，计万八千余顷"，都淤成良田。但前两项数字加起来只有 10 000 余顷，何以说"计万八千余顷"？是否应为"计万余顷"？待考。

又，河东路有 3 府、14 州和 8 军，共 81 个县。其中，在汾河流域的有静乐、宜芳、楼烦、阳曲、榆次、清源、太谷、交城、文水、祁县、西河、孝义、平遥、介休、灵石、汾西、霍邑、赵城、洪洞、岳阳、临汾、襄陵、神山、翼城、曲沃、正平、稷山共计 27 县，这一数字与"二十六县"极为接近。因此，可以估计，北宋时期汾河流域的淤灌面积约为 10 000 顷，即 90 万市亩。

与此同时，这一时期的水文化建设也有进展：除北魏至唐代开发的太原晋祠风景区之外，北宋时期最为宏伟的水景园地为太原柳溪，明成化《山西通志》有简单的记载："柳溪，在太原府城一里汾堤之东，宋天禧中（1017—1021）陈尧佐知并州，因汾水屡涨，为筑堤，周围五里，引汾水注之，四旁柳万余株，中有伏华堂，堂后通芙蓉洲，堤上有彤霞阁，每岁上巳涨水戏太守泛舟，郡人游观焉。久圮于汾水，有断碑存焉，堂阁详见后。"[1]

二、金元时期的水利事业

北宋于 1126 年为女真族所灭，金朝占领了淮河中游至大散关（在今陕西宝鸡市西南）一线以北的半个中国。1234 年，蒙古和南宋联军复击灭金朝，金统治北方计 108 年。

金世宗完颜雍在位期间（1161—1189），是金朝统治的鼎盛时期。世宗与南宋重订和议，并与高丽、西夏通好，使金朝转入和平发展的轨道。《金史·世宗纪》赞语称颂其"重农桑"。[2] 据《金史·食货志》记载，金章宗完颜璟在明昌六年（1195）下诏："县官任内有能兴水利田及百顷以上者，升本等首注除。谋克所管屯田，能创增三十顷以上者，赏银绢二十两匹，其租税止从陆田。"泰和八年（1208），完颜璟又令：

① （明）李侃修，胡谧纂：《山西通志》，北京：中华书局，1998 年，第 75 页。
② （元）脱脱：《金史》卷 8《世宗下》，北京：中华书局，1975 年，第 203 页。

"诸路按察使规划水田。"① 金宣宗完颜珣在兴定五年（1221）又主持"议兴水田"。在这三位最高统治者的亲自鼓励和督办下，想必农田水利应有很大的发展，但可惜的是对金代黄河流域大型灌溉工程的具体记载很少，更无论汾河流域了。

不过从后世的文献中仍可发现一些线索。据明成化《山西通志·山川》中云："霍泉，源出赵城县东南四十里霍山南麓，唐贞元间引分二渠名曰北霍、南霍，以十分为率，本县得水七分，洪到（疑为洪洞——作者注）得水二分，宋、金间定水利，俱有碑存。"② 下文记述各渠灌溉面积，合计 887 顷，约合 8.17 万市亩；而据山西省水利厅 1989 年之统计，霍泉灌区有效灌溉面积（不包括提水高灌面积）为 8.26 万市亩，故知金代之规模与现代相近。本例表明，霍泉渠这样的大中型灌溉工程，在金代保存良好，而且有严格的管理制度。

元世祖忽必烈于中统元年（1260）即位。据《元史·食货志》记载，当年他就诏告天下："国以民为本，民以食为本，衣食以农为本"，确定以重农为国策，并下令设置劝农司、司农司等机构，专门主管农桑水利事业。与此同时，还明确规定："凡河渠之利，委本处正官一员，以时浚治。或民力不足者，提举河渠官相其轻重，官为导之。地高水不能上者，命造水车。贫不能造者，官具材木给之。俟秋成之后，验使水之家，俾均输其直，田无水者凿井，井深不能得水者，听种区田。其有水田者，不必区种，仍以区田之法，敬诸农民。"③

由于忽必烈采取上述积极且具体的行政措施，汾河流域大中型灌区的建设有所发展。据文献④引《平阳府志》称，在元世祖统治时期，开凿了利泽渠、善利渠、大泽渠，灌溉赵城、洪洞、临汾等地农田 4 万余亩。元至元元年（1264），平阳路总管郑鼎导汾水灌溉民田千余顷，约合 9.2 万市亩。

又据元至正初（1341 年左右）监察御史兼河东廉访使王思诚所撰《重修晋祠记》云：晋祠泉水当时"溉田二百顷（合今 1.84 万市亩），激机（水磨）六十区（座）"。他赞美道："一方之人，举钟为云，决渠为雨，……安享丰稔之乐，皆水之利也。"⑤ 看来晋祠灌区的面积当时已达到现今（3.32

① （元）脱脱：《金史》卷 50《食货二》，北京：中华书局，1975 年，第 1122 页。

② （明）李侃修，胡谧纂：《山西通志》，北京：中华书局，1998 年，第 84 页。

③ （明）宋濂：《元史》卷 93《食货志一》，北京：中华书局，第 54 页。

④ 水利部黄河水利委员会《黄河水利史述要》编写组：《黄河水利史述》，北京：水利出版社，1982 年，第 224-227 页。

⑤ （明）李侃修，胡谧纂：《山西通志》，北京：中华书局，1998 年，第 858 页。

万市亩，不包括高灌）的 55％以上。

第五节　明、清、民国时期的水利事业

一、明代的水利事业

明朝初期，太祖朱元璋为了恢复元末大战乱后的农业生产，巩固新兴王朝的统治，对农田水利是相当重视的。在朱元璋即位之初，就下诏："所在有司，民以水利条上者，即陈奏。"洪武二十七年（1394），他又指示工部："陂塘湖堰可蓄泄以备旱涝者，皆因其地势修治之"，并遣使分赴各地"督修水利"（《明史·河渠志》）。到二十八年（1395）冬，据各地上报："凡开塘堰四万九百八十七处"，对恢复农业生产起到了一定的作用。在重农政策的推动下，一向干旱的黄河中上游，包括汾河流域，继续发展农田水利事业，获得了新的成就。

据文献①引嘉靖《山西通志》记载，当时汾河流域中游的阳曲、太原、榆次、太谷、祁县、徐沟、交城、汾阳、平遥、介休、孝义 11 县；下游的临汾、洪洞、曲沃、赵城等 4 县，都修了相当一批中、小型水利工程。

各县修渠以榆次最多，该县引洞涡水（即今潇河）修渠 9 条，共灌溉 13 100 多亩。其中，王村 2000 余亩，张庆村 4000 余亩，永康岭 1000 余亩，在城 700 余亩，安仁都 400 余亩，偃武村 1000 余亩，怀仁村 2000 余亩，王郝村 1000 余亩，陈胡村 1000 余亩。据明成化《山西通志·山川·洞涡水》②记载：榆次阳盘、聂店两渠共灌田 4000 余亩；又云："牛坑水，源出榆次县东南三十里牛坑村悬泉谷，西流入洞涡（即潇河），居民引渠至修文村，溉田口顷。"（原志印文脱落——笔者注）

据③引嘉靖《山西通志》称，以榆次县的规模最大，开凿渠道 20 多条，其中万春渠、官甲口渠、杨村渠、张庆渠、永康渠都灌地 150 顷以上，总计全县引汾工程灌田 1300 余顷，约合 12 万余市亩。这表明在成化（记事止于成化九年，即 1473 年）以后到明朝晚期（1644 年以前）的 170

---

① 水利部黄河水利委员会《黄河水利史述要》编写组：《黄河水利史述要》，北京：水利出版社，1982 年，第 295-296 页。

② （明）李侃修，胡谧纂：《山西通志》，北京：中华书局，1998 年，第 49-85 页。

③ 水利部黄河水利委员会《黄河水利史述要》编写组：《黄河水利史述要》，北京：水利出版社，1982 年，第 295-296 页。

余年间，汾河流域的农田水利事业还在不断发展和扩大。

文献①又载：徐沟县于嘉靖年间开凿的金水渠、嘉平渠、沙河渠也都各灌田 100 顷以上，合计灌田 420 余顷，合 38.7 万市亩。

文献②尚记有：临汾县的古渠通利渠、平水渠、永利渠，在明代都曾修浚引灌，平水渠可灌田 360 顷以上。查文献③，"平水，源出临汾县西南平山，分中横李郭高石四渠，经临汾、襄陵二县界，溉田六十余顷，注于汾，至平阳府城西五里名平湖，土人上巳游观之所"。由两志记载比较，平水渠从成化到嘉靖，灌田面积已扩大了 6 倍，这是相当惊人的。

再如，平遥、介休的引汾灌渠，各灌田 100 多顷。

赵城县利泽渠"溉田千顷有奇"④。

"此外，临汾、汾阳还在嘉靖年间仿照江浙水车式样制造了一批水车，汲取地下水以灌田。"⑤ 所谓江浙式样的水车，似应为所称"龙骨水车"，人力踩车汲水以灌较高的田块，这种水车并不适用于汲取地下水，估计在山西是用于将较低的水源汲灌较高的田块。

介休县还在万历年间凿井 1300 余眼，扩大了井灌的规模。

据文献⑥记载，明代晋中各县有灌田万亩以上的渠道十来处。晋南赵城县，有南北震渠溉田 900 余顷（合 829.4 万市亩），疑"南北震渠"为南北霍渠之误。本书前文曾叙述，赵城县有南、北霍渠，总灌溉面积为 887 顷（约合 8.17 万市亩），则两者同为一事，表明霍泉渠在 150 年间受水源和地域地形的限制，灌溉面积很少扩大。时至 20 世纪，仍然维持在 8 万多市亩。

这一时期城市供水也有一定的发展。尤其是北宋所建的太原柳溪和临汾永利池两处。郝树侯先生⑦及其他文献⑧中均指出：柳溪在明代有所恢

① 水利部黄河水利委员会《黄河水利史述要》编写组：《黄河水利史述要》，北京：水利出版社，1982 年，第 295-296 页。

② 水利部黄河水利委员会《黄河水利史述要》编写组：《黄河水利史述要》，北京：水利出版社，1982 年，第 295-296 页。

③ （明）李侃修，胡谧纂：《山西通志》，北京：中华书局，1998 年，第 49-85。

④ 水利部黄河水利委员会《黄河水利史述要》编写组：《黄河水利史述要》，北京：水利出版社，1982 年，第 295-296 页。

⑤ 水利部黄河水利委员会《黄河水利史述要》编写组：《黄河水利史述要》，北京：水利出版社，1982 年，第 296 页。

⑥ 姚汉源：《中国水利史纲要》，北京：水利电力出版社，1987 年，第 392 页。

⑦ 郝树侯：《太原史话》，太原：山西人民出版社，1979 年，第 30-31 页。

⑧ 任世芳：《古城太原水文化恢复策略研究》，《太原师范学院学报》（社会科学版）2011 年第 10 卷第 4 期，第 48-50 页。

复与增建。然而这两篇文献均有个别需更正之处。

文献①云：柳溪"在明朝还有彤霞阁、四照亭、水心等"，此处引自《寰宇通志·太原府》。按：《寰宇通志》为明官修地方总志。陈循等修，书成于代宗景泰七年（1456），而成化《山西通志》成书于成化十年（1474），记事止于成化九年（1473），显然，《山西通志》成书在《寰宇通志》文后18年，而且后者是由地方官、住在太原的山西巡抚胡谧主持，他岂能对太原府城的名胜古迹毫无所知？另有文献②沿用了《寰宇通志》卷78、万历《太原府志》卷8、《续资治通鉴》卷36的记载："到了明代，柳溪之旁，还建有彤霞阁、四照亭、水心亭等亭台楼阁。"基本上沿用了郝树侯先生的见解。

事实上，成化《山西通志》中明确指出："彤霞阁，在太原府城西汾堤上，宋时建，阁东有池，池南有四照亭，今俱废。"又云："水心亭，……在太原府城西柳溪上，今废。"③

以上引文清楚地表明，北宋时柳溪的彤霞阁、四照亭、水心亭三处建筑，在明成化时均已不复存在。如果在万历的《太原府志》时又出现，就只可能是成化至万历之间100多年太原府官方建设的业绩。而明时新建的还有看河楼，《山西通志》云："在太原府城西汾堤，洪武间建，正统间修。"

此外，宋代韩绛与其弟守太原时所建"亭，在太原府城西柳溪上"，看来在明代尚保存如旧。这似与清乾隆时的沃华堂没有什么共同之处，应该是明成化时存在的另一处北宋建筑。

明代重建平阳（今临汾）永利池，是一项城市供水工程。据明代张昌所撰的《新修永利池记》介绍，临汾城东原有莲花旧池，北宋庆历三年（1043），知州潘太博主持，"引东山卧虎岗黄芦泉水入城注之池，植荷花其中，以为游乐所"。金末战乱，引水渠道湮塞，泉水不复入城，而临汾"城中虽有井泉，味多咸苦，不济人饮，惟可浣濯而已。居民日用所资以生者，或远汲汾河之流，或车运郭外之水，其劳特甚"。④洪武十年（1377）冬季，知府徐铎召集工人千余人，疏浚和拓宽渠道，北引汾河从利渠的水源入池，次年夏季竣工通水，从此解决了城中居民的生活用水

① 郝树侯：《太原史话》，太原：山西人民出版社，1979年，第30-31页。
② 任世芳：《古城太原水文化恢复策略研究》，《太原师范学院学报》（社会科学版）2011年第10卷第4期，第48-50页。
③ （明）李侃修，胡谧纂：《山西通志》，北京：中华书局，1998年，第75页。
④ （明）李侃修，胡谧纂：《山西通志》，北京：中华书局，1998年，第708页。

问题。

二、清代的水利事业

清代已经进入了中国封建社会的末期，从清兵入关到鸦片战争时已经历了将近 200 年的时间，由于统一的时间长久，社会比较安定，汾河流域的农田水利事业有所发展，但大型水利工程很少。据《山西通志》记载，清代该流域的小型水利工程大量兴建。太原府的阳曲、太原、榆次、太谷、祁县、徐沟、交城、文水等县，平阳府的临汾、襄陵、洪洞、岳阳、曲沃、翼城、汾西等县；汾州府的汾阳、平遥、介休、孝义等县；绛州的河津、稷山等县，都修建了许多灌溉几十亩、几百亩乃至几千亩的水利工程。[①]

例如，在阳曲县，引汾灌渠就有二十八道，"溉田一百二十五顷有奇"。太原县有引汾灌渠三十道，"溉一百二十余村田"。榆次县有洞过河（即潇河）渠二十三道，"溉五十五村田"，利用"浊水资灌"（即洪浇）的灌渠十一道，"溉二十村田"。太谷县利用"浊水"之处更多，有乌马河十九渠，象峪河十四渠，圪塔河二渠，咸阳河十一渠，奄峪河二渠，马鸣王河四渠，猪峪河二渠，四卦河一渠，"共溉五十余村田"。介休县有汾河渠二道，"溉二十二村"；石桐水渠三道，"溉三十余村田"；文水县有汾河渠十道，"溉四十七村田"；等等。[②]

三、民国时期的水利事业

民国时期的汾河流域，1912—1949 年 9 月的 38 年间，除抗日战争 8 年之外，其余年份大多在阎锡山的反动统治之下。阎氏虽然标榜推行包括兴修水利的"六政三事"，但汾河流域的水利事业并没有新的发展，仍然是清末原有的 500 余条渠道，分布在上、中、下游，灌溉面积 149 万多亩。[③]

---

① 水利部黄河水利委员会《黄河水利史述要》编写组：《黄河水利史述要》，北京：水利出版社，1982 年，第 387 页。

② 水利部黄河水利委员会《黄河水利史述要》编写组：《黄河水利史述要》，北京：水利出版社，1982 年，第 387 页。

③ 水利部黄河水利委员会《黄河水利史述要》编写组：《黄河水利史述要》，北京：水利出版社，1982 年，第 387 页。

第六节　新中国成立以来的水利大发展

1949 年新中国成立以后，汾河流域的水利建设突飞猛进，经过 50 年的奋斗，到 2000 年年底，流域内有效灌溉面积发展到 730.38 万亩，是新中国成立前灌溉面积 149 万亩的 4.9 倍。有效灌溉面积占到流域内耕地面积的 40%，人均灌溉面积达到 0.61 亩。[①]

该流域内有效灌溉面积占山西全省有效灌溉面积的 39%，是山西省灌溉程度最高的区域之一。对其半个世纪的成就，可以分析概括为以下几个方面。

（一）形成了大、中、小型灌区相结合的灌溉体系

半个世纪中，汾河流域形成了 4 个 30 万亩以上的大型自流灌区：①汾河灌区，有效灌溉面积 149.55 万亩，通过汾河一坝（太原市兰村）、二坝（清徐县长头）、三坝（平遥县左家堡）从汾河干流取水，由于上游有汾河水库的调节，年平均引水量为 3 亿 m³，供水保证程度较高；②汾西灌区，有效灌溉面积 43 万亩，水源包括汾河径流、郭庄泉水、龙子祠泉水，年灌溉引水量为 2 亿 m³；③潇河灌区，有效灌溉面积 33 万亩，引水枢纽为榆次源涡村潇河大坝；④文峪河灌区，有效灌溉面积 51 万亩，水源为文峪河水库，年平均引水量为 8100 万 m³。[②]

以上 4 个大型灌区合计有效灌溉面积达到 276.55 万亩，占全汾河流域有效灌溉面积的 37.86%。同时，还有两座大型提水泵站：①汾南泵站（11 万亩）；②西范泵站（15 万亩），两站合计灌溉面积为 26 万亩，占全流域有效灌溉面积的 3.56%。万亩以上的自流灌区有 25 处。

（二）星罗棋布的大、中、小型水库遍布流域各处

现有大型水库 3 座，保证了 3 座大型灌区的灌溉、城市、工业供水：①汾河水库，总库容 7.21 亿 m³，负担汾河灌区、太原市防洪和工业用水任务；②汾河二库，总库容 1.33 亿 m³，负担太原市的供水任务；③文峪河水库，总库容 1.075 亿 m³，承担文峪河灌区供水和下游的防洪任务。

3 座大型水库加上 13 座中型水库，总库容 14.42 亿 m³；小型水库 50

---

① 李英明、潘军峰：《山西河流》，北京：科学出版社，2004 年，第 39 页。
② 李英明、潘军峰：《山西河流》，北京：科学出版社，2004 年，第 39 页。

座,总库容 14.48 亿 m^3。以上 66 座大、中、小型水库,总库容 28.90 亿 m^3,相当于汾河流域 1956—2000 年系列年平均河川径流量 20.67 亿 m^3 的约 1.4 倍,贯彻了"以蓄为主"的方针。

"以蓄为主"的方针,尤其适用于汾河流域的自然条件。该流域河川水资源在时间分布上的特点是:年内分配不均,年际变化较大,这正好体现了汾河流域降水量年内分配不均,年际变化较大的特征。该流域的大中型水库,除汾河水库为多年调节水库,其余均为季调节水库。可以断言,如果不修建这些水库,灌溉面积根本不可能发展到现在这样大的规模,而水利工程的防洪、城市与工业供水,以及水产养殖、水力发电等综合利用效益,就不可能得到发挥。

(三) 重视水利工程的综合利用

绝大多数水库都具有综合利用的功能,主要表现在以下几个方面。

1) 防洪。水库的防洪库容(或称调洪库容)可调蓄洪水,对河道下游能起到防护作用。例如,汾河二库建成后,已将下游太原市的防洪标准从过去的 20 年一遇提高到百年一遇。

汾河水库的防洪效益更加巨大而显著,其防洪保护区是以 300 年一遇洪水确定的。水库以下的太原、晋中、临汾、运城 4 个市及所辖 18 个工农业县区市,是全省人口稠密、工农业经济比较发达的平原地区,沿岸有南同蒲铁路、大运高速、207 国道、太原机场等重要交通设施,是山西省的经济命脉。尤其是在太原附近有煤矿、钢铁、化工、电力等大型厂矿企业,是能源重化工基地重点地区。

汾河水库到 2005 年已安全运行 43 年,正常拦蓄超过 1000m^3/s 的大洪水 12 次,超过 500m^3/s 的大洪水 32 次,为下游减除了洪水威胁,消除了水害,保护了国家和人民的生命财产安全,同时也保证了工农业生产的正常进行。按 40 年水利经济效益分析计算,汾河水库防洪减灾的社会经济效益达 40 亿元。例如,1967 年 8 月 10 日大洪水,进库洪峰达 2320m^3/s,同时下游兰村站发生洪峰 1500m^3/s,若两个洪峰相遇叠加,将超过太原市中心迎泽大桥安全泄量(3250m^3/s),但经水库调节,只下泄 45m^3/s,洪峰被削减 98%。2003 年 7 月 30 日,上游的静乐站发生洪峰 1650m^3/s 的洪水,洪峰持续时间达 8 小时,水库全部拦蓄,减轻了下游的防洪负担。

文峪河水库的两项主要功能之一就是下游的防洪。在该库建成以前,文峪河干流发生过两次大水灾。1954 年 8 月底,全流域普降暴雨,以后来水库坝址附近的开栅站为例，8 月 28 日起 7 日降雨 196.2mm，洪水持续半月之久，8 月 30 日干流洪峰流量涨到 306m³/s，河堤决口 15 处，水深 3m。9 月 3 日洪水涨至 348m³/s，决口 156 处，上下游受灾村 189 个，受灾人口 18.7 万人，受灾农田 40 万亩。1959 年 8 月 19—20 日，降雨 88mm，洪峰流量即达 795m³/s，决口 13 处，8 万亩大秋作物被淹。自 1970 年 6 月水库建成后，30 多年来干流再未发生过洪水决堤事件。

2）供水。还以汾河水库为例，该库 40 多年来累计向汾河下游 150 万亩农田供水 109.5 亿 m³，为农业的稳产高产发挥了重要作用。其为太原第一热电厂、太原钢铁集团有限公司等工业供水 4.96 亿 m³，为太原市环境供水 4.79 亿 m³。而汾河二库在 1999 年年底下闸蓄水，此后每年可为太原市增加供水 0.44 亿 m³。

3）发电。汾河水库水电站装机 2×6500kW，汾河二库水电站装机 9600kW，文峪河水库水电站装机 2×1250kW。3 座大型水库的水电站共装机 2.51 万 kW。

（四）水文化的建设日新月异

由于多数水库的建成，汾河干流的防洪标准有了很大的提高，而且可以在枯水季节保证为下游提供所需的清水流量，这就为建设水文化景点创造了有利条件。其中，最大的是太原市城区的汾河公园，一期工程长 6km，二期工程完成后全长可达 12.2km，水面宽 300m，在太原市区中部形成了一个面积达 4170 亩的人工湖。昔日垃圾成堆、污水横流的汾河沙滩，变成了水清草美、风景如画的汾河公园（2012 年又开始进行三期工程建设）。

文献①中曾经提及历史上古城太原水文化的发展和衰落。但近年来，太原城西水系已经逐步恢复和扩大，例如，新建及改扩建的湿地公园、森林公园、黑龙潭公园、迎泽公园、晋阳湖（水面 7650 亩）、龙潭公园（水面 162 亩）。上述水文化景点分别由汾河一坝东干渠和西干渠供水，已经成为太原市民游览和休闲的胜地。

（五）河道治理成绩斐然

汾河流域呈狭长形，南北跨度大，支流众多，地形、地貌条件复杂，洪涝灾害发生的区域多在中下游段。流域洪水可由大范围、历时长的暴雨

---

① 任世芳：《古城太原水文化恢复策略研究》，《太原师范学院学报》（社会科学版）2011 年第 10 卷第 4 期，第 48-50 页。

形成和小范围的局部暴雨形成。汾河上中游的临汾段洪灾的类型主要以毁堤为主，下游运城段的洪灾类型主要为漫溢。据历史记载，1381—1948年，汾河流域共发生洪灾 132 次，平均每 4.3 年发生一次。1949 年以后，汾河中下游干流沿岸发生过 10 余次洪灾。

中游一带在历史上是水患的多发区，汾河进入太原盆地和临汾盆地之后，河道纵坡变缓，如表 2-2 所示。[①]

表 2-2　汾河干流兰村至河津纵坡表

站名	海拔/m	至河口/km	高差/m	距离/km	纵坡/‰
兰村	807.65	476	49.28	60	0.82
二坝	758.37	416	21.34	62	0.34
左家堡	737.03	354	11.15	38	0.29
义棠	725.88	316	322.38	187	1.72
柴庄	403.50	129	29.84	107	0.28
河津	373.66	22			

由于河床坡度变缓，泥沙淤积严重，主要依靠堤坝挡水，因而比较容易遭受洪灾。

1949 年以后，汾河流域作为山西全省水害防治的重点，开展了大规模的"人民治汾"活动。在干流上，1961 年建成了汾河水库，1999 年又建成了汾河二库。在 50 年内，还在较大的支流上建成了若干大、中型水库，即文峪河水库、象峪河郭堡水库、乌马河庞庄水库、昌源河子洪水库、孝河张家庄水库、浍河水库、巨河水库、浍河二库、浍河小河口水库、曲亭河曲亭水库、白马河蔡庄水库共计 11 座大、中型水库。上述 13 座水库调蓄洪水、拦截泥沙，为河道整治奠定了基础。

1969—1981 年，对汾河河道进行过两次较大规模的治理。但由于汾河干堤隐患较多，标准较低，洪水仍是威胁汾河流域人民生命财产安全的心腹之患。1996 年，汾河干流出现 1966 年以来的最大洪峰，造成汾河中下游 6 个县市、58 个乡镇、264 个村庄严重受灾，绝收面积 9.62 万亩，汾河堤坝有 31 处决口，冲毁堤坝 48km。[②]

1998 年，山西省省委、省政府把"治好母亲河"作为全省工作的重点之一，开始进一步治理汾河。汾河干流河道治理的内容是：固堤、疏浚、通路、绿化、治污和综合开发，包括旧堤拆除、旧堤加固、新堤建设、堤防护砌、险工处理、控导护岸、中水河槽治理、河道清障，以及河

---

① 任世芳：《山西河流水资源安全研究》，北京：气象出版社，2008 年，第 44 页。
② 李英明、潘军峰：《山西河流》，北京：科学出版社，2004 年，第 35 页。

势顺导等。在提高河道行洪标准的同时，基本理顺和控制了主河槽，保证行洪通畅和河势稳定，结合防洪水库工程，使整个流域形成了蓄泄有机结合的防洪体系。

汾河各河段的设防标准和设计洪水指标，分别如表 2-3 和表 2-4 所示。[①]

表 2-3 规划河段设防标准及设计洪水指标表

分段	站名	防洪标准（洪水重现期）/a	设计洪峰流量/（m³/s）	设计洪水位/m
上游	汾河水库	20	2670	
中游	兰村	100	3450	812.25
	汾河二坝	20	2080	766.60
	义棠	20	1590	
下游	石滩	20	2580	513.70
	柴村	20	2250	407.81

表 2-4 设防标准指标表

分段	河段划分		防洪标准（洪水重现期）/a	堤防工程级别	堤防工程安全加高值/m	设防流量/（m³/s）
上游	宁武河源—汾河水库库尾	静乐县城区段	20	4	0.6	2670
		其他段	10	5	0.5	2010
	汾河水库坝下—古交火车站		20	4	0.5	2670
	古交火车站—步岩		100	1	1.0	4250
中游	太原市区段	兰村—胜利桥	100	1	1.0	3450
		胜利桥—南内环桥	100	1	1.0	
		南内环桥—杨家堡	100	1	1.0	
	杨家堡—灵石县王庄		20	4	0.6	1590—2080
下游	临汾地区	霍州市城区段	50	2	0.8	3440
		洪洞县城区段	50	2	0.8	
		临汾市城区段	50	2	0.8	
	运城地区	襄汾县城区段	50	2	0.8	
		其他段	20	4	0.6	2580
		新绛县南梁—万荣县庙前	20	4	0.6	2150

汾河治理工程共新建堤防 342.55km，加固堤防 486.1km，修建护坡长 417.15km，在堤防险工地段修筑了丁坝、顺坝、铅丝笼块石护岸等控导、护岸工程，到 2000 年基本完成了汾河干流汾河水库以下河段的全面治理。

从 2001 年开始，山西省水利厅根据省委、省政府的决定，组织了宁

---

① 李英明、潘军峰：《山西河流》，北京：科学出版社，2004 年，第 35 页。

武县头马营至汾河水库的汾河上游 81km 的综合整治工程。该段河道是万家寨引黄工程南干线通水到位太原的通道，工程建设的总目标是"固堤、护岸、保滩、水清、流畅、岸绿"，确保引黄水高效、安全、清洁地输送到汾河水库，并促进两岸人民脱贫致富。这段工程在 2001 年 10 月 19 日开工，到 2002 年 10 月 8 日引黄工程南干线通水之前，骨干河道的固堤、生物治理工程全部高质量地完成。共完成河道整治 71km，新建堤防96.3km，护堤生物工程 1.5 万亩，同时启动了两岸 200km² 的水土保持综合治理工程，使静乐县城的防洪标准提高到 20 年一遇，其余河段的防洪标准提高到 10 年一遇。2003 年 7 月 30 日，一场超标准的洪水发生在汾河上游 81km 的河段，当天静乐水文站洪峰流量达到 1650m³/s，汾河静乐段形成了 1967 年以来的最大洪峰，宁武县河段形成了 1949 年以来的最大洪峰，均超过河道治理工程的防洪标准，而全线没有一处工程出现大的险情，沿河 10 万亩河滩地没有一处遭受洪水侵害。据估算，此次河道堤防工程产生的防洪减灾效益，已经接近工程的总投资。

(六) 航运事业消亡

《汾河志》[①] 曾载有 20 世纪 60 年代初汾河在夏秋之际仍然可行筏运载货物的照片，显示了秋季出现在汾河上中游河段的筏运队景象。

另外，1958—1959 年，下游的侯马市曾建造一艘机轮，据报道拟航行侯马—河津河段，但没有后续报道，估计行驶遇到困难，难以为继。此后，汾河的航运事业即销声匿迹。

---

① 山西省水利厅编纂：《汾河志》，太原：山西人民出版社，2006 年。

第三章
历史时期汾河流域气候变化和水环境变迁

第一节　历史时期汾河流域气候的变迁

有文献①曾经简要地总结了历史时期黄河中游气候条件的变迁情况，并且指出：

1）据竺可桢②、徐馨③、王会昌④等的研究，近 5000 年来中国气候经历了 3 个主要的温暖湿润时期和 3 个寒冷干旱时期。从公元初年起我国气候渐趋寒冷，在 280—289 年的 9 年间，即西晋初期达到顶点。而谭其骧、邹逸麟两位先生所称的黄河在东汉以后长期"安流"时期⑤⑥，恰好正同第二个干冷期，即东汉魏晋南北朝（公元初—600 年）时期相吻合，当时的年平均气温比现代低 1—2℃。这一差异大致相当于现今毛乌素沙地南缘和陕西省铜川市之间的差异，无霜期的长度估计将缩短近 1 个月，显然

---

① 赵淑贞、任伯平：《关于黄河在东汉以后长期安流问题的再探讨》，《地理学报》1998 年第 53 卷第 5 期，第 463-469 页。

② 竺可桢：《中国近五千年来气候变迁的初步研究》，《中国科学（B辑）》1973 第 2 期，第 18-23 页。

③ 徐馨：《全新世环境》，贵阳：贵州人民出版社，1990 年，第 85-97 页。

④ 王会昌：《2000 年来中国北方游牧民族南迁与气候变化》，《地理科学》1996 年第 16 卷第 3 期，第 273-280 页。

⑤ 谭其骧：《何以黄河在东汉以后会出现一个长期安流的局面》，《学术月刊》1962 年第 6 卷第 2 期，第 45-52 页。

⑥ 邹逸麟：《读任伯平"关于黄河在东汉以后长期安流的原因"后》，《学术月刊》1962 年第 6 卷第 11 期，第 77-79 页。

比现代更不利于植物生长。

2）根据董光荣[①]、马义娟[②]、苏志珠[③]等对鄂尔多斯、晋西北地区的考察，上述地区在距今 3.7 万—5 万年时水草比较丰富，哺乳动物较多，但到距今 3000—3400 年时变成沙漠。最晚 2300±990aBP[④] 到现代，黄土高原北部进入干冷期，主要特征为风成砂沉积和黄土沉积的干草原——荒漠草原气候，该时段干冷多风，沙漠扩大，流沙南侵。

3）以黑沙土划分风沙期。[⑤] 以 TL 及 [14]C 对毛乌素沙地的黑沙土进行测年及研究，确认在进入地质年代以后，经历了 8 个半气候旋回。其中，与本书有关的风沙期即干冷期为：公元前 850—前 500 年（西周中期—东周中期）；公元前 50—290 年（西汉中晚期—西晋初年）；1000—1350 年（北宋真宗初年—元末）；1450 年迄今。由于测年可能有 100—200 年的误差，故可认为与第一和第二种方法的结果是一致的。

赵淑贞、任伯平的上述综合分析，首先，其对象主要是指鄂尔多斯高原和晋西北地区，但考虑到汾河流域与黄河大北干流段流域仅吕梁山脉一山之隔，大气候应该相近；其次，上述 3 种方法的结果是一致的；最后，第一种方法的研究对象是整个中国，故而也应适用于汾河流域。

又据葛全胜先生等在文献[⑥]中总结，全新世中国气候的变化可分为早期增暖、中期温暖和晚期转冷 3 个基本阶段。早、中期分期约在 [14]C 的 9.0—8.0kaBP（中国的史前时期——笔者注）；中、晚期分期约在 [14]C 的 4.0—3.0kaBP（夏朝中期到西周初年）。文献[⑦]还指出，施雅风院士和孔昭宸认为全新世大暖期大约始于 [14]C 的 8.5kaBP（史前时期——笔者注），结束于 [14]C 的 3.0 kaBP（西周初年——笔者注）。[⑧]

全新世在迅速升温的同时，中国夏季风显著增强，绝大多数地区降水增

---

① 董光荣、李保生、高尚玉等：《鄂尔多斯高原第四纪古风成沙的发现及其意义》，《科学通报》1983 年第 28 卷第 16 期，第 96-98 页。

② 马义娟、苏志珠：《晋西北土地沙漠化问题的研究》，《中国沙漠》1996 年第 16 卷第 1 期，第 155-159 页。

③ 苏志珠、董光荣：《130ka 以来黄土高原北部的气候变迁》，《中国沙漠》1994 年第 14 卷第 1 期，第 125-131 页。

④ BP 一般指 1954 年以前的年数。

⑤ 李容全：《三万年来中国北部风沙期的划分》，见：纪念王乃梁先生诞辰 80 周年筹备组编：《地貌与第四纪环境研究文集》，北京：海洋出版社，1996 年，第 265-266 页。

⑥ 葛全胜等：《中国历朝气候变化》，北京：科学出版社，2011 年，第 317-319 页。

⑦ 葛全胜等：《中国历朝气候变化》，北京：科学出版社，2011 年，第 317-319 页。

⑧ 施雅风、孔昭宸、王苏民等：《中国全新世大暖期气候与环境的基本特征》，见：施雅风、孔昭宸：《中国全新世大暖期气候与环境》，北京：海洋出版社，1992 年，第 1-18 页。

加。全新世暖期期间，中国降水量较现代普遍偏多，气候总体上暖湿；4.3—3.5 kaBP 之后（即公元前 2346 年，或夏朝初期至公元前 1546 年，即商朝初期——笔者注），中国的气候显著变干，但降水变化存在区域差异。

气候变化对人类社会的生存与发展，有着重大而显著的影响，这种影响有时是正面的，有时是负面的。截至 1949 年中华人民共和国成立，中国基本上是一个农业国家，在汾河流域，农业经济更是占经济构成的绝大部分。因此，气候变化的影响主要表现在对农业生产的影响方面。本书将研究重点集中于气候的干湿变化。由于先秦时期的历史文献流传至今的很少，而且其中有关干湿变化的事例记载更少，加之文字简古，令后人费解。例如，古本《竹书纪年》所载晋出公二十二年（公元前 453）"河绝于扈"，其中的"绝"字究竟是决口还是干旱断流，至今尚无定论。所以，本书的研究以秦至西汉时期为起点，并与表 3-1 的冷暖变化阶段和表 3-2 的干湿度变化阶段相对照。

表 3-1　秦代以来中国气候冷暖变化阶段划分

序号	公元年份起讫	冷暖程度	王朝纪元起讫
1	公元前 210—180	相对温暖	秦二世元年—东汉灵帝光和三年
2	181—540	相对寒冷	东汉灵帝光和四年—东魏孝静帝兴和二年
3	541—810	相对温暖	东魏孝静帝兴和三年—唐宪宗元和五年
4	811—930	相对寒冷	唐宪宗元和六年—后唐明宗长兴元年
5	931—1320	相对温暖	后唐明宗长兴二年—元仁宗延祐七年
6	1321—1920	相对寒冷	元英宗至治元年—1920 年
7	1921—2000	相对温暖	

表 3-2　秦代以来中国华北干湿变化阶段划分

序号	公元年份起讫	干湿程度	王朝纪年起讫
1	公元前 100—前 55	趋干	西汉武帝天汉元年—西汉宣帝五凤三年（中间有波动）
2	公元前 55—前 20	趋湿	西汉宣帝五凤三年—西汉成帝鸿嘉元年
3	公元前 20—200	干湿年代际波动显著，但无明显转干或转湿趋势	西汉成帝鸿嘉元年—东汉献帝建安五年
4	200—280	在波动中转湿	东汉献帝建安五年—西晋武帝太康元年
5	280—413	在波动中转干	西晋武帝太康元年—东晋安帝义熙九年（北魏明元帝永兴五年）
6	413—450	变湿	北魏明元帝永兴五年—北魏太武帝太平真君十一年

序号	公元年份起讫	干湿程度	王朝纪年起讫
7	450—581	总体趋干，510年及550年短暂湿润	北魏太武帝太平真君十一年—隋文帝开皇元年
8	581—618	相对湿润	隋文帝开皇元年—隋越王皇泰元年
9	618—907	干湿多次交替，660年、780年、850年前后偏干；735年、815年、880年前后偏湿	唐高祖武德元年—唐哀帝元祐四年
10	907—1030	总体较为湿润	后梁太祖开平元年—北宋仁宗天圣八年
11	1030—1250	波动中逐渐趋干	北宋仁宗天圣八年—蒙古海迷失后二年
12	1250—1425	湿润	蒙古海迷失后二年—明宣宗洪熙元年
13	1425—1530	转干	明宣宗洪熙元年—明世宗嘉靖九年
14	1530—1575	转湿	明世宗嘉靖九年—明神宗万历三年
15	1575—1644	明显转干，出现过去2000多年中最为严重的持续性干旱	明神宗万历三年—清世祖顺治元年
16	1644—1900	总体湿润，但年代际波动显著，1720年、1785年、1875年前后偏干，光绪三年、四年、五年（1877年、1878年、1879年）山西发生了连续3年特大旱灾	清世祖顺治元年—清光绪二十六年，康熙五十九年、乾隆五十年、光绪元年前后偏干；嘉庆二十年（1815）七月，太原东山洪水大发，冲毁东关、大南关，经过70年才得以恢复；光绪十二年（1886）六月二十四日，汾河决堤，太原西半城全毁
17	1900—1930	在波动中转干	清光绪二十六年—民国十九年（1930）
18	1930—1970	总体转湿，汾河大旱4次	1957年、1960年、1961年及1965年汾河流域大旱
19	1970迄今	总体转干，汾河流域大雨大水6次以上	1977年、1982年、1985年、1988年、1993年及1996年汾河流域有大雨、暴雨，引发大洪水成灾

　　上述内容①是就华北地区整体而言的，但汾河流域有其特殊性，因此，笔者就现代汾河流域实际发生过的旱涝灾害，对表3-2进行了若干修改。例如，1930—1970年的40年，华北地区总体转为湿润，但汾河流域就发生了1957年、1960年、1961年和1965年4次大旱，1970—2000年的30年，华北地区总体转干，而汾河流域则发生了1977年、1982年、1985年、1988年、1993年及1996年6次大的洪涝灾害。

---

① 葛全胜等：《中国历朝气候变化》，北京：科学出版社，2011年，第85-86页。

第二节　历史时期汾河流域的水环境变迁

一、秦至西汉时期

按照上述 3 种方法的研究成果，该期（公元前 221—8）处在第一阶段的暖期之中，气候学界一般认为，在暖湿期虽然降水较多，但极端气候事件较少。

再从干湿变化来看，由表 3-2 可知，公元前 100—前 55 年（西汉武帝天汉元年—西汉宣帝五凤三年）为趋干，但史籍无大旱之记载，公元前 55—前 20 年（西汉宣帝五凤三年—西汉成帝鸿嘉元年）为趋湿，仅成帝建始三年（公元前 30）太原郡发生大水灾。从历史文献记录来看，这类事件在该期的 230 年间确实发生得不多。

1）在洪涝灾害方面，仅有西汉成帝建始三年（公元前 30）记载"（太原）夏大水"[①]。而《汉书·成帝纪》云："（建始）三年，……。秋，关内大水。……，九月，诏曰：'乃者郡国被水灾，流杀人民，多至千数。'"[②] 西汉时太原郡有 21 县，绝大多数的县位于汾河流域，但当时遭受水灾者并非太原一郡，则太原郡遇难者并不多，当时水利技术并不高，可反衬出这次大水的灾害并不太严重。

另，雍正《山西通志》卷 162《祥异》云："（公元前 30 年，即西汉末年）夏大水，郡国十九雨。关内大雨四十余日，山谷水出，杀四千余人，坏官寺民舍八万三千余所。太原、绛州夏大水。"（笔者按：西汉并无郡国之制，盖《汉书》为东汉人班固所撰，故常以东汉新制代替西汉旧规，见梁方仲先生的著作）[③] 又，汉代所称"关内"，是指函谷关或潼关以西的王畿附近地区，按说"大雨四十余日"的地区不包括太原郡和绛州。

2）昭余古湖。非常值得重视的是，《汉书·地理志》在太原郡县的注文中云："邬，九泽在北，是为昭余祁，并州薮。"这是官修正史中第一次叙述昭余古湖。按谭其骧先生在文献[④]中绘制，西汉之邬县在今平遥县与

① 王尚义、张慧芝：《历史时期汾河上游生态环境演变研究》，太原：山西出版集团、山西人民出版社，2008 年，第 39 页。
② （汉）班固：《汉书》卷 10《成帝纪》，北京：中华书局，1962 年，第 306 页。
③ 梁方仲：《中国历代户口、田地、田赋统计》，上海：上海人民出版社，1980 年，第 17、159-163 页。
④ 谭其骧：《中国历史地图集》（第二册），北京：中国地图出版社，1982 年，第 59-60 页。

介休市之间，今之交城、文水、汾阳、孝义、介休、平遥、祁县 7 市县环绕昭余古湖而设置。

文献①的分析研究显示：先秦时期昭余古湖的水面面积最大时达到 1800km²，相当于现代太湖水面面积的 75%，而为巢湖水面面积的 2.2 倍。昭余祁的位置处在汾河中游的末端附近，现代汾河干流上、中游多年平均年径流量为 13.27 亿 m³，占全流域年径流量 20.67 亿 m³ 的 64.2%，故而能保证有充足的水量补充昭余祁的蒸发和渗漏损失，反过来看，昭余祁对汾河的径流也能起到一定的调蓄作用，即削减洪峰流量和补充枯水流量，其地位有如洞庭湖和鄱阳湖之于长江。因此，可以认为，这是汾河下游在历史时期曾长期拥有航运之利的原因。汾河中游右洼地高程情况见表 3-3。

然而，随着时代的变迁，昭余古湖现今已荡然无存。由于汾河流域干支流的含沙量都较大，人们可能推测其干涸是泥沙淤积导致的，但进一步深入分析即可发现，湖水干涸的主要原因与水环境的变化有直接关系，而水环境的变化又直接源于气候的变化。

表 3-3　汾河中游古洼地高程表

岸别	县市	乡镇	村名	海拔/m
左岸	介休市	义安镇	西那	741
左岸	平遥县	达蒲乡	达蒲	696.5
右岸	介休市	万户堡乡	田李	736
右岸	孝义市	司马乡	司马乡东	733
右岸	孝义市	市郊	汾河河畔	731
右岸	介休市	万户堡乡	南堡	703
右岸	平遥县	宁固镇	河西村	688
右岸	平遥县	西王智乡	西王智村	673
左家堡水文站			左家堡村	737.03
义棠水文站				725.88

资料来源：1) 水文站数据取自文献②
　　　　　2) 其他各点数据取自地形图之水准点

首先是考虑古湖的水面蒸发损失。据文献③中的研究成果，先秦时代该古湖的水面面积约为 1800km²，假定先秦时期当地的降水量、蒸发量、径流量均与现代相同或相似，分别计算该湖的蒸发损失水量和渗漏损失

① 王尚义：《太原盆地昭余古湖的变迁及湮塞》，《地理学报》1997 年第 52 卷第 3 期，第 262-267 页。
② 山西省水利厅：《山西省水文计算手册》，郑州：黄河水利出版社，2011 年，第 213-215 页。
③ 王尚义：《太原盆地昭余古湖的变迁与湮塞》，《地理学报》1997 年第 52 卷第 3 期，第 262-267 页。

水量。

（a）先秦时期昭余古湖蒸发损失估算

水面面积（先秦时期）1800km^2，以祁县站为代表，多年平均年降水量为441.8mm。

20cm蒸发皿测得多年平均年蒸发量（$E_水$）为1648.2mm，大水体年蒸发量（指E601型蒸发皿）为1031.3mm（均由文献[1]查得）。湖水面积为18亿m^2，故用闭合流域水量平衡方程估算陆面蒸发量[2]，即

$$E_陆 = \overline{X} - \overline{Y} \tag{3-1}$$

式中，$\overline{X}$指流域多年平均年降水量（mm），为441.8mm；$\overline{Y}$指流域多年平均年径流深（mm），为5mm。[3] 则$E_陆$=441.8−5=436.8mm。由此[4]，古湖蒸发损失水量

$$W_蒸 = 1000（E_水 - E_陆）F \tag{3-2}$$

则$W_蒸$=1000×（1031.3−436.8）×1800=10.70亿m^3，其中，F为湖水面积，此数值相当于上、中游年平均径流量（1956—2000）13.26亿m^{3}的80%以上，数值相当惊人。

此外，由于湖水渗漏损失难以估算，尚未考虑在内，如果加上渗漏，水量损失将更大。

（b）先秦时期昭余古湖渗漏损失估算

湖泊的渗漏损失水量，如无详尽的地质资料和当时长期的水文资料，是很难计算的。在此笔者仅能引用文献[5]的经验方法做一粗略估计，即在地质条件中等时，渗漏损失为年水量的10%—20%，即1.33亿—2.65亿m^3。

由以上两项损失水量可见，在正常年份的情况下，古湖一年的损失将达年来水量的90%—100%，换言之，年来水量将几乎全部损失，而湖水水面积仍维持原状，但如遇枯水年份，当出现水面急剧缩小的局面。

3）至于泥沙淤积问题，据文献[6]记载，灵霍峡谷段进口的义棠水文站

---

① 山西省水利厅：《山西省水文计算手册》，郑州：黄河水利出版社，2011年，第180-181页。

② 山西省水利厅：《山西省水文计算手册》，郑州：黄河水利出版社，2011年，第180-181页。

③ 江苏省扬州水利学校、郑灉清：《水文水利计算》（第二版），北京：水利电力出版社，1985年，第199-201页。

④ 江苏省扬州水利学校、郑灉清：《水文水利计算》（第二版），北京：水利电力出版社，1985年，第199-201页。

⑤ 江苏省扬州水利学校、郑灉清：《水文水利计算》（第二版），北京：水利电力出版社，1985年，第199-201页。

⑥ 李英明、潘军峰：《山西河流》，北京：科学出版社，2004年，第33页。

实测多年平均输沙量为 932 万 t，如按干重 $\alpha=1.3t/m^3$ 估计，约合717万 m^3。如果将古湖看作一座人工修筑的大型平原水库，则根据经验，入库泥沙将分为 3 部分：第一部分沉淀在水库尾闾，即拦门沙；第二部分沉淀在湖底，侵占水库库容；第三部分则随洪水径流由灵霍峡谷下泄。估计约有 1/3 的泥沙，即 240 万 m^3 左右沉淀在湖底，占年来水量的 1.8‰，虽有影响，但不算大。

到西汉时期，昭余古湖的分布情况，据《汉书·地理志·太原郡》云："邬，九泽在北，是为昭余祁，并州薮。"[1] 这段文字有些令人费解："邬"是东汉班固撰《汉书》时的原文，"九泽在北，是为昭余祁，并州薮"，是唐代颜师古写的注解。颜注既云九泽，为何只举昭余祁，并州薮二泽，而略去其余七泽？解释一：为了省略。但《尔雅·释地》是这样写的："鲁有大野，晋有大陆，秦有杨，宋有孟诸，楚有云梦，吴越之间有具区，齐有海隅，燕有昭余祁，郑有圃田，周有焦护，十薮"，对"十薮"一一列举，一个也不省略。颜师古博览群书，对《汉书》的注解十分精细，他应该读过《尔雅》，为了不甘人后，也会一一列举，以示其负责。解释二：其余七泽均系无名小沼，故而省去，但何以不写"另七小沼"？这不像颜氏的治学精神。试看《汉书·地理志》的序文，云："尧遭洪水，包山襄陵，天下分绝，为十二州，使禹治之。水土既平，更制九州。"颜师古对此段加注："九州之外有并州、幽州、营州，故曰十二。水中可居者曰州。洪水汛大，各就高陆，人之所居，凡十二处。"在此，颜氏列举了十二州的其余九州。

再细看《汉书·地理志》序言的最后一段，班固写道："故周官有职方氏，掌天下之地，辩九州之国。东南有扬州：其山曰会稽，薮曰具区（笔者注：即今太湖），……。正南曰荆州，其山曰衡，薮曰云梦（笔者注：即今洞庭湖），河南曰豫州。……其山曰华，薮曰圃田（笔者注：在今郑州市，已淤满）。……正东曰青州，其山曰沂，薮曰孟诸（笔者注：在今河南虞城县以北，已淤满）……河东曰兖州，其山曰岱，薮曰泰野（笔者注：师古注云'即大野'。在今山东省巨野、郓城二县之间，已淤满）。……正西曰雍州，其山曰岳，薮曰弦蒲（笔者注：在今陕西省华亭县西南泾水上游，作者疑为堰塞湖，今已无存）。……东北曰幽州，其山曰医无闾，薮曰貕养（笔者注：音为 xi，义为小猪）。"……"河内曰冀州，其山曰霍，薮曰扬纡。"[2]（笔者注：此处的霍山，即今之霍山，所称

① （汉）班固：《汉书》卷 28《地理志》，北京：中华书局，1962 年，第 1523-1639 页。
② （汉）班固：《汉书》卷 28《地理志》，北京：中华书局，1962 年，第 1523-1639 页。

之冀州包括今汾河下游及漳卫南运河上游）颜师古补注云："《尔雅》曰'秦有扬纡'此以为冀州，未详其义及所在"，其实问题还不在《汉书·地理志》与《尔雅·释地》的矛盾冲突，颜氏的另一注也有误，即"漳水出上党长子。汾水出汾阳北山，潞出归德"。查归德为金代始建之地名，非唐代之颜师古所能预知，此其一；归德在今河南省商丘市附近，处于黄河以南，与霍山、漳水、汾水远隔数千里之遥，可谓毫无关系，南北朝东魏时期曾在沁河下游设置武德郡，可能颜氏或后人把武德误认为归德，此其二。因此，有理由怀疑潞水应该是现代的沁河和丹河，沁河、丹河分别发源于沁源、高平县，这两个县在历史上长期属于上党郡，隋代有潞城县，清代为潞安府，故古代可能称之为潞水。序文接着写道："正北曰并州，其山曰恒山，薮曰昭余祁。"颜师古注：昭余祁"在太原邬县"。

细看上面一段序言，可以发现一个有趣的事实，即禹划分的九州共有九薮，即具区、云梦、圃田、孟诸、泰野、弦蒲、猺养、扬纡、昭余祁。九薮而不是十薮，表明《尔雅·释地》中的十薮已经有一个不复存在，但由于《汉书·地理志》与《尔雅·释地》所写的薮名并非一一对应，故现在不清楚是哪个薮消失了。

但是有一点是清楚的，即《汉书·地理志》的序言和注文都有脱讹之处，因而必须重新审视《汉书》中关于邬县的记载。

"九泽在北"，应为"九泽之一在北"，这就如同我们今天说"泰安，五岳之一在东"一样。

"河内曰冀州"，应为"河东曰并州"，否则说不通。因为早于《尔雅·释地》的《周礼·职方》就写道："并州，其泽薮曰昭余祁。"可见"并州薮"和"昭余祁"是一回事，"泽"与"薮"通用，其意义相同。

"九泽在北，是为昭余祁，并州薮"，并非有昭余祁和并州薮两个泽，更不是有九个泽，而是"九泽之一（在邬县）的北面，这就是昭余祁，或称并州薮"。

清人王先谦认为，"陂泽连接，其薮有九，故谓之九泽，总名曰昭余祁"。这是望文生义的一种误解，他生活的年代距两汉已有 2000 年，他看到的《汉书》版本虽多达 67 家，但考虑到印刷术在唐宋以后才发明出来（唐代发明雕版印刷术，北宋发明活字印刷术），在此以前的千余年间，《汉书》辗转抄写，又历经战乱，错讹之处在所难免，而且可能以讹传讹。今人似应以陈寅恪先生"发覆"的治学方法，重新加以分析和研讨。

总之，西汉末期的昭余祁可能有所缩小，但无确切证据表明其分为两湖。

4）水质问题。水体质量是水环境中的主要指标之一。西汉时期汾河流域不可能有什么工矿业，农业生产也无化肥及农药，故污染只有生活污水一项。为了尽可能准确地估计古代汾河的水质情况，本书设计了一套推算方法。

20 世纪 90 年代以前，汾河水库上游各县的废水排放情况如表 3-4 所示。[①]

表 3-4　汾河水库上游各县废水排放量统计

县名	废水排放量/m³				年排废水量 /万 m³
	工业废水	生活污水	医院污水	小计	
静乐	2640	265	60	2965	108.2
岚县	4501	272	60	4833	176.4
娄烦	653	217	50	920	33.6
合计	7794	754	170	8718	318.2

各县废水中的主要特征污染因子有 COD、BOD_5、硫化物、氰化物、挥发酚、氨、氮、砷、铜、pH、悬浮物等。

由于各县的排污量均不大，而地面径流水量又较大，多年平均径污比为汾河 222：1，岚河 56：1，涧河 176：1。所以，一般情况下还不至于影响地面水质。

1987 年，山西省环保局等 4 个单位编制了《山西省汾河流域水源保护规划》，报告中采用 1982—1985 年水质监测资料各断面某项参数的总平均值作为河段代表值，根据《地面水环境质量标准》（GB3838-83）对水质进行分级，评价方法选用综合污染指数法，其结果如表3-5所示。

表 3-5　汾河水库上游干流综合污染指数

监测 断面	DO P_1	COD P_2	酚 P_3	氰 P_4	砷 P_5	汞 P_6	六价铬 P_7	P	级别
雷鸣寺	0.26	0.125	0	0.003	0.015 0	0	0.004	0.058	清洁
东寨桥	0.02	0.313	0.04	0.0013	0.0375	0.2	0.006	0.080	清洁
静乐桥	0.10	0.290	0.04	0.013	0.4750	0.2	0.010	0.161	清洁
平均	0.1267	0.2427	0.0270	0.0097	0.1758	0.1330	0.0070	0.0997	清洁

注：P 为综合污染指数，P_i（$i=1—7$）为各污染物分指数

由表 3-5 可以看出，汾河水库上游干流综合污染指数自上而下逐渐变大，但其水质均属清洁，未被污染，并符合地面水环境质量Ⅱ级标准。

---

① 《太原西山水源保护研究》编写组：《城市水源保护——太原西山水源保护研究》，北京：中国环境科学出版社，1990 年，第 99-109 页。

由于静乐、岚县、娄烦 3 县废水排放量基本上就是汾河水库入库的废水总量，而 1982—1985 年汾河水库入库年径流量平均为 3.0125 亿 m³，径污比为 94.67：1。对汾河水库水质的监测结果表明，其水质基本符合地面水环境质量Ⅱ级标准，即"清洁"，但已有受到污染的迹象。其原因是 1983 年、1984 年两次监测结果表明，汞和悬浮物超标，1987 年监测结果表明，悬浮物、总磷和铜超标。汾河水库上游 3 县的生活污水排放情况，如表 3-6 所示。

表 3-6 汾河水库上游 3 县的生活污水

县名	人口/万人	日排放量/m³	年排放量/m³
静乐	14.1	265	96 725
岚县	14.3	272	99 280
娄烦	9.0	217	79 205
合计	37.4	754	275 210

注：人均生活污水排放量＝0.74m³；人口及日排放量均为 1990 年以前之资料；日排放量数据引自《太原西山水源保护研究》编写组编：《太原西山水源保护研究》，北京：中国环境科学出版社，1990 年，第 99-109 页

在秦及西汉时期，由于没有工业和矿业的污染，更没有化肥和农药的污染，因此上述汞、总磷和铜在河水中不可能存在，而自然植被因垦殖率低也未遭到破坏，悬浮物也极少。

基于上述比较，可进行下述假定：在径污比大于 94：1 时，汾河流域的水质是清洁的，符合Ⅰ级地面水环境质量标准。

西汉时期汾河流域人口在文献[1]中曾被估算：汾河、涑河流域人口，其中，太原郡 51.04 万人，河东郡 89.87 万人。因河东郡 24 个县（据谭其骧先生考证[2]）中，位于汾河流域的有 9 个县，故人口为 33.70 万人，而西汉汾河流域的人口为 84.74 万人。

按人均年生活污水排放量为 0.74m³ 计，全流域年污水排放量为 62.37 万 m³，占平均年径流量的 0.47‰。

按文献[3]中提供的统计数据，汾河流域 2003 年的废污水排放总量为 3.18 亿 m³，相当于汾河流域多年平均年径流量 20.67 亿 m³ 的 15.38%，这一百分比是西汉时期污水排放量占年径流量百分比的 327 倍。再考虑到西汉时期人均污水排放量肯定大大低于现代，因此，上述西汉时期的污水量占年径流量的比例还会大大降低。

---

[1] 任世芳：《黄河环境与水患》，北京：气象出版社，2011 年，第 256-259 页。

[2] 谭其骧：《中国历史地图集》（第二册），北京：中国地图出版社，1982 年，第 97 页。

[3] 任世芳：《山西省河流水资源安全研究》，北京：气象出版社，2008 年，第 56-59 页。

5) 有关旱灾的记载较少,仅发现 4 次,如表 3-7 所示。而上文已述仅发生大水 1 次,故干湿度变化为"趋干"。

表 3-7 秦至西汉汾河流域较大旱灾情况

年份	王朝纪元	灾情	资料出处
公元前 205	西汉高祖二年	晋陕大旱,米斛万钱,人相食,使民就食巴蜀	《中国历史大事年表》
公元前 148	西汉景帝中元二年	秋,晋大旱	《古今图书集成·太原府记事》
公元前 140	西汉武帝建元初年	秋,太原大旱	《太原县志》
公元前 109—前 111	元封二年至武帝元鼎六年	并州三年大旱,人相食	清雍正《山西通志》卷 162《祥异》

6) 农民垦荒对林草植被的影响估计。有文献①详细论证并得出结论:在中国古代封建生产关系和初级生产力水平的约束下,吴慧估计人均耕地面积的下限是 4 市亩,而文献对其上限的估计是 7—8 市亩。现按上限 8 市亩/人估算,西汉汾河流域人口为 84.74 万人,则垦殖的农田为 677.92 万市亩,折合 4519.47km²,占汾河流域总面积 39 471km² 的 11.45%。根据文献②记载,该流域盆地平川区面积为 10 179km²,垦殖农田面积仅占盆地平川区面积的 44.40%。

进一步扩大研究的范围,把视线转向整个黄土高原,即把黄土丘陵区的土地资源也考虑在内,可以发展垦殖的土地面积更为广大。有研究者指出③,地面坡度在 7°以下者,即可视为土壤侵蚀轻微的平川耕地,按此标准计算,汾河流域现有的平川耕地资源情况如下:地面坡度小于 3°的耕地 1222.93 万亩,3°—7°的耕地 261.17 万亩,两者合计为 1484.10 万亩。因此,我们认为,这一部分平川耕地应该主要分布在盆地平川地区,因为它们具有土地平坦、土壤肥沃、水源充足、灌溉条件较好、距离居民点较近等有利于农业生产等因素。而只有较小部分是山区和近山居民开垦的坡荒地和林地草地。

以上认识表明,历代农民种植作物均首选平川耕地。西汉汾河流域总耕地的上限为 677.92 万亩,仅占平川耕地资源的 45.68%,故可以推论,农耕对林草植被的破坏很小,也就是说,农耕活动对流域生态环境的破坏很小。

在秦至西汉期间,汾河流域不是全国的政治经济中心,也没有大的城市,故而大伐林木从事宫室建筑的事例付之阙如。两朝均建都咸阳,宫室

---

① 任世芳:《黄河环境与水患》,北京:气象出版社,2011 年,第 99-109 页。

② 山西省水利厅:《汾河志》,太原:山西人民出版社,2006 年,第 1-2 页。

③ 任世芳:《黄河环境与水患》,北京:气象出版社,2011 年,第 111-127 页。

建筑所需木材似无需取自遥远的汾河流域。唯一的事例是，秦始皇之母赵姬的内宠曾受封于太原郡，《史记·秦始皇本纪》云："封为长信侯，予之山阳（注：故城在今河南省修武县西北三十五里）地"，笔者认为，长信侯如果要大建宫室，可以就近在河南太行、王屋等山伐木，也无需取自山西。更何况按古时惯例，王公大臣一般并不住在封邑，即并不住在太原郡。

二、东汉至西晋时期

该期（25—316）长291年，其中，前期175年（25—200，即东汉光武帝建武元年—东汉献帝建安五年），据葛全胜先生等分析，干湿年代际波动显著，但无明显转干或转湿的趋势；中间80年（200—280，即东汉献帝建安五年—西晋武帝太康元年），在波动中转为湿润；后期36年（280—316，即西晋武帝太康元年—西晋愍帝建兴四年），又在波动中转干。

东汉时期汾河流域人口显著减少，据文献[①]估算，太原郡仅17.511万人，河东郡在该流域有10个县，人口为25.686万人，两郡合计43.197万人，只达西汉时人口84.74万人的50.97%，即略多于一半。究其原因，疑与南匈奴、羌族时叛时降，起伏无常，战乱连年有重大关系。

1）水质情况。随着人口的锐减，估计生活污水排放量也将减少一半，其占年径流量的比例将下降为0.024%（即1∶4167），对水质的影响可略去不计，故仍为清洁，符合地面水环境质量Ⅰ级标准。

2）耕地与植被。估计东汉时期该流域内的耕地面积为172.8万—345.6万亩，相当于该流域平川耕地资源1484.10万亩的11.64%—23.29%。由此推论，当时人们为垦荒而毁林毁草的数量不会很大。

3）洪涝灾害。该期汾河流域洪涝灾害情况如表3-8所示。

表3-8 东汉—西晋汾河流域洪涝灾害

序号	公元	王朝纪元	洪涝情况	资料来源
1	153	东汉桓帝永兴元年	临汾汾河河溢，民饥	清乾隆《临汾县志》卷9《祥异志》
2	154	东汉桓帝永兴二年	河东汾河河溢，民饥	清雍正《山西通志》卷162《祥异》
3	171	东汉灵帝建宁四年	五月，洪洞、稷山、新绛大水	清雍正《山西通志》卷162《祥异》
4	304	西晋惠帝永安元年	汾阳，七月大水	清雍正《山西通志》卷162《祥异》
5	313	西晋愍帝建兴元年	绛州，汾河大溢	清雍正《山西通志》卷162《祥异》
6	317	东晋元帝建武元年	临汾，秋七月汾河大溢，漂没千余家	清雍正《山西通志》卷162《祥异》

---

① 任世芳：《黄河环境与水患》，北京：气象出版社，2011年，第20-22页。

4) 旱灾（表 3-9）。对表 3-9 的说明：①汾河流域以至于山西全省的气候是"十年九旱"，局部地区的旱象几乎年年发生。因此，为了防止避重就轻，本书只考虑 3 种情况，首先，是大面积的旱情，例如，序号 1 的"并州旱"；其次，局部地区的大旱，如序号 3 的"自夏至秋并州大旱"；再次，是个别地区的连年旱灾，如序号 2 的"永初五年时连岁旱蝗饥荒，并州大饥，人相食"。以下各朝代的旱灾表也按这些原则处理。②316 年以后，北方进入十六国时期，各割据政权无正史留存，东晋史籍所载灾情多为传闻，为慎重起见，暂略去十六国时期的水旱灾害资料。

表 3-9　东汉—西晋汾河流域干旱灾害

序号	年份	王朝纪元	干旱情况	资料来源
1	109	东汉安帝永初三年	并州（太原、阳曲、清源、徐沟等县）旱，大饥，人相食	清光绪《山西通志》卷 83《大事记一》
2	111	东汉安帝永初五年	永初五年时连岁旱蝗饥荒，并州大饥，人相食	《晋乘搜略》卷 9
3	120	东汉安帝永宁元年	自夏至秋并州大旱	《古今图书集成》
4	139	东汉顺帝永和四年	秋八月太原郡旱，民庶流亡	清光绪《山西通志》卷 83《大事记一》
5	176	东汉灵帝熹平五年	嘉平五年天下大旱	清雍正《山西通志》卷 162《祥异》
6	194	东汉献帝兴平元年	晋陕大旱，数月不雨	《中国历史大事年表》
7	283	西晋武帝太康四年	临汾，夏大旱	清雍正《山西通志》卷 162《祥异》
8	291	西晋惠帝永平元年	并州旱	清雍正《山西通志》卷 162《祥异》
9	301	西晋惠帝永宁元年	并州自夏及秋旱	清雍正《山西通志》卷 162《祥异》
10	310	西晋怀帝永嘉四年	临汾夏大旱	清雍正《山西通志》卷 162《祥异》

由表 3-8、表 3-9 可见，在前期（25—200）的 175 年间，发生较大洪涝灾害 3 次，较大干旱灾害 6 次，确为干湿代际波动显著。在中期（200—280）的 80 年间，发生较大洪涝灾害的次数为零，而发生较大干旱灾害的次数也为零，似可将此 80 年看作灾害发生较少的年代。但也应看到，这一时期基本上是三国鼎立，汾河流域经历了东汉末期到西晋初期的统治，可能气候比较稳定，也可能是因正史《三国志》无专门记载，因而资料缺失。

后期（280—316）的 36 年间，发生大洪水 3 次，较大旱灾 4 次，两者基本持平。但值得注意的是，3 次大洪水均发生在"永嘉之乱"之际，估计其原因不仅有气候因素，也与朝政不修、堤防维护与防汛不力有关。

此外，表 3-8 中序号为 6 的 317 年汾河大溢于临汾，此时西晋已于前一年灭亡（匈奴攻破长安，愍帝被俘），当时该流域已为匈奴汉帝刘聪统治，其都城即在临汾（时名平阳）。《十六国春秋》云："建元二年（317），……，八月，平阳地震，汾水大溢，流漂数百家。"[①] 此节亦见于《太平御览》卷 880。笔者估计，平阳附近之汾河河堤可能早已失修，加之刘聪是有名的昏君，沉溺于游乐狩猎，再加之地震，河堤崩裂，致使汾河大溢，其远因仍在西晋，而且出事正好发生在西晋灭亡之次年，故仍将其列入该期。

5）昭余古湖。据谭其骧先生在文献[②]中考证绘制，昭余古湖更名为昭余泽，位于并州太原郡的祁县、京陵、中都、邬县、兹氏、平陶、大陵 7 个县的环抱之间，湖长约 35km，湖面仍比较广阔。但《后汉书·郡国志》并无昭余泽的记载。

到三国时期，该湖位于魏国并州太原郡的大陵、祁县、京陵、中都、邬县、中阳、兹氏、平陶 8 县的环抱中，又更名为九泽，湖长约 38km，似较东汉时更广阔。[③]

西晋时期，仍称为九泽，环湖有祁县、京陵、中都、邬县、中阳、隰城、平陶、大陵 8 县，湖长约 40km，与三国时期相似。[④] 但《晋书·地理志》中也无九泽的记载。

西晋真正统一且稳定的时期虽仅十余年，但晋武帝实施了一些发展经济的措施，注意安抚蜀、吴两国故地，全国户口、垦田数字都有一定程度的上升。据估算[⑤]，汾河流域在太康年代人口达到 48.233 万人，略多于东汉时期（43.197 万人）。这些措施产生的后果如下：

1）河流水质。年生活污水排放量 35.50 万 m³，径污比为 5823∶1，符合Ⅰ级地面水环境质量标准，水质清澈良好。

2）垦田数量。按人均 4—8 亩估计，共计垦田面积为 193 万—386 万亩（折合 2573km²），占汾河流域总面积的 6.52%，占盆地平川耕地资源的 25.26%，毁林毁草面积极少。

① 《二十五别史·十六国春秋辑补》，济南：齐鲁书社，2000 年，第 29 页。
② 谭其骧：《中国历史地图集》（第二册），北京：中国地图出版社，1982 年，第 59-60 页。
③ 谭其骧：《中国历史地图集》（第三册），北京：中国地图出版社，1982 年，第 39-40 页。
④ 谭其骧：《中国历史地图集》（第三册），北京：中国地图出版社，1982 年，第 39-40 页。
⑤ 任世芳：《黄河环境与水患》，北京：气象出版社，2011 年，第 25-28 页。

三、北魏至北周时期

该期（386—581）长 195 年，其中，前期 27 年（386—413），即北魏道武帝登国元年—北魏明元帝永兴五年，据葛全胜先生分析，为干湿波动中转干；中期 37 年（413—450），即北魏明元帝永兴五年—北魏太武帝太平真君十一年，为变湿；后期 131 年（450—581），即北魏太武帝太平真君十一年—隋文帝开皇元年（或北周静帝大定元年，是年隋代北周），气候总体趋干，但 510 年、550 年有短暂的湿润。

北魏在北方统治的时间悠长，截至东、西魏分裂时已达 148 年之久。这期间虽有战乱，但多在其统治范围以外，故因战乱而流亡或死亡之人不多。因此，北魏时期汾涑水流域的人口达到 151.26 万人，超过了西汉时期的人口（140.91 万人），更大大超过了东汉时期的人口（68.88 万人），笔者估计，这与北魏孝文帝元宏在太皇太后冯氏的支持下（冯氏出身于北燕皇族，汉人）实行改革有重大关系。485 年下令实行的均田制，在制度上主要源于北魏初年在代北实行的"计口授田"之制，性质上等于一次土地改革，促进了农业生产的发展。其具体效果如下：

1）北魏人口。根据文献[①]中的记载，将西晋时期汾河流域人口乘以系数 2.46，即得到北魏时期（520—524）以前该流域人口的估计值，为 118.65 万人，超过了西汉、东汉和西晋时期的人口数字。

2）水环境质量。仍按人均年生活污水排放量 0.74m³ 计，污水总量为 87.33 万 m³，径污比为 87.33 : 206 700，即 1 : 2367，仍符合Ⅰ级地面水环境质量标准，水质清洁良好。

3）垦田面积。垦田面积估计为 475 万—950 万亩，"均田令"鼓励垦荒，故垦田面积可能达到上限（950 万亩），相当于平川耕地资源1484.10 万亩的 64%。由于各个地区、各个村庄土地资源的分布不可能绝对平衡，人均平川耕地资源较少的地方，毁林毁草的可能性就较大，从而导致水土流失现象的发生。

4）昭余古湖。《魏书·地形志》在太原郡邬县的注文中云："虑水入区夷泽。"[②]《魏书·地形志》叙述的是东魏时期的州、郡、县情况，故可知到东魏武定时期（543—550），昭余古湖仍然存在，即称为泽，湖的面积应该不小。例如，同期兖州有巨野泽，定州有天井泽，相州有林台泽和

---

① 任世芳：《黄河环境与水患》，北京：气象出版社，2011 年，第30—35 页。
② 《二十五史·魏书·地形志》，杭州：浙江古籍出版社，1998 年，第 352 页。

黄泽（谭其骧先生[①]称"区夷泽"为"邬泽"）。虑水，即今汾河第一大支流文峪河。据文献[②]中的综合分析，湖的面积已缩小到700km²，是先秦时期湖水面积的39％左右，估计其缩小的原因，除泥沙淤积之外，也与后期（131）气候总体趋干，来水量减小有关。

5）洪涝灾害。《魏书·灵征志·大水》记载了北魏和东魏的22次大水，有些记载还较详细，但近在咫尺的汾河流域反而没有大水的记载，估计与汾河流域气候偏干有关。

该期大水记载自567年开始（即北齐后主天统三年），如表3-10所示。

表3-10　北魏—北周汾河流域洪涝灾害

序号	年份	王朝纪元	洪涝情况	资料来源
1	567	北齐后主天统三年	并州汾水溢	清雍正《山西通志》卷162《祥异》
2	575	北齐后主武平六年	太原春大水	清雍正《山西通志》卷162《祥异》
3	576	北齐后主隆化元年	太原冬大水	清光绪《山西通志》卷84《祥异》
4	577	北齐幼主承光元年	曲沃浍水冲没县城南部，治移乐昌堡，城没于浍水	《曲沃县志》1991年10月版

注：表中所列洪水灾害，在《北齐书·后主、幼主纪》中均无记载。仅在后主天统三年（567）部分有一段文字："太上皇帝幸晋阳，是秋山东大水，人饥，僵尸满道。……免并州居城太原一郡来年租赋"，可能与洪灾有关

6）旱灾。该期的后期气候转干，故旱灾频发，如表3-11所示。查记载北魏、东魏的史书《魏书·灵征志》，书中有大水而无旱灾，这是十分反常的，但又详记蝗灾和虫灾。众所周知，大旱时往往爆发蝗灾和虫灾。但蝗虫是流动性的，故发生旱灾和蝗灾的可能并非同一地区，而两者又可能有着密切的关联。例如，《魏书·灵征志》记载："世宗景明元年五月，青、齐、徐、兖、光、南青六州蚴害稼"，而清光绪《山西通志》卷84《祥异》云：宣武帝景明元年（500）"洪洞、绛州旱。绛州，八月旱"。是否其中有着因果关系？待进一步研究。总之，《魏书·灵征志》不记载旱灾，而其他史籍也没有500年以前关于114年的旱灾记载，不符合汾河流域"十年九旱"的自然规律。

---

① 谭其骧：《中国历史地图集》（第四册），北京：中国地图出版社，1982年，第52页。

② 王尚义：《太原盆地昭余古湖的变迁及湮塞》，《地理学报》1997年第52卷第3期，第262-267页。

表 3-11　北魏—北周汾河流域旱灾

序号	年份	王朝纪元	旱灾情况	资料来源
1	500	北魏宣武帝景明元年	洪洞、绛州旱；绛州八月旱	清光绪《山西通志》卷84《祥异》
2	508	北魏宣武帝永平元年	太原三月旱	清雍正《山西通志》卷162《祥异》
3	516	北魏孝明帝熙平元年	浮山十二月甲辰大旱，绛州十二月大旱	清雍正《山西通志》卷162《祥异》
4	535	东魏孝静帝太平二年	临汾大旱，人多流亡	《临汾市志》2000年12月版
5	536	东魏孝静帝太平三年	并州八月阴霜大饥，开仓赈恤，霜旱民饥流亡；汾阳四月霜旱；太原八月旱	清雍正《山西通志》卷162《祥异》
6	537	东魏孝静帝天平四年	四月并州、临汾阴霜旱，人饥，流散，开仓赈恤，河津、绛州、汾阳四月霜旱，人饥流散；稷山霜旱，人饥流散；太原、洪洞、浮山、稷山均旱；河津、曲沃四月旱；发生特大旱灾，遍及全省，且多灾并发（汾、晋、并、南汾州在汾河流域）	清雍正《山西通志》卷126《祥异》，《北齐书·帝纪》
7	538	东魏孝静帝元象元年	曲沃大旱	清光绪《续修曲沃县志》卷32《祥异附》
8	541	东魏孝静帝兴和三年	绛大旱	清雍正《山西通志》卷162《祥异》
9	542	东魏孝静帝兴和四年	绛州大旱	清雍正《山西通志》卷162《祥异》
10	560	北齐废帝乾明元年	并州旱	清雍正《山西通志》卷162《祥异》
11	562	北齐武成帝河清元年	太原四月旱	清雍正《山西通志》卷162《祥异》
12	563	北齐武成帝河清二年	四月并州、汾州虫旱伤稼，遣使者赈灾、抚恤；太原、汾阳、稷山、河津四月虫旱伤稼	清雍正《山西通志》卷162《祥异》
13	564	北齐武成帝河清三年	太原四月旱，六月大旱	清雍正《山西通志》卷162《祥异》
14	569	北齐后主天统五年	太原五月大旱	清雍正《山西通志》卷162《祥异》
15	574	北齐后主武平五年	五月大旱，晋阳得死魃	《北齐书·帝纪》

注：序号15中之"魃"（音 bá），迷信说法指造成旱灾的鬼怪

由表 3-10 可知，该期 4 次汾河河溢、大水，均发生在 567—577 年的 11 年间，而这正好处在华北地区气候"总体趋干"的尾部。再看表 3-11，汾河流域有记载的旱灾，是发生在 500—574 年的 74 年间，又符合华北地区"总体趋干"的表述。因此，可以认为，就该流域而言，北魏—北周时期的后期尾部，即 560—581 年的 21 年，应修改为"干湿波动中转湿"，这样就和下文将要叙述的隋唐时期前期"相对湿润"衔接起来了。由此又可见，汾河流域有其特殊的局部气候，不能忽视。

四、隋唐时期

该期（581—907）共计 326 年。其中，前期 37 年（581—618），即隋文帝开皇元年—隋越王皇泰元年。据葛全胜先生的分析，干湿程度为相对湿润；后期 289 年（618—907），即唐高祖武德元年—唐哀帝元祐四年，干湿程度为干湿多次交替。660 年、780 年、850 年前后偏干，735 年、815 年、880 年前后偏湿。

1）隋唐人口。隋代在隋文帝统治时期，以及唐代在唐高祖、太宗、武后、玄宗天宝年间，经历了 170 多年的繁荣，人口大增。据文献[1]中计算，汾河流域的隋代人口峰值与唐玄宗天宝元年（742）的统计数字基本相同，只差 0.35％，故全期可按唐天宝元年（742）的 159.51 万人考虑。

2）水环境质量。按人均年生活污水排放量 0.74m³ 计，污水总量为 117.40 万 m³，径污比高达 1761∶1，仍符合Ⅰ级地面水环境质量标准，水质清洁良好。

3）垦田面积。垦田面积估计为 638 万—1276 万亩，上限已达到平川耕地资源 1484.10 万亩的 86％左右，再考虑到平川耕地资源分布的不平衡，就有可能所有的平川地已基本垦完，黄土丘陵沟壑区出现毁林毁草及开垦坡耕地的现象。由于水土流失，洪涝灾害有所发展。

4）昭余古湖。该湖在隋代被称为蒿泽，到唐代名为邬城泊，面积进一步缩小到 500km²，唐末宋初更缩小到 300km²。[2]

5）洪涝灾害。按葛全胜先生的分析，华北地区在 581—618 年间相对湿润，这个时段覆盖了隋朝兴亡的起讫。但统观汾河流域，595 年有晋州大水的发生。因此，可以认为隋代该流域仍为干湿交替，与后期相同。后期（618—907）汾河流域的情况与整个华北地区的情况基本一致（表 3-12）。

---

[1]　任世芳：《黄河环境与水患》；北京：气象出版社，2011 年，第 37-41 页。

[2]　王尚义：《太原盆地昭余古湖的变迁及湮塞》，《地理学报》1997 年第 52 卷第 3 期，第 262-267 页。

表 3-12　隋唐时期汾河流域洪涝灾害

序号	年份	王朝纪元	水灾情况	资料来源
1	595	隋文帝开皇十五年	五月，晋州大水	清雍正《山西通志》卷162《祥异》
2	638	唐太宗贞观十二年	九月，太原河溢，全毁	清雍正《山西通志》卷162《祥异》
3	654	唐高宗永徽五年	六月，荣河暴雨，漂没人居	清雍正《山西通志》卷162《祥异》
4	727	唐玄宗开元十五年	晋州大水。晋大水。浮山，洪洞大水。临汾五月大水	清雍正《山西通志》卷162《祥异》
5	767	唐代宗大历二年	三月丁巳河东水灾。曲沃水害稼，秋，河东大水。绛州大水	清雍正《山西通志》卷162《祥异》
6	796	唐德宗贞元十二年	四月，岚州暴雨，水深二丈。岚州四月暴雨，洪水溢。太原四月大雨水溢	清雍正《山西通志》卷162《祥异》
7	817	唐宪宗元和十二年	曲沃、平阳、临汾，夏六月水害稼	清雍正《山西通志》卷162《祥异》
8	877	唐僖宗乾符四年	曲沃、翼城秋大雨，浍水逆流害稼	明嘉靖《翼城县志·地理志》
9	878	唐僖宗乾符五年	秋、曲沃、河津、浮山、翼城大霖雨，汾水、浍水溢流害稼	明嘉靖《翼城县志·地理志》
10	888	唐僖宗文德元年	六月，太原大水	《旧五代史·唐书·武皇纪》

6）旱灾。就前期（即隋代）的 37 年来看，汾河流域在 612 年河津大旱，百姓流亡。洪洞、浮山也旱。与前文 595 年晋州大水综合分析，隋代确属干湿交替时期（表 3-13）。

五、五代十国时期

五代是 5 个寿命短促、统治北方的王朝（后梁、后唐、后晋、后汉、后周），从 907 年到 960 年共 53 年。五代总的特点是政局动荡、政治黑暗、法制败坏、经济凋敝、民不聊生。北宋欧阳修撰《新五代史》就说"五代之乱极矣"。在这样混乱的年代里，5 个政权谈不上防汛抗旱，更无论水利工程的建设。其旱灾史实，如表 3-14 所示。

表 3-13 隋唐时期汾河流域的旱灾灾害

序号	年份	王朝纪元	旱灾情况	资料来源
1	612	隋炀帝大业八年	天下大旱，百姓流亡，六军冻馁死者十之八九。河津大旱，百姓流失。洪洞、浮山旱	清雍正《山西通志》卷162《祥异》
2	620	唐高祖武德三年	稷山七月旱	清雍正《山西通志》卷162《祥异》
3	623	唐高祖武德六年	河东复旱。河津、稷山、曲沃旱	清雍正《山西通志》卷162《祥异》
4	624	唐高祖武德七年	河东又旱	清雍正《山西通志》卷162《祥异》
5	625	唐高祖武德八年	河东再旱	清光绪《山西通志》卷85
6	637	唐太宗贞观十一年	太原赤，井苦不能饮	《新唐书·地理志》
7	638	唐太宗贞观十二年	绛州旱	《新唐书·地理志》
8	647	唐太宗贞观二十一年	绛州旱。襄陵、河津、稷山、曲沃、绛州秋旱	《新唐书·地理志》
9	650	唐高宗永徽元年	秋，河东旱、蝗。六月，绛州旱、蝗	清雍正《山西通志》卷162《祥异》
10	687	唐武后武则天垂拱三年	天下饥。洪洞、浮山旱	清雍正《山西通志》卷162《祥异》
11	688	唐武后武则天垂拱四年	晋河东旱	清雍正《山西通志》卷162《祥异》
12	700	武周武则天久视元年	夏、河东旱。绛州旱	清雍正《山西通志》卷162《祥异》
13	701	武周武则天大足元年	河东大旱	《晋乘蒐略》卷16
14	720	唐玄宗开元八年	曲沃旱	《晋乘蒐略》卷16
15	724	唐玄宗开元十二年	曲沃五月旱；五月河东旱；河津、稷山旱	清光绪《山西通志》卷85《大事记三》
16	831	唐文宗大和五年	太原旱	清光绪《山西通志》卷84《大事记二》
17	832	唐文宗大和六年	绛州秋旱；河中（河中府治今山西省永济蒲州镇——笔者注）夏旱；曲沃、太谷旱；河东旱	清光绪《山西通志》卷84《大事记二》
18	835	唐文宗大和九年	曲沃旱	清光绪《山西通志》卷84《大事记二》
19	881	唐僖宗中和元年	秋，河东旱、霜，杀稼；山西旱	《新唐书·五行志》
20	882	唐僖宗中和二年	太原、稷山、襄陵、汾城、河津、榆次春旱	《新唐书·五行志》

表 3-14　五代十国时期汾河流域旱灾灾害

序号	年份	王朝纪元	旱灾情况	资料来源
1	934	后唐闵帝应顺元年	河津旱	《新唐书·五行志》
2	943	后晋出帝天福八年	洪洞春、夏旱	《山西自然灾害》1989 年版
3	949	后汉隐帝乾祐二年	六月，晋州、绛州旱	《山西自然灾害》1989 年版

洪涝灾害仅记载 1 次：943 年，"后晋出帝天福八年，洪洞大灾，秋冬水"。[①]

五代各王朝均寿命短暂，像走马灯一样地改朝换代，史书仅记互相争战和取代篡夺之事，故人口、灾害无专门记录，水质好坏、耕地开垦、昭余古湖等都无从考证，故今从略。

按照表 3-2 的秦代以来中国华北干湿变化阶段划分，汾河流域 907—1030 年的 123 年，干湿程度为总体较为湿润。但从历史记载看来，汾河流域应为"波动中逐渐趋干"，或"干湿交替"。

六、北宋时期

该期（960—1127）的 167 年在表 3-2 中分属于"总体较为湿润"和"波动中逐渐变干"两个阶段（960—1030 和 1030—1127）。北宋处在这两个阶段的年数，分别为 70 年和 97 年。

1）北宋的人口。北宋太祖赵匡胤夺取后周政权，建立宋朝，统一全国，结束了五代十国长达半个多世纪的分裂局面。他鉴于唐末藩镇割据，导致五代十国分裂、战乱的教训，实行中央集权，强本抑末和重文轻武的国策，在经济上有长足的发展，我们从"清明上河图"就可想象当初工商、交通事业的繁荣景象。当然，当时人口也得到了较快的发展，达到了一个高峰，进入了亿人的阶段。

但是，宋代户口统计资料相当复杂，而且其制度特殊，往往令人费解，莫衷一是。一些研究者[②]在国内外著名学者如何炳棣、袁震、葛剑雄、吴松弟等多位先生研究成果的基础上，估算了历史时期黄河中游的人口。据计算，北宋时期汾河流域的人口为 199.98 万人，超过了以前的任何一个朝代。显然，人口的增加对地面水质和水土流失都会产生某些负面的影响。

---

① 张杰：《山西自然灾害史年表》，太原：山西地方志编纂办公室，1988 年，第 47-48 页。
② 任世芳：《黄河环境与水患》，北京：气象出版社，2011 年，第 42-44 页。

2）水质。按 200 万人口估计，年生活污水排放总量将达 147 万 m³，径污比为 1406∶1。按笔者在前文中的假定，当径污比大于 94∶1 时，即符合地面水环境质量的 I 级标准。但当时的太原附近地区，多有铜矿、铁矿和煤矿，自古以来，晋阳又是军事重镇，需要冷兵器的制造，有可能很早就出现了采矿手工业和冶金手工业的萌芽，笔者由此怀疑北宋时期汾河干流的水质已经有所下降，它可能在 I 级与 II 级之间。

据《战国策·赵一》记载，在周敬王二十三年（公元前 497），赵简子筑晋阳城时，负责建城的家臣董安于炼铜为房柱。1950 年 9 月，山阴县古驿村发现一批战国时代的古物，其中就有上铸"晋阳"二字的铲形铜币。1954 年秋，永济县薛家崖村发现一批铜器，其中有些布币也刻有"晋阳"二字。

西汉在大陵县（今文水县）设置"铁官"。近年来，太原陆续发现了汉铁锯、铁压袖；抗日战争期间，在太原新民街曾发现了汉铁镜。

北齐时，在晋阳设有"晋阳冶"，炼钢技术有了进一步的提高（《隋书·百官志》云："西道又别领晋阳冶。"）。

隋代开皇十八年（598）在晋阳立五炉铸钱。《隋书·食货志》云："（开皇）十八年，诏汉王谅听于并州立五炉铸钱。"

到了唐代，大诗人杜甫在《戏题画山水图歌》中称赞："并州快剪刀。"唐代有"太原冶"，以杂铅铁铸铜钱；又有被赞为"五金同铸，百炼为钢"的铁镜发明（乔琳《铁镜赋》）。

但是，从两汉到唐，冶金业和采矿业虽有发展，技术也不断提高，但规模并不太大。由《隋书·百官志》所述可见，隋设有大冶监、中冶监，但是《汉书·食货志》云在晋阳铸钱时，并未提及设置冶监，可见规模不大，带有某种临时措施的性质。

宋代的情况则不同，由于工商业的发达，以及对西夏的战争，对冶金手工业成品的需要大为增加。例如，宋仁宗时，对西夏用兵，命知并州杨偕在太原制造重大的兵器，供给军用，并且在此设置"河东监"，铸造铜钱。

宋与西夏在 1068—1085 年有两次大战，宋军死亡 60 余万人，丧失兵器之多可以想见，这些兵器估计多为太原制造，而补充这么多兵器还得靠太原。由此可以推想当时汾河流域采煤（当时称石炭）和冶金两项手工业的繁荣。宋代著名词人周邦彦曾有句："并刀如水，吴盐胜雪，纤指破新橙。"[1] 由此可见，并州刀具已畅销全国，连首都汴京（今河南省开封市）接待皇帝也使用并州生产的水果刀。

虽然此时汾河流域的水质有所下降，但地表水Ⅱ级标准仍属于可以饮用的水源，尚清洁。

3）耕地开垦。人口激增，必然增加对耕地的需求。还以人均4—6亩估计，该流域的耕地将达800万—1600万亩，如达到其上限，则已多于地面坡度7°以下的平川耕地面积（1484.10万亩），超7.8%，实际超额应更多。

据《文献通考》卷4《田赋》：北宋元丰年间（神宗元丰三年，1080年以前官方统计数字）河东路官、民田合计为1117.066万亩，合1005.359万市亩。又据《文献通考》卷11《户口》，当时河东路有45.087万—57.620万户，按每户平均6口计[2]，为270.522万—345.72万人，则人均耕地为2.908—3.716市亩，这两个数字都远少于人均4市亩的最低限度要求，所以可以肯定官方统计的官、民田数字是有很大的隐瞒的。河东路如此，该路的汾河流域自然也不例外。鉴于该流域处在黄土高原地区，所以对黄土丘陵沟壑区植被的破坏，以及坡耕地的开发，都是不可避免的。

4）洪涝灾害。如表3-15所示，在北宋167年的历史中，汾河流域只发生过7次洪水，其中还有序号为1、2、7等3次属于局部性质的洪水。总之，发生洪灾的频率为23—24年1次，应该说频率是比较低的，即仅为4.34%—4.17%。

表3-15　北宋时期汾河流域的洪涝灾害

序号	年份	王朝纪元	水灾情况	资料来源
1	972	宋太祖开宝五年	曲沃、绛州大水	清光绪《续修曲沃县志》
2	998	宋真宗咸平元年	七月，庚午，宁化军（今宁武县）汾水涨；汾阳七月大水	清光绪《山西通志》卷85《大事记三》
3	1068	宋神宗熙宁元年	太原郡西之汾河大溢，民夏扰不知所存	《晋乘蒐略》卷52
4	1075	宋神宗熙宁八年	太原夏秋霖雨，河大涨（疑为汾河干支流）	清雍正《山西通志》卷162《祥异》
5	1076	宋神宗熙宁九年	七月太原府汾河秋霖雨，水大涨	清雍正《山西通志》卷162《祥异》
6	1085	宋神宗元丰八年	太原夏秋霖雨，水大涨	清光绪《山西通志》卷85《大事记三》
7	1098	宋哲宗元符元年	元符年间，文水大水，古城沦圮无遗，遂议迁城于章多里，即今县治	《文水县志》1994年5月版

---

① 郝树侯：《太原史话》，太原：山西人民出版社，1979年，第57-59页。
② 任世芳：《黄河环境与水患》，北京：气象出版社，2011年，第42-44页。

值得注意的是，1068—1085 年的 17 年间，太原汾河大涨 4 次，洪水发生的频率上升到 23.563%，即 4 年左右有一次大涨。由此估计，史籍虽未记载当时的灾情，但从"大溢"和"民忧不知所存"的用语来看，灾情应该较重，估计这段时间的气候近似于现代所说的"极端气候"。

5）干旱情况。如表 3-16 所示。在 167 年中，发生大、中、小旱情 25 次，频率为 6—7 年发生 1 次。但应指出，在"总体较为湿润"的 70 年中，也发生了旱灾 11 次，频率为 6.36 年 1 次。而且其中还发生了灾区 1 州或 2 州的大旱灾 4 次。可见，就汾河流域而言，其气候应属"总体干旱"。

表 3-16 北宋时期汾河流域旱灾情况

序号	年份	王朝纪元	旱灾情况	资料来源
1	962	宋太祖建隆三年	临汾旱；河东春夏大旱；浮山十二月旱；孝义春夏大旱	《山西自然灾害》1989 年 12 月版
2	963	宋太祖乾德元年	浮山十二月旱	《山西自然灾害》1989 年 12 月版
3	965	宋太祖乾德三年	稷山旱甚，四月赈饥	清同治《稷山县志》卷 7《祥异》
4	982	宋太宗太平兴国七年	稷山旱，春绛州干旱赤地	民国《乡宁县志》
5	984	宋太宗雍熙元年	太谷旱	民国《乡宁县志》
6	985	宋太祖雍熙二年	太谷旱	民国《乡宁县志》
7	991	宋太宗淳化二年	晋州（今临汾）旱；四月汾州（西河、孝义、平遥、介休、灵石 5 县）旱	《曲沃县志》光绪六年本第六册
8	992	宋太宗淳化三年	河东旱	《曲沃县志》光绪六年本第六册
9	999	宋真宗咸平二年	岚县旱（宜芳、娄烦 2 县）	明嘉靖《山西通志》卷 31《水利》
10	1025	宋仁宗天圣三年	洪洞旱；浮山冬旱	明嘉靖《山西通志》卷 31《水利》
11	1026	宋仁宗天圣四年	浮山六月大旱	明嘉靖《山西通志》卷 31《水利》
12	1055	宋仁宗至和二年	稷山春旱	明嘉靖《山西通志》卷 31《水利》
13	1057	宋仁宗嘉祐二年	河东久旱；八月河东沿边久雨，沿河之民多流移	清雍正《山西通志》卷 162《祥异》
14	1062	宋仁宗嘉祐七年	春夏河东大旱	清雍正《山西通志》卷 162《祥异》
15	1064	宋英宗治平元年	临汾、万荣旱；河东春夏大旱；洪洞春至夏旱	清雍正《山西通志》卷 162《祥异》
16	1065	宋英宗治平二年	稷山旱	清雍正《山西通志》卷 162《祥异》

续表

序号	年份	王朝纪元	旱灾情况	资料来源
17	1070	宋神宗熙宁三年	洪洞：河东自春至夏不雨	清雍正《山西通志》卷162《祥异》
18	1071	宋神宗熙宁四年	太谷八月旱	清雍正《山西通志》卷162《祥异》
19	1072	宋神宗熙宁五年	洪洞：八月河东旱	清雍正《山西通志》卷162《祥异》
20	1073	宋神宗熙宁六年	曲沃七至十二月旱	清雍正《山西通志》卷162《祥异》
21	1074	宋神宗熙宁七年	自春至夏河东久旱；曲沃大旱，自去年秋七月不雨至今年夏四月；河津自春至秋久旱；稷山春夏大旱	清光绪《吉州全志》卷7
22	1075	宋神宗熙宁八年	八月河东旱	清雍正《山西通志》卷162《祥异》
23	1076	宋神宗熙宁九年	八月河东旱；稷山旱。浮山、曲沃旱	清雍正《山西通志》卷162《祥异》
24	1085	宋神宗元丰八年	八月河东旱	清光绪《山西通志》卷85《大事记三》
25	1104	宋徽宗崇宁三年	曲沃旱	清光绪《山西通志》卷85《大事记三》

再观察"波动中逐渐变干"的 97 年，计发生大、中、小旱灾 14 次，频率为约 7 年 1 次，此频率显然不大于"总体干旱"的上一阶段。此外，这 97 年中发生大旱灾 8 次，频率为约 12 年发生 1 次。而上一阶段发生大旱灾 4 次，频率为 17.5 年发生 1 次，前者的频率显然低于后者，故称"波动中逐渐变干"还是符合实际的。

七、金时期

该期自金兵南侵、北宋灭亡之 1127 年，到 1234 年蒙古与南宋联军攻灭金国，共计 107 年（不包括 1115 年金太祖建国至 1127 年北宋灭亡的 12 年）。

按葛全胜先生的研究，金朝的情况应包括在 1030—1250 年的"波动中逐渐趋干"期间。

金建国于 1115 年，定都为上京（今黑龙江省哈尔滨市附近）。1153 年海陵王迁都到燕京（今北京市），命名为中都大兴府。1161 年完颜雍即位于中都，是为世宗。金之中都，是北京在历史上第一次成为王朝首都。金世宗励精图治，人称为"小尧舜"，其继位者亦能守成，故北方经济繁荣，人口大增。

1) 金代人口。按文献①记载，该流域人口多达 324.82 万人，比北宋元丰年间的约 200 万人，剧增了 62％以上。

2) 水质。按年人均生活污水排放量 0.74m³ 计，污水总量为239 万 m³左右，径污比为 865∶1，估计在水环境质量标准的Ⅱ级范围内，尚属清洁。

3) 耕地。按人均 4—8 亩计，耕地总数为 1300 万—2600 万亩。如人均耕地面积微增 10％（即 4 分），则当时的总耕地面积为 1430 万亩，与平川耕地资源 1484.10 万亩相比，误差仅有 3.64％，此误差在调查和测量的允许范围之内。

如当时金政权的政策鼓励垦荒，耕地面积达到其上限 2600 万亩，则毁林毁草、开垦坡地的面积将达到 1116 万亩以上（7440km²），占汾河流域面积 39 471km² 的 18.85％。但据文献②介绍，汾河流域水土流失面积为 23 971km²，则金代在该流域造成的水土流失面积，可能占到全流域水土流失面积的 30％以上，其负面影响之大可想而知。

4) 洪涝灾害。在《金史·五行志》及《金史·河渠志》中，都没有任何有关该流域洪涝灾害的记载，这极为反常。笔者估计，自大蒙古国侵金以来，金国先是从中都（今北京市）迁都至南京（今河南省开封市），后又迁都到蔡州（今河南省驻马店市汝南县），两年之后，蒙古与南宋合兵攻破蔡州，金哀帝自缢而死，金亡。因此，在兵败如山倒的形势下，首都一迁再迁，朝廷档案文献恐大量丢失，各地甚至也顾不上奏闻灾情，故而资料缺失。

5) 旱灾。表 3-17 记录了金代该流域的旱灾情况。根据葛全胜先生的研究（1030—1250，即北宋仁宗天圣八年—蒙古海迷失后二年）为"波动中逐渐趋干"。金代（1127—1234）正好处在这个阶段，这可能是气候趋干，而暴雨较少的缘故。

表 3-17　金时期汾河流域旱灾情况

序号	年份	王朝纪元	旱灾情况	资料来源
1	1128	金太宗天会六年	临汾旱	清光绪《山西通志》卷 85《大事记三》
2	1140	金熙宗天眷三年	并，六月大旱	清雍正《山西通志》卷 162《祥异》
3	1162	金世宗大定二年	万荣大旱	清雍正《山西通志》卷 162《祥异》

---

① 任世芳：《黄河环境与水患》，北京：气象出版社，2011 年，第 46-48 页。
② 山西省水利厅：《汾河志》，北京：科学出版社，2006 年，第 121-126 页。

续表

序号	年份	王朝纪元	旱灾情况	资料来源
4	1163	金世宗大定三年	宁武四月旱；稷山大旱	清雍正《山西通志》卷162《祥异》
5	1164	金世宗大定四年	万荣五月旱，大旱	清雍正《山西通志》卷162《祥异》
6	1176	金世宗大定十六年	河东旱，蝗	《金史·五行志》
7	1211	金卫绍王大安三年	山东、河北、河东诸路大旱	《金史·五行志》
8	1212	金卫绍王崇庆元年	是岁，河东、陕西、南京诸路旱	《金史·五行志》
9	1213	金卫绍王至宁元年	是岁，河东、陕西大旱，京兆斗米至八千钱*	《金史·五行志》

*下文又云："时斗米有至钱万二千者。"

八、元时期

1206 年春，铁木真召开贵族大会，被推戴为全草原的大汗，号成吉思汗（后来被元朝尊为太祖），大蒙古国由此建立。1211 年成吉思汗大举进攻金朝，击败金军主力，进抵中都（今北京市），但以太原为中心的汾河流域还未归属蒙古。金宣宗兴定二年（1218）九月初六，蒙古军攻陷太原，从此，太原归于元朝的统辖。从严格的意义上说，元朝应当自 1261 年忽必烈建立汉族模式政权，定国号为"大元"算起。1368 年，蒙古统治者元顺帝被汉族王朝明朝逐回漠北，历时 109 年。

元统治者汉化很差，还不如先前的拓跋鲜卑，更不如后世的满族，从其帝王将相起，甚至对汉文化非常抵触，因此统治无能，腐败奢侈。《元史·安南传》云："百姓疲于转输，赋役繁重，士卒触瘴疠多死伤者。群生愁叹，四民废业，贫者弃子以偷生，富者鬻产而应役，倒悬之苦日甚一日。"总体来讲，元朝的大一统并未带来一个繁荣的"盛世"，水旱灾害极其频繁，人口数量急剧下降。

1）元代的人口。据文献[①]计算，汾河流域只有 45.72 万人，是此前人口顶峰（金代）的 1/7 弱，几乎与 1000 年前的东汉持平。

2）水质。由于人口稀少，这个时期汾河流域的水质反而有可能得到了改善。按年人均生活污水排放量 0.74m^3 计，年总量为 33.65 万 m^3，径污比高达 6143∶1。估计相当于地面水环境质量标准Ⅰ级水。

3）耕地。人口减少也导致了所需耕地面积的萎缩。以人均 4—8 亩估计，该流域元代的耕地面积为 183 万—366 万亩，约占平川耕地资源

① 任世芳：《黄河环境与水患》，北京：气象出版社，2011 年，第 49-50 页。

1484.10万亩的12.33%—24.66%。估计过去被人为毁坏的林地和草地可能得到恢复，许多坡耕地也可能弃耕。但是从下面的分析可以看到，洪涝和干旱灾害并未显著减轻。其原因很可能是农田水利工程和河道堤防工程年久失修，官府组织和动员防汛抗旱不力。

4）洪涝及干旱灾害。按葛全胜先生的研究，元代（1261—1368）气候处在1250—1425年华北地区的"湿润"时期。但汾河流域的情况相当特殊，由表3-18可见，该流域共发生大水17次，其中汾河河溢7次；而表3-19又显示，该流域共发生旱灾48次，其中记载"流殍遍野"、"流移载道"、"流移就食"等特大干旱的就有10余次之多。由此看来，元代汾河流域的气候应属于"干湿交替"的性质，而且水旱灾害都非常严重。

表3-18 元代汾河流域的洪涝灾害

序号	年份	王朝纪元	洪涝情况	资料来源
1	1284	元世祖至元二十一年	介休大水	《介休水利志·大事记》1988年版
2	1288	元世祖至元二十五年	十二月太原路河溢害稼	清雍正《山西通志》卷162《祥异》
3	1289	元世祖至元二十六年	介休大水	清雍正《山西通志》卷162《祥异》
4	1296	元成宗元贞二年	太原平晋（即晋源）大水，遣使赈之	《晋乘蒐略》卷26
5	1307	元成宗大德十一年	文水、平遥汾水溢。河津、稷山大水；浮山七月大水；祁县、平遥八月大水	清雍正《山西通志》卷162《祥异》
6	1318	元仁宗延祐五年	八月，平遥大水	《平遥县水利志》
7	1320	元仁宗延祐七年	八月，平遥大水；汾阳八月水	清雍正《山西通志》卷162《祥异》
8	1324	元泰定帝泰定元年	六月源涡河（即今潇河）溢，在榆次市东五里	清雍正《山西通志》卷162《祥异》
9	1326	元泰定帝泰定三年	九月平遥、汾阳大水，平遥、汾阳汾水溢	清雍正《山西通志》卷162《祥异》
10	1330	元文宗至顺元年	汾阳大水	清雍正《山西通志》卷162《祥异》
11	1332	元宁宗至顺三年	六月汾州大水	清雍正《山西通志》卷162《祥异》
12	1342	元惠宗（顺帝）至正二年	平遥汾水溢	《平遥县水利志》
13	1350	元惠宗至正十年年	五月，灵石县雨水暴涨，决陆堰；七月平遥大水，汾水溢	清雍正《山西通志》卷162《祥异》
14	1351	元惠宗至正十一年	七月，晋源、文水二县大水，汾河汛溢，东西两岸漂没田禾数百顷	清雍正《山西通志》卷162《祥异》

序号	年份	王朝纪元	洪涝情况	资料来源
15	1359	元惠宗至正十九年	汾水暴涨	清雍正《山西通志》卷162《祥异》
16	1365	元惠宗至正二十五年	十二月太原路河溢	清雍正《山西通志》卷162《祥异》
17	1366	元惠宗至正二十六年	介休县大水	《元史·五行志》

表 3-19　元代汾河流域的旱灾情况

序号	年份	王朝纪元	旱灾情况	资料来源
1	1210	元太祖五年	山西南部特大旱灾，历时 3 年（1210—1213）之久，曲沃六月大旱	清雍正《山西通志》卷162《祥异》
2	1211	元太祖六年	二月河东大旱；曲沃、河津、稷山二月大旱	清雍正《山西通志》卷162《祥异》
3	1212	元太祖七年	河东旱，赈之；一月河东大饥，斗米钱数千，流殍遍野；曲沃旱，大饥；河津、稷山大旱	清雍正《山西通志》卷162《祥异》
4	1213	元太祖八年	河东大旱，斗米至万二千；河津、稷山、曲沃、太谷复大旱；河东复大旱	清雍正《山西通志》卷162《祥异》
5	1214	元太祖九年	曲沃旱	清雍正《山西通志》卷162《祥异》
6	1264	元世祖至元元年	夏四月太原、平阳大旱民饥，赈之；曲沃、洪洞、万荣大旱	清雍正《山西通志》卷162《祥异》
7	1265	元世祖至元二年	太原旱	清雍正《山西通志》卷162《祥异》
8	1267	元世祖至元四年	太原夏大旱；夏榆次大旱，民乏食，流移载道	清雍正《山西通志》卷162《祥异》
9	1268	元世祖至元五年	交城全境抗旱	《交城县志》1994 年版
10	1270	元世祖至元七年	山西旱饥，洪洞旱	《交城县志》1994 年版
11	1272	元世祖至元九年	洪洞八月旱；稷山旱	《交城县志》1994 年版
12	1275	元世祖至元十二年	太原路旱	清雍正《山西通志》卷162《祥异》
13	1276	元世祖至元十三年	平阳路旱；曲沃、河津、稷山、洪洞旱	清雍正《山西通志》卷162《祥异》
14	1280	元世祖至元十七年	八月，平阳、洪洞旱；曲沃旱	清雍正《山西通志》卷162《祥异》
15	1281	元世祖至元十八年	平阳旱，有饥死者，民流移就食；交城、曲沃、太原旱；浮山三月旱	清雍正《山西通志》卷162《祥异》

序号	年份	王朝纪元	旱灾情况	资料来源
16	1283	元世祖至元二十年	汾州自四月至秋不雨	清雍正《山西通志》卷162《祥异》
17	1285	元世祖至元二十二年	平阳、洪洞、曲沃五月旱	清光绪《山西通志》卷86《大事记四》
18	1286	元世祖至元二十三年	太原旱；夏，汾州大旱	清光绪《山西通志》卷86《大事记四》
19	1287	元世祖至元二十四年	平阳春旱，二麦枯死，秋种不入土	清雍正《山西通志》卷162《祥异》
20	1289	元世祖至元二十六年	曲沃旱	清雍正《山西通志》卷162《祥异》
21	1291	元世祖至元二十八年	曲沃春旱，饥，民流散就食。洪洞大旱	清雍正《山西通志》卷162《祥异》
22	1295	元成宗元贞元年	七月太原、平阳等路旱；浮山七月旱，蝗；稷山，洪洞七月旱	清雍正《山西通志》卷162《祥异》
23	1296	元成宗元贞二年	十二月太原旱；太谷冬旱	清雍正《山西通志》卷162《祥异》
24	1297	元成宗大德元年	六月，平阳、曲沃、洪洞旱	清雍正《山西通志》卷162《祥异》
25	1303	元成宗大德七年	五月，太原路饥	《元史·五行志》
26	1304	元成宗大德八年	太原连年旱、蝗，人民流散	清嘉庆《晋乘蒐略》卷26
27	1309	元武宗至大二年	河津旱、蝗	清光绪《河津县志》卷10《祥异》
28	1313	元仁宗皇庆二年	洪洞旱；浮山三月旱	清光绪《河津县志》卷10《祥异》
29	1316	元仁宗延祐三年	介休自四月至秋不雨	《介休县志》
30	1319	元仁宗延祐六年	交城旱，饥荒	《交城县志》1994年9月版
31	1323	元仁宗至治三年	太原五月大旱	清雍正《山西通志》卷162《祥异》
32	1324	元泰定帝泰定元年	临汾县旱；洪洞八月旱；浮山六月旱	清雍正《山西通志》卷162《祥异》
33	1326	元泰定帝泰定三年	临汾县旱；荣河旱、蝗相继	清雍正《山西通志》卷162《祥异》
34	1327	元泰定帝泰定四年	六月霍州；荣河旱；曲沃、浮山秋八月旱	清雍正《山西通志》卷162《祥异》
35	1329	元明宗天历二年	浮山旱	清雍正《山西通志》卷162《祥异》
36	1330	元文宗至顺元年	榆次县旱；太原以南赤地千里，民无所得食；浮山闰七月旱；太原夏七月大旱；洪洞旱	清雍正《山西通志》卷162《祥异》

续表

序号	年份	王朝纪元	旱灾情况	资料来源
37	1331	元文宗至顺二年	四月太原旱；霍州旱；浮山四月大旱；洪洞四月旱；曲沃大旱	《太原县志》
38	1332	元宁宗至顺三年	太原旱	清雍正《山西通志》卷162《祥异》
39	1334	元惠宗*元统二年	河东旱	清康熙《山西通志》
40	1338	元至元四年	太原夏大旱，民乏食流移载道	清康熙《山西通志》
41	1339	元至元五年	太原旱	清康熙《山西通志》
42	1342	元惠宗*至正二年	榆次、清徐、汾州、太谷、平遥、介休、孝义皆大旱，自春至秋不雨，人有相食者	清雍正《山西通志》卷162《祥异》
43	1346	元惠宗至正六年	河津大旱，人多死	清雍正《山西通志》卷162《祥异》
44	1347	元惠宗至正七年	夏四月河东大旱，民多饥死，遣使赈之；洪洞、曲沃、河津、稷山，浮山大旱，人多饥死	清雍正《山西通志》卷162《祥异》
45	1353	元惠宗至正十三年	临汾春旱，二麦枯死	清雍正《山西通志》卷162《祥异》
46	1358	元惠宗至正十八年	霍州春夏大旱	清雍正《山西通志》卷162《祥异》
47	1360	元惠宗至正二十年	汾州介休县自四月至秋不雨；孝义四月至秋不雨	《元史·五行志》
48	1363	元惠宗至正二十三年	春，临汾旱，二麦枯死	清乾隆《临汾县志》卷9《祥异志》

* 惠宗即顺帝

九、明朝时期

明朝（1368—1644）是由元末贫苦农民朱元璋建立的汉族统一王朝，历时 276 年，是一个相对稳定、时间悠长的王朝。明朝的制度比较严谨，文化比较发达，因此，留下来的典籍文献相对丰富而详细、准确，为后人的研究提供了便利。

按照本书表 3-2 的划分，在华北地区明朝的前段（1368—1425，即明太祖洪武元年—仁宗洪熙元年）的 57 年为"波动中逐渐趋干"；而中段（1425—1530，即明仁宗洪熙元年—明世宗嘉靖九年）的 105 年为"转干"；后段（1530—1644，即明世宗嘉靖九年—明思宗崇祯十七年）的 114 年为"转湿"。下文将通过洪涝和干旱灾害的分析和统计，验证汾河流域在气候变化方面与华北地区是否一致。

(一) 干湿气候的验证方法

验证的方法采用一些文献①②③中的方法，即先按灾害严重程度和灾区范围的原则，为每次洪涝灾害估计其权重，再按数理统计学中的滑动平均数法，计算水患频率 f_d，按照上述文献中的暂时约定，$f_d \geqslant 0.50$ 为严重，$0.50 > f_d \geqslant 0.20$ 为比较严重或相对严重。f_d 的计算公式为

$$f_d = \frac{河决次数+河溢次数+河徙次数+大水次数}{统计时段长}\ (a)$$

唐、宋及其之前的史籍文字记载过于简单，而且灾区范围记录到州一级为止，所以在一些文献④⑤⑥中，计算灾害权重时，都以州为单位。

明、清以后，正史和地方志繁多，而且多留存后世。这些史籍中多列举受灾县名和各县受灾的严重程度，有些还说明了损害房屋、土地及遇难民众的数量级。这就为估计灾害权重和计算灾害频率的精确度提供了方便。

因此，从明代开始，本书将以县为单位计算灾害和权重。一般来讲，凡"某县大水"，记权重为1.0；如破城而入，且毁房死人较多，则记权重为1.5；县数为2则权重加倍，依此类推。

凡汾河河溢，一律记权重为2.0，因为干流河溢必然受灾严重。以往一些文献中将数县河溢和数次河溢，一律记为1次的方法似乎不妥。例如，在表3-20中，序号为51的1605年（明神宗万历三十三年），"汾水徙文水县东"，即汾河干流改道，主流迁徙到文水县以东；又记"孝义大雨，汾河溢入城，毁官民房舍无数"，显然是汾河大水破堤，冲入孝义城内；再，又记"襄陵汾河泛涨，滩地尽陷，河中浪涌起如峰，船坏溺死者殆百数"。显然是特大洪水来袭，以致死亡严重。俗谚又云："金襄陵，银汾城，数了曲沃数翼城。"襄陵县（新中国成立后与汾城县合并

① 赵淑贞、任世芳、任伯平：《试论公元前500年至公元534年间黄河下游洪患》，《人民黄河》2001年第2卷第3期，第43-44页。
② 王尚义：《两汉时期黄河水患与中游土地利用之关系》，《地理学报》2003年第58卷第1期，第73-82页。
③ 王尚义、任世芳：《唐至北宋黄河下游水患加剧的人文背景分析》，《地理研究》2004年第23卷第3期，第385-394页。
④ 赵淑贞、任世芳、任伯平：《试论公元前500年至公元534年间黄河下游洪患》，《人民黄河》2001年第23卷第3期，第43-44页。
⑤ 王尚义：《两汉时期黄河水患与中游土地利用之关系》，《地理学报》2003年第58卷第1期，第73-82页。
⑥ 王尚义、任世芳：《唐至北宋黄河下游水患加剧的人文背景分析》，《地理研究》2004年第23卷第3期，第385-394页。

为襄汾县）历来是山西最富饶的县份之一，河滩地尤为肥沃，此次竟全部冲毁。由以上 3 处河溢损失之严重，岂能由一次河溢而替代，故笔者定其权重为 6.0。

表 3-20　明代汾河流域洪涝灾害

序号	年份	王朝纪元	洪涝灾害	资料来源	权重
1	1371	明太祖洪武四年	曲沃大水	《元史·五行志》	1.0
2	1381	明太祖洪武十四年	交城水	清雍正《山西通志》卷163《祥异》	1.0
3	1409	明成祖永乐七年	七月初，徐沟河水涨发，夜入东门，人畜淹死甚多	清光绪《补修徐沟县志》卷5《祥异》	1.5
4	1412	明成祖永乐十年	六月交城县磁窑河、瓦窑河泛滥，冲毁城垣	《交城县志》1994年9月版	2.0
5	1415	明成祖永乐十三年	徐沟金、嵝二水泛涨、淹溺甚众	清雍正《山西通志》卷163《祥异》	3.0
6	1432	明宣宗宣德七年	六月，太原河、汾并溢，伤稼（笔者注：河不知所指）	《明史·五行志》	4.0
7	1445	明英宗正统十年	三月，洪洞汾水堤决，移置普润驿，以远其害	《明史·五行志》	2.0
8	1446	明英宗正统十一年	太原大水	清光绪《山西通志》卷86	1.0
9	1464	明英宗天顺八年	静乐水决河堤六十丈，没民田百顷（笔者注：疑系碾河决堤，没民田约9200余市亩）	清雍正《山西通志》卷163《祥异》	1.5
10	1465	明宪宗成化元年	霍州东山鸡掌凹山水冲没田产树木	清雍正《山西通志》卷163《祥异》	1.0
11	1467	明宪宗成化三年	汾水伤稼	清光绪《山西通志》卷86《祥异》	1.0
12	1469	明宪宗成化五年	汾水伤稼	《明史·五行志》	1.0
13	1471	明宪宗成化七年	六月大水，灵石县漂没沿河乡村庐舍千余区	清康熙《灵石县志》卷3《祥异》	1.5
14	1476	明宪宗成化十二年	临汾水淹田禾伤稼	《临汾市志》2000年12月版	1.0
15	1481	明宪宗成化十七年	夏六月，孝义县大水，漂没南关及乡村庐舍三千区	清雍正《山西通志》卷163《祥异》	1.5
16	1491	明孝宗弘治四年	文水河溢，害禾稼庐舍	清雍正《山西通志》卷163《祥异》	2.0

续表

序号	年份	王朝纪元	洪涝灾害	资料来源	权重
17	1501	明孝宗弘治十四年	六月，孝义大水；同月，灵石县大水入城，淹没最惨；七月三日夜，太原汾水涨，高四丈余（笔者注：合12.8—13米），滨河村落房屋及禾稼漂没殆尽；崇善寺碑没入河中；清源大水	清道光《灵石县续志》卷下；清康熙《灵石县志》卷3；清雍正《山西通志》卷163《祥异》	4.5
18	1502	明孝宗弘治十五年	七月，榆次大雨、水、害稼败民舍	清雍正《山西通志》卷163《祥异》	1.0
19	1508	明武宗正德三年	七月，介休县大水，县南长乐县地裂五里许，水皆下泄，月余复合；太谷大水井溢，夏雨连旬，山水暴注，坏城垣；漂没庐舍甚众，居民溺死千余人；灵石山水暴溢，坏城垣	明嘉靖《山西通志》卷31；清光绪《太谷县志》卷2《年纪》	4.0
20	1509	明武宗正德四年	七月，介休县绵山水大涨，平地起波丈余，冲入南城门	明嘉靖《山西通志》卷31	1.5
21	1516	明武宗正德十一年	六月淫雨，潇河大水，县东南等村民屋多沦	1975年《华北、东北近五百年旱涝史料》第五分册	1.5
22	1517	明武宗正德十二年	静乐碾水大涨，决堤20余里	清雍正《山西通志》卷163	2.0
23	1520	明武宗正德十五年	灵石大雨，东山水至破堤入城，东垣俱没毁	清康熙《灵石县志》卷3《祥异》	1.5
24	1521	明武宗正德十六年	太原汾河水溢，河旧在史家庄东	清雍正《山西通志》卷163	2.0
25	1524	明世宗嘉靖三年	秋，运城、万荣大水	《万荣县志》1995年12月版	2.0
26	1526	明世宗嘉靖五年	万荣大水	《万荣县志》1995年12月版	1.0
27	1533	明世宗嘉靖十二年	孝义大水	清光绪《孝义县续志》卷下	1.0
28	1540	明世宗嘉靖十九年	榆次山水涨发，漂没田庐	民国《榆次县志》卷14《旧闻考·祥异》	1.0
29	1541	明世宗嘉靖二十年	六月，榆次降雨，涂水（即潇河）溢，漫流40余里泊禾田，人多溺，诏免田租；文水淫雨，文峪河溢	民国《榆次县志》卷14《旧闻考·祥异》	4.0
30	1542	明世宗嘉靖二十一年	夏五月，翼城洪水暴涨；以灾免平阳府所属州县税粮有差	民国《翼城县志》卷14《祥异》	1.0

序号	年份	王朝纪元	洪涝灾害	资料来源	权重
31	1543	明世宗嘉靖二十二年	六月，交城县暴雨，塔沙河（磁窑河）水突至，冲毁东门及东城垣，城内水深3尺	民国《翼城县志》卷14《祥异》	1.5
32	1545	明世宗嘉靖二十四年	六月，汾阳大水，平地数尺，庐舍田亩多灾；文水县大水没稼，孝义大水伤稼，坏官舍民庐；同月汾河水溢，环城大水伤稼，坏官舍民庐；榆次、祁县、文水、汾阳、孝义、灵石、霍州灾情惨重；此为超过50年一遇的特大洪水	清光绪《文水县志》卷1；1975年《华北、东北近五百年旱涝史料》第五分册；《汾河志》第四章	5.5
33	1550	明世宗嘉靖二十九年	六月，文水大水，汾河西徙	清光绪《文水县志》卷1《天文志·祥异》	2.0
34	1552	明世宗嘉靖三十一年	文水大水伤稼	《汾河志》	1.0
35	1553	明世宗嘉靖三十二年	六月，太原大雨，汾水溢，高数丈，死牲畜无数，稻田冲没；文水淫雨，文峪河徙，害稼；交城暴雨，磁窑河、瓦窑河溢，冲坏东门桥及东城垣，城南水深3尺；静乐河水大溢，冲坏古河堤（旧堤在县城东门外200步，笔者疑为支流碾河洪水）；清源、交城大水	《汾河志》；清雍正《山西通志》卷163《祥异》；清嘉庆《晋乘蒐略》卷30；清光绪《交城县志》卷1《天文门·祥异》；1975年《华北、东北近五百年旱涝史料》第五分册	12.0
36	1554	明世宗嘉靖三十三年	六月，孝义县暴雨，孝河泛滥，河水入城，坏庐舍伤人甚众；静乐碾河大涨，河决，冲坏城垣民居	《汾河志》；清康熙《静乐县志》卷4《赋役志》	4.0
37	1556	明世宗嘉靖三十五年	大水，平遥县溺死7000余人	清光绪《平遥县志》卷12《祥异》	2.0
38	1566	明世宗嘉靖四十五年	汾水出峡谷，又值（太原）东山暴雨注下，折向南，夺太原阜城门（即今旱西门）入	清嘉庆《晋乘蒐略》卷30	4.0
39	1572	明穆宗隆庆六年	汾河水泛滥，漂没禾黍，太原大饥	清道光《太原县志》卷15《祥异》	2.0
40	1580	明神宗万历八年	七月，榆次涂水（即今潇河）涨，毁民四舍	清同治《榆次县志》卷16《祥异》	2.0
41	1582	明神宗万历十年	赵城汾水溢，坏城西隅	清雍正《山西通志》卷162《祥异》	2.0

续表

序号	年份	王朝纪元	洪涝灾害	资料来源	权重
42	1585	明神宗万历十三年	静乐汾水大涨，冲没民田	《静乐县志》2000年1月版	1.0
43	1588	明神宗万历十六年	六月二十二、二十三日交城县大雨，文峪河浪高3丈，冲没田地，淹死人畜，漂没垣房；赵城大雨，冲没庐舍城垣	清乾隆《保德州志》卷3《风土》	3.0
44	1590	明神宗万历十八年	万泉大水；七月，猗氏大水，泛民居甚众	清乾隆《万泉县志》卷7《人物志》	2.0
45	1593	明神宗万历二十一年	翼城县夏，水涨溢东河，估计为浍河翼城以上段	1975年《华北、东北近五百年旱涝史料》第五分册	2.0
46	1595	明神宗万历二十三年	孝义大水，自东门入城，坏庐舍无数；夏，介休大雨，绵山水涨，半夜入城南门，民房多被淹	清光绪《孝义县续志》卷下；《介休水利志大事记》1988年4月	3.0
47	1597	明神宗万历二十五年	五月二十三日，徐沟大水冲入南关，平地水深丈余，居民物产漂没无数	清光绪《孝义县续志》卷下；《介休水利志大事记》1988年4月	1.5
48	1601	明神宗万历二十九年	襄陵大水	清光绪《襄陵县志》卷22《祥异》	1.0
49	1603	明神宗万历三十一年	清源汾河溢东城下	清光绪《清源县志》卷16《祥异》	2.0
50	1604	明神宗万历三十二年	汾河水泛滥，入城坏舍，伤人甚众；大水漂没人畜房屋甚多；太原、文水、孝义、平遥、介休、襄汾、新绛等受灾重；平遥汾河发涨，侵入沙河，夏秋二禾尽没，农家失望	清雍正《山西通志》卷163《祥异》；《汾州府志》1994年6月版	4.0
51	1605	明神宗万历三十三年	汾水徙文水县东；五月二十三日，徐沟峪河水骤涨，将南关堤冲坍，水深丈余；夏，介休大雨，绵山水涨，夜半入迎翠门，民居淹没；七月，孝义大雨，汾河溢入城，毁官民房舍无算；襄陵汾河泛涨，滩地尽陷，船坏溺死者数百；孝河六月一日大涨，自东门入城，伤人毁屋无算	清雍正《山西通志》卷163《祥异》；《汾州府志》1994年6月版	11.0
52	1606	明神宗万历三十四年	五月，阳曲大雪雨，漂没人畜甚多；六月，翼城大水，漂没民居	《阳曲县志》1999年9月版；民国《翼城县志》卷14《祥异》	3.0

序号	年份	王朝纪元	洪涝灾害	资料来源	权重
53	1607	明神宗万历三十五年	汾水大涨，环抱省城，平地水深丈余，居民物产漂没无数；太原、阳曲、徐沟受灾重；平遥漂没田禾人畜房屋极多；太原汾水涨于府城东20里，形如环，阳曲汾水大涨，环抱城东；五月二十三日，徐沟大水，冲入南关，平地水深丈余，民居、物产漂没无算；襄汾县水灾，汾河泛溢异常，滩地尽陷	清雍正《山西通志》卷163《祥异》；清道光《阳曲县志》卷16《志馀》；《襄汾县志》1991年1月版	10.0
54	1613	明神宗万历四十一年	平遥、洪洞、赵城、临汾、襄陵、曲沃、绛州大水；六月至秋九月，阳曲大雨，伤人损禾；六月二十一日，绛州汾水涨，溢入城，漂没民舍地亩，死者甚众	清雍正《山西通志》卷163《祥异》；《阳曲县志》1999年9月；《运城历史灾情》1983年6月	12.0
55	1614	明神宗万历四十二年	汾阳、交城大水，漂没土地甚多，交城斗米五分	清雍正《山西通志》卷163《祥异》；《阳曲县志》1999年9月；《运城历史灾情》1983年6月	2.0
56	1616	明神宗万历四十四年	静乐水，赈之	清雍正《山西通志》卷163《祥异》	1.0
57	1619	明神宗万历四十七年	平遥大水，漂没麦田、房屋甚多	清光绪《平遥县志》卷12《古迹志》	1.5
58	1628	明思宗崇祯元年	清源大水	清光绪《清源县志》卷16《祥异》	1.0
59	1631	明思宗崇祯四年	八月初六，翼城大雨，水涨漂溺东河庐舍，数百区，多溺死者	民国《翼城县志》卷14《祥异》	1.5
60	1632	明思宗崇祯五年	六月平阳大水，翼城暴雨，浍河猛涨，数百庐舍被淹，百姓多死	清雍正《山西通志》卷163《祥异》；《翼城县志》1997年1月版	3.0
61	1633	明思宗崇祯六年	夏，古县暴雨，河水猛涨（估计为洪安涧河上游——笔者注），淹没耕地不计其数	《安泽县志》1997年1月版；清雍正《山西通志》卷163《祥异》	1.0
62	1638	明思宗崇祯十一年	九月，介休大水	清嘉庆《介休县志》卷1《疆域·防汛》	1.0
63	1641	明思宗崇祯十四年	夏五月至秋九月，大雨频降；平遥大水，米一斗四钱，麦一斗三钱	清光绪《平遥县志》卷12《杂录志》	1.0

关于旱灾，也仿照洪涝灾害加权办法的原则计算其权重。但也要考虑汾河流域的具体情况：山西属于半干旱气候地区，春旱是常见的，历来就有"十年九旱"的说法。所谓"十年九旱"，并非十年有九年会因旱绝收。例如，冬小麦返青后，如果在此时无雨或雨量稀少，按说应该算作春旱，但在谷雨前后一旦有雨，作物仍能正常生长。换言之，如与有灌溉设施的水浇地相比，该地夏粮的亩产是少了很多，但对于"十年九旱"的地区而言，旱作区仍能收获到足以维持当地农民的最低生活的粮食。这种情况与当今所处的年代是截然不同的。

因此，本书将旱灾加权的标准定为：以县为单位，如某年"春旱"，加权为 0.5；春夏或春夏秋连旱无雨，加权为 1.0；民大饥及流亡，加权为 2.0；有人相食记载者加权为 3。这样实际上还是提高了旱灾的权重（县数多于一县者，则按县数加倍）。当史籍只笼统记载时，如"山西大旱"，"山西全省大旱"，则只能按汾河流域 32 个县均旱来估算（其中，平阳府 16 县、太原府 12 县、汾州府 4 县）。明代汾河流域干旱灾害，如表 3-21 所示。

表 3-21　明代汾河流域干旱灾害

序号	年份	王朝纪元	旱灾情况	资料来源	权重
1	1370	明太祖洪武三年	太谷夏旱；太原曲沃旱	清雍正《山西通志》卷 162《祥异》	1.5
2	1371	明太祖洪武四年	太谷夏旱	清雍正《山西通志》卷 162《祥异》	0.5
3	1374	明太祖洪武七年	平阳、太原、汾州……旱、蝗、免租税	《明史·本纪》	16.0
4	1427	明宣宗宣德二年	丁未山西旱，八月免山西被灾税粮	清光绪《山西通志》卷 86《大事记四》	2.0
5	1428	明宣宗宣德三年	山西大饥，流徙十万余口；三年闰四月，免山西旱灾夏税；山西民饥，流徙南阳诸郡不下十余万；又记：孝义大旱，人相食；工部侍郎李新自河南还，言山西民饥，流徙南阳诸郡不下十余万口，有司军卫齐遣人捕逐，民死亡甚多，这一年，正值洪洞大槐树下迁民高潮之年，《汾河志》怀疑此次大迁徙移民与旱灾有很大关系	清光绪《山西通志》；《晋乘蒐略》卷 28	16.0
6	1433	明宣宗宣德八年	春山西久旱，遣使抚恤；曲沃旱	清光绪《山西通志》卷 86《大事记四》	3.0
7	1439	明英宗正统四年	春、夏、太原、平阳旱；襄陵、太平旱	《明史·五行志》	30.0
8	1462	明英宗天顺六年	汾州大饥	《明史·五行志》	6.0

序号	年份	王朝纪元	旱灾情况	资料来源	权重
9	1473	明宪宗成化九年	平阳旱，翼城大旱；二月，以旱灾免山西平阳府、并州县税粮	《明史·五行志》	18.0
10	1476	明宪宗成化十二年	太原蝗、旱，人饥相食；四月，免山西平阳府十二年夏税粮，以其年旱霜故也；自四月至秋，汾州孝义县不雨，蝗食禾稼草木俱尽，饥民以蝗为食	《晋乘蒐略》卷26；1975年《华北、东北近五百年旱涝史料》第五分册；《汾州府志》1994年6月版	34.5
11	1480	明宪宗成化十六年	文水秋旱；曲沃旱	清乾隆《太原府志》卷49《祥异》	1.0
12	1482	明宪宗成化十八年	山西大旱；寿阳、汾西、霍州旱；夏一月至秋七月，寿阳不雨，苗尽槁，大旱，六月，灵石不雨，旱，六月霍州旱；河东州县大旱，禾稼枯	《明史·五行志》；清雍正《山西通志》卷163《祥异》	32.0
13	1483	明宪宗成化十九年	夏、秋，孝义旱；夏、秋，灵石不雨，禾尽槁死，民逃徙及饿殍者甚众；十二月免平阳府夏税，以旱灾故也；民大饥，遣使赈恤，免通省田租之半；汾州大旱，夏秋不雨，禾麦尽槁，饿殍甚众	清雍正《山西通志》卷163《祥异》；《孝义县志》。注：汾河流域平阳府有16县；汾州府有4县（另太原府有12县）	16.0
14	1484	明宪宗成化二十年	山西大旱；孝义县旱大饥，遣使赈恤，灵石饥。洪洞、临汾、浮山、曲沃、荣河、祁县大旱，秋不雨，次年六月始雨，饥殍盈野，人相食；八月山西旱大饥，人相食	清雍正《山西通志》卷163《祥异》	96.0
15	1485	明宪宗成化二十一年	临汾大旱，正月至五月不雨，十二月以旱免平阳府各州县秋粮	《临汾市志》2000年12月版	8.5
16	1488	明孝宗弘治元年	六月户部言，山西此岁旱灾，平阳尤甚；阳曲县大旱	1975年《华北、东北近五百年旱涝史料》第五分册	9.0
17	1490	明孝宗弘治三年	山西旱；以旱灾免太原、平阳等卫粮草之半	1975年《华北、东北近五百年旱涝史料》第五分册	14.0
18	1494	明孝宗弘治七年	山西旱；以旱灾免平阳及行都司所粮	1975年《华北、东北近五百年旱涝史料》第五分册	8.5

续表

序号	年份	王朝纪元	旱灾情况	资料来源	权重
19	1495	明孝宗弘治八年	夏，汾州旱；山西大旱。夏，曲沃大旱；九月，以旱灾免太原、平阳两府等州县税粮	1975年《华北、东北近五百年旱涝史料》第五分册；《古今图书集成·汾州府记事》	32.0
20	1496	明孝宗弘治九年	以旱灾免太原、平阳二府等州县税粮	1975年《华北、东北近五百年旱涝史料》第五分册；《古今图书集成·汾州府记事》	14.5
21	1497	明孝宗弘治十年	太原、平阳旱；太谷旱；襄汾大旱；二月以旱灾免平阳、汾及平阳、汾州二卫弘治十年（1497）夏税籽粒有差	1975年《华北、东北近五百年旱涝史料》第五分册；《古今图书集成·汾州府记事》	16.0
22	1498	明孝宗弘治十一年	以旱灾免平阳、太原、汾夏税	1975年《华北、东北近五百年旱涝史料》第五分册；《古今图书集成·汾州府记事》	16.0
23	1500	明孝宗弘治十三年	太原、平阳、汾旱；曲沃旱；以旱灾免山西太原、平阳二府、汾粮草有差	《明史·五行志》；1975年《华北、东北近五百年旱涝史料》第五分册	16.0
24	1501	明孝宗弘治十四年	四月，曲沃干旱	清乾隆《应州续志》卷1《方舆志》	0.5
25	1504	明孝宗弘治十七年	春，榆次，太谷旱；汾州饥	《古今图书集成·汾州府记事》	3.0
26	1505	明孝宗弘治十八年	五月至七月，榆次不雨，苗尽槁，米价腾贵；太谷旱大饥，道殣相望；春、夏，洪洞无雨；河东、翼城大旱，麦苗枯死，秋禾未种，米价腾贵，民饥无食，多有剥树皮以充饥者；春、夏，浮山无雨	清同治《榆次县志》卷16《祥异》；《古今图书集成·汾州府部记事》	4.5
27	1507	明武宗正德二年	山西旱	《明史·五行志》	16.0
28	1509	明武宗正德四年	山西亢旱，民皆乞食	1975年《华北、东北近五百年旱涝史料》	16.0
29	1512	明武宗正德七年	太原、平阳旱	《明史·五行志》	14.5
30	1513	明武宗正德八年	六月，榆次旱	清雍正《山西通志》卷163《祥异》	0.5
31	1516	明武宗正德十一年	曲沃大旱	1975年《华北、东北近五百年旱涝史料》	0.5

续表

序号	年份	王朝纪元	旱灾情况	资料来源	权重
32	1521	明武宗正德十六年	自正月至六月,山西不雨	《明史·五行志》	16.0
33	1526	明世宗嘉靖五年	汾阳大饥,斗粟钱数千,流殍满野	《明史·五行志》	6.0
34	1528	明世宗嘉靖七年	山西大旱;夏,榆次旱,升米百余钱,饥者相枕;秋,临汾、翼城大旱、蝗;介休大旱;襄汾县大旱,无禾,饥者甚多,死者枕藉	清雍正《山西通志》卷163《祥异》;《介休县志》	32.0
35	1530	明世宗嘉靖九年	曲沃旱	清雍正《山西通志》卷163《祥异》	0.5
36	1531	明世宗嘉靖十年	山西大旱	《华北、东北近五百年旱涝分布图》	32.0
37	1532	明世宗嘉靖十一年	临汾旱;以灾免霍、绛、浮山、曲沃等州县租税,济粮两万石	1975年《华北、东北近五百年旱涝史料》第五分册	2.5
38	1533	明世宗嘉靖十二年	全省大旱;交城、文水、徐沟、太谷大饥,野有饿殍;洪洞:春大饥,人相食;汾阳七、八月大旱;翼城、临汾旱;汾阳大饥,道殣相望	《古今图书集成》;清雍正《山西通志》卷163《祥异》	32.0
39	1534	明世宗嘉靖十三年	交城、文水、寿阳、汾西、洪洞、翼城、临汾、霍州旱大饥,禾稼殆尽,饿殍遍野;霍州民有杀人而食者,官收刑之	《汾河志》第四章《自然灾害》;1986年《霍州灾情纪实》	17.0
40	1535	明世宗嘉靖十四年	寿阳旱,大蝗,禾稼殆尽	清光绪《寿阳县志》卷13《杂志》	1.0
41	1539	明世宗嘉靖十八年	以旱灾免山西太原、平阳40州县及卫所田粮如例	1975年《华北、东北近五百年旱涝史料》第五分册	14.5
42	1545	明世宗嘉靖二十四年	交城、文水大旱,四至七月不雨;太谷大旱,正月至五月不雨;祁县大旱,四至七月不雨;临汾旱;以旱灾免山西太原、平阳所属州县夏税如例	清光绪《交城县志》卷1《天文门·祥异》;1975年《华北、东北近五百年旱涝史料》第五分册	14.5
43	1549	明世宗嘉靖二十八年	文水旱,六月八日,始雨	清光绪《文水县志》卷1《天文志·祥异》	0.5
44	1550	明世宗嘉靖二十九年	徐沟大旱;六月以旱灾免太原等府税银	1975年《华北、东北近五百年旱涝史料》第五分册	6.0

续表

序号	年份	王朝纪元	旱灾情况	资料来源	权重
45	1552	明世宗嘉靖三十一年	以旱灾免平阳府所属夏税有差	1975 年《华北、东北近五百年旱涝史料》第五分册	8.5
46	1555	明世宗嘉靖三十四年	河津大旱；以旱灾免太原等府税有差	清光绪《河津县志》卷10《祥异》；1975 年《华北、东北近五百年旱涝史料》	7.0
47	1557	明世宗嘉靖三十六年	平遥旱；朝廷降 3800 锭宝钞以赈济之	清雍正《山西通志》卷163《祥异》	0.5
48	1558	明世宗嘉靖三十七年	七月，寿阳大旱，至次年五月方雨，民死，徙者大半	清光绪《寿阳县志》卷10《风土志》	2.0
49	1560	明世宗嘉靖三十九年	太原府所属并州、汾州诸县旱，大饥；饿殍盈野，人相食	明嘉靖《山西通志》卷31	45.0
50	1561	明世宗嘉靖四十年	太原、阳曲、徐沟、榆次、灵石、祁县、洪洞、霍州、寿阳、赵城大旱大饥，死者过半，剥树皮草根而食；人相食	清光绪《代州志》卷12《大事记》等	30.0
51	1566	明世宗嘉靖四十五年	夏、祁县旱、蝗伤稼	清光绪《祁县志》卷16《祥异》	0.5
52	1567	明穆宗隆庆元年	曲沃旱	清雍正《山西通志》卷163《祥异》	0.5
53	1568	明穆宗隆庆二年	临汾、汾城、浮山、翼城大旱无禾，人多饿死；岳阳、襄汾旱，浮山旱蝗	《汾河志》；清雍正《山西通志》卷163《祥异》	9.5
54	1570	明穆宗隆庆四年	六月旱；以旱灾免太原、平阳等府税粮；疑因隆庆二年（1568）旱而免税	1975 年《华北、东北近五百年旱涝史料》第五分册	14.0
55	1572	明穆宗隆庆六年	五、六月，祁县无雨，旱；洪洞、赵城无冰。冬，翼城无雪	清雍正《山西通志》卷163《祥异》	2.0
56	1573	明神宗万历元年	八月，以旱灾免平阳府民屯税粮有差；疑因去年旱而免税	1975 年《华北、东北近五百年旱涝灾害史料》第五分册	8.0
57	1578	明神宗万历六年	交城旱，大饥；文水特旱，饿殍盈野，人相食	《汾河志》	5.0
58	1582	明神宗万历十年	汾州旱，大饥，祁县二至六月不雨	《汾河志》；清雍正《山西通志》卷163《祥异》；《介休县志》；《祁县志》	4.5

续表

序号	年份	王朝纪元	旱灾情况	资料来源	权重
59	1583	明神宗万历十一年	大旱赤地，交城六畜多死，民食草树白土，人相食；六月，静乐旱。秋，洪洞、翼城无雨，冬无雪，次年二次歉收	《汾河志》；清康熙《静乐县志》等	4.5
60	1585	明神宗万历十三年	洪洞、临汾、太平、曲沃、稷山旱；太原属大旱，赤地千里，饥殍盈野；徐沟、交城等县大饥；吕梁全区大饥，赤地千里	清乾隆《大同府志》卷25《祥异》；《汾河志》	26.5
61	1586	明神宗万历十四年	阳曲、太谷、徐沟、平遥等县大旱，河干井涸，至七月五谷未种，秋后方雨；有因之种麦者，一冬无雪，又旱至次年五月，麦田尽枯；民以树皮草根充食，婴儿弃置道旁，遇有朝出而夕死者，就尸割肉而食；交城、文水、汾阳、孝义、榆次、太谷、祁县、灵石、翼城、汾西、霍州、洪洞、曲沃、襄陵、绛州、河津大旱，赤地千里，饿死者众，人相食	《汾河志》据《古今图书集成》及各县县志综合	60.0
62	1587	明神宗万历十五年	平遥春大旱无麦，死亡逃散者甚众；交城春旱，夏中方雨；太原、徐沟、平遥、灵石、襄陵、临汾、绛州、曲沃大旱，夏无禾，死亡如故；荣河大旱，公私亏空，人食草叶木皮，道殣相望，生者无复人色	《汾河志》；清乾隆《保德州志》卷3《风土》等	22.0
63	1588	明神宗万历十六年	襄汾旱，历年天灾不绝，死者无数	《襄汾县志》1991年1月版	4.0
64	1590	明神宗万历十八年	夏，临汾旱	清乾隆《崞县志》卷5《祥异》等	0.5
65	1596	明神宗万历二十四年	夏四月，临汾大旱	清雍正《山西通志》卷163《祥异》	1.0
66	1598	明神宗万历二十六年	介休大旱，至二十七年(1599)无雨，大饥；稷山旱无禾	《汾河志》引《介休县志》；清同治《榆次县志》卷16《祥异》等	1.5

续表

序号	年份	王朝纪元	旱灾情况	资料来源	权重
67	1599	明神宗万历二十七年	中南部大旱，山川草木全无，母子、夫妻有相抱而死者	《汾河志》及民国《临县志》卷3《大事谱》等	64.0
68	1600	明神宗万历二十八年	交城旱，民饥	《汾河志》	1.0
69	1601	明神宗万历二十九年	孝义春夏旱，秋大涝，文水、汾阳春大旱，无麦，是岁大饥；榆次大旱无麦，秋禾不熟，是岁民大饥；六至八月，灵石旱；寿阳大旱，民饥	《汾河志》；清雍正《山西通志》卷163《祥异》	10.0
70	1602	明神宗万历三十年	秋七月，寿阳大旱至次年夏五月方雨，民死者殆半	清乾隆《保德州志》卷3等	2.0
71	1606	明神宗万历三十四年	春、夏阳曲大旱无雨	清道光《阳曲县志》卷16《志馀》等	1.0
72	1607	明神宗万历三十五年	夏，临汾旱，民饥	清乾隆《临汾县志》卷9《祥异志》等	1.0
73	1609	明神宗万历三十七年	太原自是年四月不雨至翌年五月，省郡大饥，火灾四见；静乐、交城、榆次、介休、寿阳、临汾、曲沃、新绛大旱，民饥，免夏秋税粮；死者甚众	清雍正《山西通志》卷163《祥异》；《汾河志》	18.0
74	1610	明神宗万历三十八年	全省继续大旱；自上年四月至今年五月，太原省郡一直大旱不雨，大灾，民饿死甚众；平遥是年一粒无收，饿殍载道；交城旱，饥；汾阳大旱，饥，饿殍载道，人相食；介休、临汾、曲沃、寿阳、浮山、稷山、绛州大旱，饥；灵石大旱	《汾河志》；清乾隆《大同府志》卷25《祥异》等；《平遥县志》等	65.0
75	1611	明神宗万历三十九年	临汾、绛州旱；临汾大旱，免秋夏税；稷山旱，疫	1975年《华北、东北近五百年旱涝史料》第五分册	2.0
76	1612	明神宗万历四十年	全省持续大旱，临汾尤甚	《汾河志》	35.0
77	1613	明神宗万历四十一年	秋，临汾大旱；荣河大旱	清乾隆《保德州志》卷3《风土》等	2.0
78	1615	明神宗万历四十三年	万泉、荣河大旱、蝗	清乾隆《保德州志》卷3《风土》等	2.0
79	1616	明神宗万历四十四年	夏六月，临汾旱、蝗；春夏不雨；绛州旱、蝗	清乾隆《临汾县志》卷9《祥异志》等	1.0

续表

序号	年份	王朝纪元	旱灾情况	资料来源	权重
80	1617	明神宗万历四十五年	稷山、万泉、绛州旱	清雍正《山西通志》卷163《祥异》	1.5
81	1621	明熹宗天启元年	静乐旱	清道光《偏关志》下册	0.5
82	1624	明熹宗天启四年	春，静乐大旱，自春至夏不雨	清康熙《静乐县志》卷4《赋役志》	1.0
83	1625	明熹宗天启五年	文水六月不雨，岁饥；交城旱，自此饥殍相仍	清雍正《山西通志》卷163《祥异》	3.0
84	1628	明思宗崇祯元年	秋，襄陵旱	清乾隆《广灵县志》卷1《方城》等	0.5
85	1633	明思宗崇祯六年	秋，临汾大旱，民饥；介休旱；襄陵大旱；新绛大旱荒，米麦价银一钱二升，万荣秋大旱	《新绛县志》1977年11月版	4.5
86	1634	明思宗崇祯七年	自上年八月至本年四月，山西不雨，至（崇祯）九年二月，大饥，人相食	《万荣县志》1995年12月版；《晋乘蒐略》	96.0
87	1635	明思宗崇祯八年	秋，稷山，绛州、介休大旱，饥	1975年《华北、东北近五百年旱涝史料》第五分册；清嘉庆《介休县志》卷1《疆域》等	3.0
88	1636	明思宗崇祯九年	自（崇祯）六年、七年至本年，山西连年不雨，民掘草根树皮食尽，饿殍满野；太原所属大饥，人相食	《晋乘蒐略》卷32	96.0
89	1637	明思宗崇祯十年	文水大旱，饥；春，介休不雨	清乾隆《保德州志》卷3	1.5
90	1638	明思宗崇祯十一年	介休夏旱，无麦苗，秋旱；文水频旱，野无青草，人相食，五月河水干；襄陵、稷山、阳曲频旱；灵石旱，田园尽赤，民食树草，斗米七钱，饿死载道者不可数计，人亦相食	清道光《阳曲县志》；《汾河志》	18.0
91	1639	明思宗崇祯十二年	霍州、翼城、襄陵、汾城大旱荒	《山西水旱灾害》1996年2月版	4.0

续表

序号	年份	王朝纪元	旱灾情况	资料来源	权重
92	1640	明思宗崇祯十三年	交城、徐沟县大饥；徐沟粟米一斗价银五钱六分；百姓流离逃徙，饿死大半（《徐沟县志》，《交城县志》）；文水、交城、孝义汾河干竭，旱年荒，盗贼遍野，百姓流离，人相食；太平（今襄汾）大旱；汾河竭（《旱涝史料》）；曲沃、翼城、绛州、太谷、平遥旱；山西大旱、蝗；太平、曲沃、绛州汾河干竭；交城大饥，斗米银六钱，饿殍遍地；榆次旱；平遥连年大旱；春、介休大饥，斗米四钱，临汾大饥；榆次、翼城、曲沃、稷山、古县、万泉、荣河、阳曲、新绛大旱大饥，人相食；死者十之六七	《汾河志》；清乾隆《保德州志》卷3《风土》等；《新绛县志》1977年11月版	75.0
93	1641	明思宗崇祯十四年	交城、文水旱，岁饥，交城斗米银六钱，饿殍遍地；汾阳、文水大旱大饥，米贵如珠，树皮草根皆无，人相食；阳曲、文水、洪洞、河津大饥，斗米麦白银八钱至一两五六钱；洪洞、霍州、浮山大旱大饥，人相食	《汾河志》；清光绪《山西通志》；《旱涝史料》	21.0
94	1642	明思宗崇祯十五年	太原、榆次、河津、文水大旱，人相食	民国《临县志》卷3《大事谱》等；《汾河志》	12.0

由表 3-22 可见，干旱权重的增长速度远远快于洪涝权重的增长速度。年均洪涝权重由前段的 0.15 增为后段的 0.99，后段为前段的 6.6 倍；而年均干旱权重由前段的 0.31 增为后段的 8.06，后段为前段的 26 倍。由此看来，在整个明朝 276 年的历史过程中，汾河流域的自然灾害威胁主要是旱灾。尤其是在中、后期，动辄"山西全省大旱"，以及"人食人"。因此，笔者认为，汾河流域的气候与整个华北地区截然不同，不是"转湿"而是"转干"。

表 3-22　明代汾河流域洪涝及干旱权重发展趋势

时段	年份	王朝纪元	时段长/a	洪涝权重小计	干旱权重小计	年平均洪涝权重	年平均干旱权重
前段	1368—1425	洪武元年—洪熙元年	58	8.5	18.0	0.15	0.31
中段	1425—1530	洪熙元年—嘉靖九年	105	38.5	499.0	0.37	4.75
后段	1530—1644	嘉靖九年—崇祯十七年	114	112.5	918.5	0.99	8.06

(二) 明代人口

根据文献[①]中的估算，汾涑水流域明代的人口为 267.79 万人。其中，汾河流域为 197.61 万人，即已恢复到北宋时期的规模。

1）水质估计。按人年均排放生活污水量 0.74m³ 计，年排污水总量约 145 万 m³，径污比为 1426：1。参考前述对北宋汾河水质的估计，认为仍在地面水环境质量标准的 I 级与 II 级之间。

2）农田面积。按人均 4—8 市亩估计，全流域农田面积为 790 万—1580 万市亩，约占平川耕地的 53%—106.5%，由于明代汾河流域总人口业已恢复到北宋时期的规模，基于同样的理由，可以认为天然植被已有较大的破坏。

十、清朝时期

清朝是中国历史上最后一个封建王朝，自 1644 年入关，顺治帝在北京登基，到 1911 年辛亥革命爆发，次年年初宣统帝退位，民国建立，清朝寿命长达 267 年，也是中国历史上统治时间较长的朝代之一。

满族汉化程度较深，在制度建设方面颇有新意，如"滋生人丁，永不加赋"、"摊丁入亩"，以及把征收税赋的田亩数字固定下来（即所谓的原额），新开垦的田亩不征税赋，以鼓励垦荒，等等，对促进农业生产起到了很好的效果。其正面效果是：人口统计数字比较真实，因为人民无需担心人头税的增加；人口递增率大增，总人口规模超过以往任何一个朝代；农田面积迅速增长，使粮食总产量也随之大增。但负面效果也不少，首先是因人口猛增，而汾河流域可垦土地资源有限，人均耕地面积因之而逐渐减少；盲目且无限制的垦荒，造成毁林毁草，破坏天然植被，使水土流失现象加剧。

---

① 任世芳：《黄河环境与水患》，北京：气象出版社，2011 年，第 55-57 页。

按照葛全胜先生等的研究，清代的大多数时间"总体湿润，但年际波动显著"（1644—1900）；而最后的 11 年（1900—1911）是"在波动中转干"（表 3-2）。下文仍将通过洪涝和干旱灾害的分析统计，验证汾河流域的干湿变化实际情况，研究发现汾河流域与上述叙述完全不同。

1）人口数量。据文献[①]中研究，汾河、涑水河流域在清乾隆年间的总人口为 691.92 万人，去除涑水河流域的 170.75 万人，则汾河流域人口为 521.17 万人。

2）水质情况。按人均生活污水年排放量 0.74m³ 计，年污水总量为 383 万 m³，径污比为 540：1。估计水质符合水环境质量标准Ⅰ级或Ⅱ级。

3）农田面积与环境问题。乾隆年间汾河流域人口猛增到 520 万多人，是过去历朝人口顶峰金代 324.82 万人的 1.6 倍，人多地少的矛盾被充分激化。对此，清朝统治者也早有预感。康熙帝在位末期即已感叹："户口虽增，而土田并无所增，分一人之产供数家之用，其谋生焉能给足。"[②] 雍正帝也对此担心："国家承平日久，生齿殷繁，地土所出仅可赡给，偶遇荒歉，民食维艰。将来户口日滋，何以为业？"[③]

原产自南美洲的玉米、甘薯和马铃薯三种高产作物，分别在明朝中叶和明清之间传入中国，这三种作物具有共同的特点，即高产、耐瘠、抗旱。因此，林则徐评论"包谷"（即玉米）时向道光帝奏言："深山老林，尽行开垦，栽种包谷。"[④] 而马铃薯适宜于在高纬寒冷地区生长，在山西逐渐成为通行的农作物，山区甚至以其为主食。[⑤]

邹逸麟先生指出，明清时期山区开发又进入了一个新阶段，人口多，土地开垦范围大，是这一时期山区开发中的突出特点，由此而引起的水土流失量也更大于前代。[⑥]

按 520 万人口、人均 4 市亩耕地来估计，当时全流域耕地已达 2080 万市亩。截至 2000 年，汾河流域耕地面积为 1296.44 千公顷，即 1944.66 万市亩，则清乾隆时期的耕地面积已经超过了 2000 年的耕地面积。这一结论的可能性在于：近几十年来，退耕还林、水土保持工作有了一定的成绩。在退耕还林之前，实有耕地肯定超过了 1944.66 万市亩，从而达到 2080 万市亩，甚至更多。

---

① 任世芳：《黄河环境与水患》，北京：气象出版社，2011 年，第 59-60 页。
② 《清圣祖实录》卷 284，康熙四十八年十月庚辰。
③ 《清世宗实录》卷 6，雍正元年四月乙亥。
④ 林则徐《林文忠公政书》乙集《湖广奏稿》卷 2《筹防襄汾堤工折》。
⑤ 唐启宇：《中国作物栽培史稿》，北京：农业出版社，1986 年，第 277-278 页。
⑥ 邹逸麟：《中国历史人文地理》，北京：科学出版社，2001 年，第 235-236 页。

就以 2080 万市亩考虑，全流域平川耕地仅 1490 万市亩，则坡耕地和毁林毁草面积 590 万市亩，增加的水土流失面积已达 3900—4000km²，占全流域土地面积的 10% 以上。由此可见，清代是该流域水土流失严重的时期。

4）洪涝灾害。清代汾河流域的洪涝灾害相当严重，汾河经常河溢、决堤，甚至改道，详见表 3-23。表中资料利用了《清代黄河流域洪涝档案史料》（表中简称《清宫档案》）中山西巡抚等官吏关于汾河流域洪涝灾害的奏折（始于 1736 年，即清乾隆元年，止于 1911 年，即宣统三年）。[①]

表 3-23　清代汾河流域洪涝灾害

序号	年份	王朝纪元	洪涝情况	资料来源	权重
1	1645	顺治二年	闰六月，介休大水由南门冲入城内，平地积水深 6 尺（约 1.92m——笔者注），半数房塌；交城水	《汾河志》；清康熙《介休县志》卷 1《天文门》、清光绪《交城县志》卷 1《天文门·祥异》	2.5
2	1647	顺治四年	七月十六日，交城大雨河溢，城中水深 3 尺（约合 0.96m——笔者注），北门圮；七月，襄陵大雨河溢	清光绪《交城县志》卷 1《天文门·祥异》等	2.5
3	1648	顺治五年	七月，汾水涨，太原县水淹田苗过半；静乐、祁县、文水、太平（汾城——笔者注）两岸树梢皆没	清光绪《文水县志》卷 1《天文门·祥异》等	6.0
4	1649	顺治六年	汾水涨溢至稷山城内，淹塌房屋数百间；太原、平阳、汾阳被水，免其田租	清光绪《山西通志》卷 82《荒政记》	4.5
5	1651	顺治八年	六月十三日，洪洞大雨，汾、洞两水暴涨，浪高 2 丈，庐舍漂没无存，十余日始平；六月，介休大水冲入南城门；河津汾河水溢，涌至南门外，高数尺，数日方平	清康熙《介休县志》卷 1《天文门·祥异》；清光绪《河津县志》卷 10《祥异》；《洪洞县志》1991 年 8 月版等	5.0
6	1652	顺治九年	六、七月，淫雨四十余日，汾河中、下游一带大雨、大水、大灾；绛州汾水泛涨，水深 3m 多，西北诸村多漂没；太谷、平遥、介休、洪洞、襄陵、稷山等县灾重；祁县、水溢、漂田产，荡林木；平遥大水泛溢	《汾河志》；清康熙《介休县志》卷 1《天文门·祥异》；《洪洞县志》1991 年 8 月版	8.0

① 水利水电部水管司，科技司，水利用电科学研究院：《清代黄河流域洪涝档案史料》，北京：中华书局，1993 年，第 133-929 页。

续表

序号	年份	王朝纪元	洪涝情况	资料来源	权重
7	1653	顺治十年	秋，太谷、平遥、汾阳等县受灾；平遥大水泛滥，沿河禾稼淹没殆尽	《汾河志》	3.0
8	1654	顺治十一年	七月，汾河大水，河道西移二十里，汾阳、介休灾重；平遥大水泛涨，沿河禾稼淹没殆尽	《汾河志》；清光绪《平遥县志》卷12《杂录志》等	4.0
9	1657	顺治十四年	六月，文水淫雨，文峪河、汾河二河水溢伤禾	清光绪《文水县志》卷1《天文门·祥异》等	2.0
10	1658	顺治十五年	七月，文水大水伤禾	清光绪《文水县志》卷1《天文门·祥异》等	1.0
11	1659	顺治十六年	大小河溢，太原坏城淹禾	清光绪《文水县志》卷1《天文门·祥异》等	1.5
12	1660	顺治十七年	清源县大水，冲圮城北门楼；太原县亦发大水（六月）	清雍正《山西通志》卷163《祥异》	2.5
13	1661	顺治十八年	七月十六日，大雨，磁窑河、瓦窑河交流，交城城中水深2尺，北门圮裂	《交城县志》1994年9月版	1.5
14	1662	康熙元年	八月中旬，太原等20多个州县大雨，弥月连绵，汾水泛滥稻田无数，城垣半倾，庐舍多坏，民有溺死者；太原、徐沟、文水、阳曲、临汾、稷山等县均受灾；徐沟县三河（潇河、金水河、象峪河）并发，水深丈余，四门壅塞；阳曲大雨，稻田无收	清光绪《山西通志》卷82《荒政记》；《汾河志》	7.5
15	1663	康熙二年	七月十六日，交城大雨，磁窑、瓦窑二河水涨，城内水深2尺，北门圮	清光绪《山西通志》卷82《荒政记》	1.5
16	1664	康熙三年	太原县洪涝灾害，饥；阳曲县大饥	《清史稿·灾异志》1977年版	2.0
17	1667	康熙六年	六月，文水大水伤稼	清光绪《文水县志》卷1《天文门·祥异》	1.0
18	1668	康熙七年	灵石大水	清嘉庆《灵石县志》卷12《疆域》	1.0
19	1672	康熙十一年	七月，霍州（汾）河决	清道光《直隶霍州志》卷16《祥异》	1.5
20	1683	康熙二十二年	秋，太原县大水，漂没禾黍殆尽	《汾河志》	1.0
21	1684	康熙二十三年	七月，汾河涨，交城县郑村、段村、辛北等村平地水深3尺，文水伤禾甚历	《汾河志》	3.0

续表

序号	年份	王朝纪元	洪涝情况	资料来源	权重
22	1687	康熙二十六年	孝义县大雨，河水入城；六月，曲沃大雨，冲毁北门、上西门、中西门吊桥	清光绪《续修曲沃县志》卷32《祥异附》	3.0
23	1689	康熙二十八年	汾州府境汾水涨，知府张奇抱审视地形高下，修筑堤堰，以障水灾	《汾河志》	1.0
24	1692	康熙三十一年	徐沟县大水，三河并发，冲入北门；清源、太原县亦发大水；三河（潇河、象峪河、金水）并发，进入（榆次）北关，淹到驿承堂宅及居民	清光绪《清源县志》卷16《祥异》；《汾河志》等	5.0
25	1693	康熙三十二年	秋，徐沟县水伤稼禾，清源、太原县发生水灾	《汾河志》；《太原市志》1999年8月版	4.5
26	1694	康熙三十三年	七月，阳曲大雨，汾水涨溢，太原大雨河溢	清光绪《山西通志》卷82《荒政记》	3.0
27	1695	康熙三十四年	岚县夏涝，麦、豆歉收；河津、荣河二县汾水冲	1975年《华北、东北近五百年旱涝史料》第五分册	3.0
28	1696	康熙三十五年	交城磁窑河、瓦窑河二河水涨决堤，城圮，知县俞卿修筑之，水复南流，久之堤坏无存	1975年《华北、东北近五百年旱涝史料》第五分册	2.0
29	1700	康熙三十九年	夏，静乐碾水冲堤七十余丈，飞波浸城	清同治《静乐县志》	1.0
30	1707	康熙四十六年	六月，交城磁窑、瓦窑二河水涨，直冲城内东南关，淹没田庐无数；知县洪景督典史曹文权相度地形，重筑新石堤，计长八十余丈，高二丈，中填灰石，并栽柳其上以固之	《汾河志》	1.5
31	1708	康熙四十七年	六月，清源县大水，南关城西门毁；太原县亦大水	《汾河志》	2.5
32	1711	康熙五十年	十月，平阳大水，漂没居民数百人	《清史稿·灾异志》	2.0
33	1712	康熙五十一年	六月，徐沟县河水发，道路冲断，城下水深数尺，万民受害	清光绪《补修徐沟县志》卷5《祥异》	2.0
34	1717	康熙五十六年	五月二十九日，翼城大雷雨，浍河夜涨，漂溺死者百余人	民国《翼城县志》卷14《祥异》等	2.0
35	1720	康熙五十九年	六月，阳曲前北屯、后北屯等禾苗被水漂没	《汾河志》	1.0
36	1722	康熙六十一年	孝义河水涨；文水大水伤禾	《汾河志》	2.0

续表

序号	年份	王朝纪元	洪涝情况	资料来源	权重
37	1725	雍正三年	七月，汾河水溢，太原县平地水深四五尺，东庄、野场等村禾黍漂没；房屋塌毁；稷山大水，淹没田禾房屋，有淹死人者	清道光《太原县志》卷15《祥异》；《稷山县志》1994年9月版	3.0
38	1727	雍正五年	平遥大水，河浸3里	清光绪《平遥县志》卷12《杂录志》	1.0
39	1729	雍正七年	六月，大雨，文水青高至尹家庄汾河水溢	清雍正《山西通志》卷163《祥异》	2.0
40	1734	雍正十二年	汾水东徙由平遥界，不入汾阳境	《汾河志》	2.0
41	1737	乾隆二年	夏，交城县大雨，平地水深尺余，禾尽漂没	清光绪《交城县志》卷1《天文门·祥异》	1.0
42	1745	乾隆十年	七月，曲沃浍河大涨，淹没田庐人畜无数	清光绪《续修曲沃县志》卷32《祥异附》	1.0
43	1747	乾隆十二年	七月，阴雨，汾河溢。淹介休中街、辛武等8村田禾80余顷，庐舍大半倒塌	《汾河志》	1.0
44	1748	乾隆十三年	五月，太原麦熟，汾河溢，一夕穗皆串	清道光《太原县志》卷15《祥异》	1.0
45	1754	乾隆十九年	文水汾河、文峪溢，淹没居民甚众；淹田510顷，孝义大水灾	清光绪《孝义县续志》卷下；《清宫档案》	2.5
46	1756	乾隆二十一年	汾阳、介休二县汾河溢，因水灾滨汾居民照例缓征	清乾隆《汾州府志》卷25《事考》	2.0
47	1757	乾隆二十二年	介休连降大雨，汾河水溢；淹中街、南北辛武等8村，房屋倒塌大半，8000亩禾苗被淹；汾阳，因水灾滨汾农民1万另700口，照例缓征	《汾河志》；清乾隆《汾州府志》卷25《事考》；《清宫档案》	2.0
48	1758	乾隆二十三年	七月，太原大雨，汾水涨溢，坏城40余丈；同年，汾河东徙，文水（文峪河）西徙；每逢雨潦涨溢为患；介休汾河溢，淹礼城、盐场等18村，田禾300余顷	《汾河志》	5.0
49	1759	乾隆二十四年	秋，象峪河水涨，由太谷南席村改流于榆次西范村、南庄村而入徐沟县东太常镇之南、经贾、史家庄至南门外，下流入清源界	《汾河志》	1.0

续表

序号	年份	王朝纪元	洪涝情况	资料来源	权重
50	1761	乾隆二十六年	六月，平遥汾水西堰决；七月，东堰决；汾河之滨村民常受水害；夏，太谷涝，南城垣圮；七月，介休大水	《汾河志》；清光绪《太谷县志》卷2《山川》等	4.0
51	1767	乾隆三十二年	七月，汾阳汾水大涨，官地村水深丈余，月余水退；孝义大水，汾河东移数里；平遥淫潦连日，汾水大涨，夜冲决，沿河浸没数十村，南官地平地水深丈余，人争逃命，月余水退；介休汾河改道，先出平遥官地村入县境，后改道由卢村入县境	《汾河志》；清咸丰《汾阳县志》卷10《事考》；清光绪《平遥县志》卷11《艺文志》	5.5
52	1768	乾隆三十三年	六月，介休汾河溢于大阿；七月，阳曲大雨，汾水涨溢；同月，太原大雨，汾水涨溢，凤峪暴水坏城40余丈；秋，清源大雨河溢	《汾河志》；清嘉庆《交城县志》卷1《天文门·祥异》	4.0
53	1775	乾隆四十年	六月二十日，太原县大雨，凤峪水漂没城西南数村田苗；汾河溢，淹介休下庄36村禾稼；河津汾水溢泛，近城水高数尺，一昼夜方落；绛州大水，平地深丈余	《汾河志》；清光绪《太平县志》卷14《杂记志·祥异》；《太原市志》1999年8月版	3.0
54	1776	乾隆四十一年	夏五月，介休汾河溢，济北、张家庄等14村禾稼没	清光绪《代州志》卷12《大事记》	1.0
55	1777	乾隆四十二年	汾阳大雨，文峪河溢；孝义涝，县西有年	清咸丰《汾阳县志》卷10《事考》	2.0
56	1779	乾隆四十四年	文峪河堤决口，河水由汾阳城穿街而过	清咸丰《汾阳县志》卷10《事考》	1.5
57	1782	乾隆四十七年	文水大雨河溢	清光绪《文水县志》卷1《天文志·祥异》	1.0
58	1783	乾隆四十八年	九月十三日，万荣县河水涨溢，抵东西两崖三昼夜后入荣河旧城，漂没民房，县署几为泽国	《万荣县志》1995年12月版	1.5
59	1793	乾隆五十八年	夏，汾阳大雨十余日，文峪河溢；交城西冶河水泛滥，毁东社镇西北石堰，田庐冲塌无数	《汾河志》	2.0
60	1794	乾隆五十九年	太原县大水；六月，阳曲县后北屯等六村被水，飘没禾苗	清道光《阳曲县志》卷16《志馀》	2.0
61	1795	乾隆六十年	文水大雨，汾水溢，决堤伤稼；霍州汾河决，冲没退沙等村田苗	清道光《文水县志》卷1《天文志·祥异》等	2.0

续表

序号	年份	王朝纪元	洪涝情况	资料来源	权重
62	1802	嘉庆七年	七月，汾阳阴雨连旬，文峪河水溢，马寨等村受灾	《汾河志》	1.0
63	1806	嘉庆十一年	六、七月，介休大水，淹南张家庄等18村禾稼	《汾河志》	1.0
64	1807	嘉庆十二年	夏，交城大雨；汾阳大雨河溢；六月，介休大雨，汾河溢	清光绪《交城县志》卷1等	2.0
65	1814	嘉庆十九年	六月，河津大水，漂没房舍无数	清光绪《河津县志》卷10《祥异》等	1.0
66	1815	嘉庆二十年	太原县大水；七月，阳曲新城村大水漂没居民铺户房屋	清道光《阳曲县志》卷16《志馀》等	2.0
67	1829	道光九年	六月八日，汾阳大雷雨，北山水猝入郡城，西门平地水深数尺，南郊民居淹没无数	民国《朔州志》等	2.0
68	1830	道光十年	六月，大雨，山水复入汾阳郡城	清咸丰《汾阳县志》卷10《事考》等	2.0
69	1831	道光十一年	五月二十五日，太平大风雷雨，平地水深数尺，房屋倒塌；六月二十三日夜，浍水大涨，河滨淹死人无数	清光绪《太平县志》卷14等《杂记志·祥异》	4.0
70	1832	道光十二年	秋，襄陵大水，南关厢里村灾害较重	清光绪《襄陵县志》卷22《祥异》	1.0
71	1833	道光十三年	六月二十三日夜，翼城浍水大涨，东至后土庙，西至东门内，半城沿河一带淹死人无数，自是南河下人多迁徙	民国《翼城县志》卷14《祥异》	2.0
72	1834	道光十四年	五月，清源县大雨冰雹三日，大水漂禾殆尽；太原县先旱后水灾，五月大水	《太原市志》1999年8月版	2.0
73	1835	道光十五年	五月，汾水从文水县南安村溢，西转与文峪河合，横入百金堡至雷家堡，为跑马堤所阻，东西30余里成泽国；久之堤决，水从宜柴堡泄，跨汾阳县潴城南北40余里亦成泽国，淹没汾阳东南50余村；同年六月，太原县大雨，汾河发洪，溢，没古寨村，淹塌71村1932间民房；饥荒，斗米1500文	《清宫档案》；《太原市志》1999年8月版；清光绪《文水县志》卷10（笔者注：《清宫档案》载山西巡抚鄂顺安奏折，淹塌房屋较《汾河志》之数字多500余间，并有分村数）	3.0
74	1839	道光十九年	夏六月，汾阳大雨，葫芦岭山水猝发，自向阳峡而东，宜柴堡等村被灾	清咸丰《汾阳县志》卷10等《事考》	1.0
75	1840	道光二十年	河水漫孝义社稷坛	清咸丰《汾阳县志》卷10等《事考》	1.0

续表

序号	年份	王朝纪元	洪涝情况	资料来源	权重
76	1841	道光二十一年	文水文峪河河溢决堤，伤稼；六月初九，寿阳东门多雨，河同时暴涨，漂没田庐无数；襄陵河溢决堤伤稼；辛丑岁，稷山大雨连日，康泉潦水横流无渡，水满石砌而堤遂圮；河津夜大雨，洪水横流，深者数丈；六月初七、初九，汾河陡发，阳曲旱西关等14村地亩被淹，民房倒塌；徐沟县清源乡等6村、太原县嘉节等82村，分别于六月初十、十一，汾河漫溢	《清宫档案》；《山西水旱灾害》1989年8月版	7.0
77	1843	道光二十三年	七月，汾河西徙，从文水县麻家寨徙而东，与文峪河合流，四野漫流，淹没民田不下数千顷，文水知县刘祖焕铺筑长堤以遏之；另淹汾阳东南乡26村；徐沟北程等15村七月被水；阳曲西下关等10村七月被水；太原王郭等39村，于七月十二日汾河涨溢，被淹田禾；文水云周等17村被水	《山西水旱灾害》1989年8月版；《清宫档案》（笔者注：在《清宫档案》中，关于山西巡抚梁萼涵的奏折中，未提到汾河西徙事，原因不明）	5.0
78	1844	道光二十四年	汾水由清源县城东门入城东街，房屋倒塌甚多；太原县大水	《汾河志》	4.0
79	1847	道光二十七年	六月五日，徐沟大雨，六月又大雨，嶅峪、洞涡二河大发，从庄子营等村泛涨，新庄、徐沟东关、小北关水深数尺，淹塌房屋无数	1975年《华北、东北近五百年旱涝史料》第五分册	1.5
80	1849	道光二十九年	清源汾河溢，民居多淹；六月十一日徐沟大雨，嶅峪、洞涡河大发，水深数尺，淹屋无数，六月榆次洞涡河溢，西南乡民屋多圮	清光绪《清源县志》卷16，《汾河志》；《清宫档案》	3.0
81	1851	道光三十一年	夏，太平大水	《清史稿·灾异志》	1.0
82	1853	咸丰三年	五月，徐沟县大雨终日，汾河水大涨，水深5—7尺，淹没房屋；太谷水、县北关外被灾17村，赈有差；六月，襄陵大雨河涨，八月，汾水暴涨数尺	《汾河志》；清光绪《补修徐沟县志》卷5《祥异》等	2.0
83	1854	咸丰四年	八月九日，文峪河决，由汾阳东雷家堡淹没义安村、潴城村、申家堡及北庄村	《汾河志》；清光绪《汾阳县志》卷10《事考》	1.5

续表

序号	年份	王朝纪元	洪涝情况	资料来源	权重
84	1860	咸丰十年	六月，绛州大雨，汾水骤发至北城，平地水深五六尺，桥梁俱坏，稷山水溢过屋，数月不尽；临汾受灾；临汾大雨，民房塌毁无数；太平大雨，平地水深数尺，邑内桥梁十坏八九，受害者60余村	《汾河志》；《襄汾县志》1991年1月版	4.0
85	1862	同治元年	秋，汾水大发，平遥东北乡淹坏房屋倒塌，长寿村尤甚	《汾河志》	1.0
86	1865	同治四年	平遥县东北乡大水，长寿村尤甚，坏民屋二千有余	《汾河志》；清光绪《平遥县志》卷10《古迹志》	2.5
87	1866	同治五年	七月十四日至十八日，昼夜大雨，惠济河决堤，平遥北门外大水	清光绪《平遥县志》卷10《古迹志》	1.0
88	1871	同治十年	八月，淫雨月余；文水决堤伤稼，死人甚多；孝义，柳堰决，漫城关尤甚；汾阳，文峪河决，东南河头堰决；平遥、灵石大水	清光绪《文水县志》卷1《天文志·祥异》；《山西通志·大事记》1999年10月版；《汾河志》	10.0
89	1872	同治十一年	四月二十三日夜，马房峪涧水暴涨，平地顷刻积水丈许，淹没晋祠镇田园民庐无数，淹死50余人；闰六月，清源县大水冲淹庄稼；汾河东移数里	清光绪《清源县志》卷16《祥异》；《汾河志》	2.5
90	1873	同治十二年	六月，文峪河决于汾阳唐兴庄堰，淹没大相村等11村；闰六月，文水大水，伤稼	《清史稿·灾异志》；《山西通志·大事记》1999年10月版	7.5
91	1878	光绪四年	九月，连日阴雨，平遥汾河河道淤塞，两岸20余村，尽成泽国，房屋、田禾淹没殆半；同月，淹介休中街等12村秋禾；七月，绛州汾河涨溢，冲没桥梁无数	《汾河志》	3.0
92	1879	光绪五年	五月，徐沟汾河广惠渠决，汾水由渠经和穆里入，向西南流，汾阳裴家会等15村受灾；其支流由文水县与文峪河合，入汾阳境，决百金堡堰，百余堡等十余村受灾；七月，汾阳东雷家堡堤决，淹没西雷家堡等十余村，入孝义境；八月，介休汾河溢出岸，淹没北张家庄等14村；文水汾河西溢，决堤伤稼；同月，平遥惠济河堤决，城北门外水深数尺，房屋淹没殆尽；九月，清源大水，禾尽淹	民国《徐沟县志》；《汾河志》等	6.5

序号	年份	王朝纪元	洪涝情况	资料来源	权重
93	1880	光绪六年	八月，文水阴雨连旬，文峪河溢；徐沟广惠渠决	《汾河志》	2.0
94	1881	光绪七年	太原水灾，府城西城墙倾圮，文庙及满洲城被淹	《山西自然灾害史年表》	1.5
95	1883	光绪九年	八月，榆次大雨，涂河涨发，滨河19村冲塌民房千余间，淹没田禾百余顷	民国《榆次县志》卷14《旧闻考·祥异》	1.0
96	1886	光绪十二年	六月九日，连雨，汾河骤涨，决太原城西北角金刚堰大坝及护城两堤，直扑旱西门、水西门二门；同时，冲开大溜漫壕而南，复由大南门倒灌而入城内，淹没太原西半个城区，西南一带官民庐舍浸塌数千家，共淹万余间；六月二十四日至二十五日，昼夜倾盆大雨，各处山水暴发汇注，汾河宣泄不及，溢而出槽，改道横流，冲决堤圩，除省城外，成灾者尚有阳曲、太原、榆次、太谷、祁县、徐沟、文水、汾阳、孝义、平遥、介休、灵石等12县，死人50余口，倒塌民房2万余间	《汾河志》；《山西通志·气象志》1999年12月版；清光绪《太谷县志》卷2《山川》；《清宫档案》山西巡抚刚毅奏折	11.0
97	1889	光绪十五年	翼城大雨，浍河暴涨，冲坏东门外河堤30余处	《翼城县志》1997年1月版	1.0
98	1892	光绪十八年	闰六月四至六日，汾河上游发生长时间降雨过程，导致大洪水；据后来进行的古洪水调查，上游下静游段六月五日15时至六日17时，出现历时长达26小时的大洪水过程，最大洪峰流量4500m³/s，太原段洪水也在4500m³/s左右，相当于200一遇的特大型洪水，为汾河上中游调查到的最大洪峰流量；静乐汾水大涨，淹没两岸农田无数；太原至清徐河段洪泛区达23.6万亩，淹死人不计其数；阳曲、太原、榆次、祁县、徐沟、文水、曲沃、汾阳、平遥、介休、静乐、赵城等12县488个村庄受灾，洌石寒泉以南洪水漫溢，冲走上兰村五六十户人家，淹汾河西岸大王等34村，东岸兰村决堤，洪水漫到迎泽桥	《清宫档案》山西布政使胡聘之、山西巡抚张煦奏折；《汾河志》；《山西通志·地理志》1996年11月版；《曲沃县志》1991年10月版；《祁县志》1999年10月版	12.0

续表

序号	年份	王朝纪元	洪涝情况	资料来源	权重
99	1893	光绪十九年	六月初八，新绛大雨，汾水暴涨，田禾尽伤，北董庄房屋有被冲坏者；宁武谢岗因大面积毁林，山洪暴发，冲地500亩	《运城历史灾情》1983年6月；《宁武县志》2001年12月版	2.0
100	1894	光绪二十年	新绛汾水暴涨，灌入城内	民国《新绛县志》卷10《旧闻考》	1.5
101	1895	光绪二十一年	六月十九日，汾河发生近百年来最大洪水；据调查汾河自平遥、灵石以下历时3天降雨，六月十八日出现洪水；襄陵柴庄段最大洪峰流量3870m³/s；洪水历时7天，总量约6.3亿 m³；河津段最大洪峰约3970m³/s（推算值）；襄汾汾水泛滥，汾东邓庄一带淹没田禾、庐舍甚多；阳曲、太原、榆次、祁县、徐沟、文水、临汾、襄陵、洪洞、浮山、曲沃、万泉、绛州、稷山、河津、荣河16州县464村受灾	《汾河志》；《清宫档案》山西布政使员凤林奏折；民国《新绛县志》卷10《旧闻考》；《山西通志·水利志》1999年12月版；《山西自然灾害》1989年8月版；《襄汾县志》1991年1月版	17.0
102	1896	光绪二十二年	新绛县河水大涨；阳曲县三禾店等村七月初三大雨如注，山水河流同时暴涨，以致秋禾被淹，并冲塌民房多间；太原县南屯、梁家寨、小站营等村因（汾）河水涨溢，淹禾，冲塌民居	民国《新绛县志》卷10《旧闻考》；《清宫档案》山西巡抚胡聘之奏折	3.5
103	1900	光绪二十六年	六月二十四日，汾河淹没太原南瓦窑、北瓦窑、小站、小站营等15村	《汾河志》	1.0
104	1901	光绪二十七年	汾河溢，阳曲县满洲圈占王府营等6村成灾；夏，介休水淹三佳等村；临汾大水	《汾河志》；《清宫档案》山西巡抚岑春煊奏折	2.0
105	1902	光绪二十八年	交城西治河泛滥，冲毁土地300亩	《交城县志》1994年9月版	1.0
106	1905	光绪三十一年	汾河溢	《汾河志》	2.0
107	1906	光绪三十二年	汾河溢；阳曲、太原、榆次、3县65村成灾	《汾河志》；《清宫档案》山西巡抚恩寿奏折	2.0
108	1911	宣统三年	六月，汾河溢于太原，径古寨、后北屯等村；九月，介休汾溢，淹没小圪塔等村；交城汾河决口	《汾河志》	6.0

　　5）干旱灾害。在清朝统治的267年中，干旱灾害和洪涝灾害一样，在汾河流域频繁发生，其中，所谓的"康乾盛世"也不例外。在康熙末年，即康熙五十九年至康熙六十一年（1720—1722），全省连续3年大旱；乾隆十三年（1748）阳曲等15州县大旱；最严重的发生在光绪二年至光

绪四年（1876—1878），全省连续大旱特旱。还有光绪二十六年至光绪二十七年（1900—1901）的大旱。详见表 3-24，该表中引用了葛剑雄、曹树基两位先生在文献①中对"光绪三年"大旱的调查研究成果。本书对他们的估算进行了个别修正和补充，得出的成果是：汾河流域在光绪初年有人口 796.41 万人，光绪年间大灾后剩余人口是 336.85 万人，减少了 459.56 万人，减少了 57.7%。

表 3-24　清代汾河流域干旱灾害

序号	年份	王朝纪元	干旱情况	资料来源	权重
1	1655	顺治十二年	文水四月大旱，岁饥	清雍正《山西通志》卷163《祥异》	1.0
2	1664	康熙三年	七月，静乐旱	清雍正《朔平府志》卷11《祥异》	0.5
3	1665	康熙四年	文水七月大旱，禾干枯，岁饥；寿阳旱，大饥，自正月不雨至秋七月，免本年税粮	清雍正《山西通志》卷163《祥异》	3.0
4	1668	康熙七年	汾西大旱，大荒	清雍正《山西通志》卷163《祥异》	2.0
5	1669	康熙八年	文水大旱，岁饥	清雍正《山西通志》卷163《祥异》	1.5
6	1670	康熙九年	正至六月，文水不雨	清光绪《文水县志》卷1《天文志·祥异》	0.5
7	1671	康熙十年	夏，文水旱，七月方雨	清雍正《山西通志》卷163《祥异》	0.5
8	1672	康熙十一年	夏，文水旱，七月方雨	清光绪《文水县志》卷1《天文志·祥异》	0.5
9	1691	康熙三十年	介休、临汾、曲沃、霍州、平阳、河津、稷山、平遥旱荒，民大饥，死亡殆半	《汾河志》；清光绪《山西通志》卷82《荒政记》	16.0
10	1692	康熙三十一年	平阳、河津、稷山旱、蝗，民饥，免田租；介休旱，浮山大旱，太平春旱，曲沃大旱；洪洞旱、蝗，民饥，襄汾旱，大饥	清雍正《山西通志》卷163《祥异》	8.5
11	1695	康熙三十四年	静乐、岚县、介休旱	清雍正《山西通志》卷163《祥异》	1.5

---

① 葛剑雄主编，曹树基撰写：《中国人口史》（第五卷），上海：复旦大学出版社，2001年，第647-678页。

续表

序号	年份	王朝纪元	干旱情况	资料来源	权重
12	1696	康熙三十五年	汾阳、介休旱，静乐大旱，岚县岁饥，民食草根树皮，野多饿殍	清雍正《山西通志》卷163《祥异》	3.0
13	1697	康熙三十六年	交城、文水、汾阳、孝义、介休春夏大旱，民饥，人相食，城外掘坑日填饿殍；静乐大旱	清雍正《山西通志》卷163《祥异》	16.0
14	1698	康熙三十七年	交城、临汾、浮山、襄陵旱；洪洞大旱；民饥；翼城大旱，民饥死甚多	清雍正《山西通志》卷163《祥异》；清光绪《交城县志》卷26《祥异》	6.0
15	1700	康熙三十九年	介休旱	清嘉庆《介休县志》卷1《疆域·防汛》	0.5
16	1704	康熙四十三年	荣河、徐沟、平遥、曲沃、太原旱	清雍正《山西通志》卷163《祥异》；《太原市志》1999年8月版	2.5
17	1705	康熙四十四年	交城旱，歉收，百姓逃亡	清光绪《交城县志》卷1《天文门》	1.0
18	1715	康熙五十四年	春，翼城大旱，无麦	民国《翼城县志》卷26《祥异》	1.0
19	1720	康熙五十九年	全省大旱，太原、汾州、平阳、霍州、蒲州、绛州均旱无禾，临汾无麦无禾；免钱粮有差	清雍正《山西通志》卷163《祥异》	60.0
20	1721	康熙六十年	汾州、平阳、绛州、蒲州、霍州等府、州旱，无麦；榆次岁旱，饥；霍州、平阳府旱，无禾；免钱粮有差，民饥乏食，树皮草根剥掘殆尽；阳曲旱，各地民多逃亡	清光绪《山西通志》卷82《荒政记》	60.0
21	1722	康熙六十一年	全流域及全省持续大旱，中部尤甚；平遥、介休夏秋旱，疫死人民无数，逃亡过半；曲沃、洪洞、浮山、翼城、临汾大旱，斗米银八钱，民剥树皮为食	《汾河志》	60.0
22	1723	雍正元年	徐沟、祁县、寿阳、榆次、平遥、汾阳、孝义、太平旱；介休大旱，疫死人无数	清光绪《山西通志》卷82《荒政记》；民国《榆次县志》卷8	6.0

序号	年份	王朝纪元	干旱情况	资料来源	权重
23	1724	雍正二年	襄陵旱	清光绪《襄陵县志》卷23《赈禀》	0.5
24	1726	雍正四年	寿阳旱	清光绪《寿阳县志》卷13《杂志》	0.5
25	1727	雍正五年	春，夏，榆次旱	清同治《榆次县志》卷16《祥异》	1.0
26	1732	雍正十年	灵石旱	清嘉庆《灵石县志》卷12《疆域》	0.5
27	1737	乾隆二年	祁县旱，六月十三日始雨	清乾隆《汾州府志》卷25《事考》	0.5
28	1739	乾隆四年	榆次旱	清同治《榆次县志》卷16《祥异》	0.5
29	1742	乾隆七年	襄陵、太平旱	清光绪《山西通志》卷82《荒政记》	1.0
30	1743	乾隆八年	古县旱，大饥；襄陵饥；秋，稷山旱，免田租1/10	《古县志》1999年12月版	2.0
31	1745	乾隆十年	清源秋旱，东湖涸；秋，阳曲、太原、榆次、襄陵旱	《汾河志》	3.0
32	1746	乾隆十一年	夏，平遥旱	清光绪《平遥县志》卷12《杂录志》	0.5
33	1747	乾隆十二年	榆次旱、古县大旱	1975年《华北、东北近五百年旱涝史料》第五分册	1.5
34	1748	乾隆十三年	阳曲等15州县旱灾	《清史稿·本记》	7.5
35	1752	乾隆十七年	万泉、荣河旱，无禾	《清史稿·本记》	2.0
36	1754	乾隆十九年	春，夏，孝义大旱，秋季大涝，民生极苦；襄汾旱，饥	《汾河志》；《孝义县志》1992年6月版；《襄汾县志》1991年1月版	2.0
37	1755	乾隆二十年	孝义大旱	《汾河志》	1.0
38	1759	乾隆二十四年	二月至六月，平遥、介休旱，无雨无禾；平遥斗米八钱有零，介休斗米一两三钱，多饥饿肿足而死；交城、孝义三月不雨，大旱民饥，民食榆皮草根，饿死相继；寿阳、翼城、稷山、河津皆旱	《汾河志》	10.0
39	1762	乾隆二十七年	秋，荣河大旱	民国《荣河县志》卷14《祥异》	1.0

续表

序号	年份	王朝纪元	干旱情况	资料来源	权重
40	1764	乾隆二十九年	襄陵旱	清光绪《襄陵县志》卷22《祥异》	0.5
41	1765	乾隆三十年	夏,荣河大旱,无秋	民国《荣河县志》卷14《祥异》	1.0
42	1778	乾隆四十三年	清源县春、夏、秋大旱	《汾河志》	1.0
43	1781	乾隆四十六年	汾阳大旱	《汾河志》	1.0
44	1792	乾隆五十七年	孝义大旱;侯马、曲沃大旱,饥	《曲沃县志》1999年版	3.0
45	1793	乾隆五十八年	孝义、河津、稷山旱,道殣相望,树皮剥尽	清光绪《孝义县续志》卷下等	3.0
46	1795	乾隆六十年	荣河旱	民国《荣河县志》卷14《祥异》	0.5
47	1796	嘉庆元年	春,荣河旱	民国《荣河县志》卷14《祥异》	0.5
48	1799	嘉庆四年	秋,荣河旱	民国《荣河县志》卷14《祥异》	0.5
49	1800	嘉庆五年	春,荣河旱	民国《荣河县志》卷14《祥异》	0.5
50	1801	嘉庆六年	夏,荣河旱	民国《荣河县志》卷14《祥异》	0.5
51	1802	嘉庆七年	临汾旱	民国《临汾县志》卷6《艺文志》	0.5
52	1804	嘉庆九年	汾阳、太平、河津、翼城、襄陵大旱;榆次、浮山、介休、稷山旱;汾西旱,大饥,斗米千钱;稷山野无青草,斗谷千钱;襄陵、太平寸草不生,米麦银二两	《汾河志》;《汾西县志》1997年10月版;《襄汾县志》1991年1月版;咸丰《汾阳县志》卷10《事考》	20.0
53	1805	嘉庆十年	阳曲春夏无雨,岁大饥	《汾河志》	2.0
54	1807	嘉庆十二年	交城、文水春旱;太原旱,斗米1200百文;襄陵、太平、孝义大旱;稷山旱,野无青草,斗谷千钱,开仓赈之,免钱粮	《汾河志》;清光绪《太原县志》	6.0
55	1808	嘉庆十三年	汾阳、孝义大旱	清咸丰《汾阳县志》卷10《事考》;《汾河志》	2.0
56	1810	嘉庆十五年	五月,临汾旱;秋,荣河旱	民国《临汾县志》等	1.0

续表

序号	年份	王朝纪元	干旱情况	资料来源	权重
57	1811	嘉庆十六年	交城春旱，岁大饥，襄陵旱	《汾河志》等	2.5
58	1813	嘉庆十八年	春，荣河旱	民国《荣河县志》卷14《祥异》	0.5
59	1814	嘉庆十九年	秋，襄陵，太平旱	《襄汾县志》1991年1月版	1.0
60	1815	嘉庆二十年	太原市南郊大旱	《太原市南郊区志》1994年11月版	1.0
61	1816	嘉庆二十一年	秋，襄陵大旱	清光绪《襄陵县志》卷22	1.0
62	1817	嘉庆二十二年	太原旱，自六月至秋，榆次不雨；秋，太平大旱	《汾河志》；清同治《榆次县志》卷16《祥异》等	2.0
63	1819	嘉庆二十四年	汾西饥；秋，荣河旱	清光绪《汾西县志》卷7《祥异》等	1.5
64	1823	道光三年	汾西大旱歉收	《汾西县志》1997年10月版	1.0
65	1824	道光四年	春，荣河旱	民国《荣河县志》卷14《祥异》	0.5
66	1825	道光五年	汾西大旱歉收	《汾西县志》1997年10月版	1.0
67	1826	道光六年	荣河、文水春旱	《汾河志》；清光绪《文水县志》卷1《天文志·祥异》	1.0
68	1827	道光七年	临汾旱	民国《临汾县志》卷6《艺文志》	0.5
69	1829	道光九年	荣河春旱	民国《荣河县志》卷14《祥异》	0.5
70	1831	道光十一年	寿阳是岁荒旱，秋成歉薄，不敌去岁之半	清光绪《寿阳县志》卷13《杂志》	1.0
71	1833	道光十三年	榆次、寿阳、古县旱，岁饥	清光绪《寿阳县志》卷13《杂志》；《古县志》1999年12月版	3.0
72	1834	道光十四年	榆次旱，斗米一千三百；寿阳旱	清光绪《寿阳县志》卷13《杂志》等	1.0
73	1835	道光十五年	汾西县大旱歉收；寿阳旱，斗米1200文；襄陵春旱；翼城旱无麦；夏，曲沃大旱，斗米银一两；春，荣河旱，麦成灾	《汾西县志》1999年10月版等	4.5
74	1837	道光十七年	汾西县大旱歉收，贷贫民仓谷	《汾西县志》1999年10月版	1.0

续表

序号	年份	王朝纪元	干旱情况	资料来源	权重
75	1846	道光二十六年	襄陵、太平、介休大旱，冬麦未能播种	《襄汾县志》1991年1月版	3.0
76	1847	道光二十七年	临汾、襄陵旱、饥，每石银八九两，人食榆皮、蒲根	《襄汾县志》1991年1月版	2.0
77	1848	道光二十八年	春，文水旱	清光绪《文水县志》卷1《天文志·祥异》	0.5
78	1852	咸丰二年	秋，荣河旱	民国《荣河县志》卷14《祥异》	0.5
79	1853	咸丰三年	襄陵、翼城、新绛旱	清光绪《襄陵县志》卷22等	1.5
80	1855	咸丰五年	荣河旱	民国《荣河县志》卷14《祥异》	0.5
81	1856	咸丰六年	平遥、翼城、荣河、绛州旱，无麦，食麦苗，汾水几竭	清光绪《平遥县志》卷12等《杂录志·祥异》	1.5
82	1858	咸丰八年	文水、榆次旱，太原大旱	清光绪《文水县志》卷1《天文志·祥异》等	2.0
83	1859	咸丰九年	文水、榆次旱，太原大旱	清光绪《文水县志》卷1《天文志·祥异》等	2.0
84	1860	咸丰十年	交城、榆次、平遥、临汾大旱，人畜饿死甚众；汾阳旱	清光绪《交城县志》卷1《天文门》等	8.5
85	1861	咸丰十一年	汾阳，八月大旱；春，平遥旱；夏，寿阳旱，斗米1200文	清光绪《汾阳县志》卷10《祥异》等	2.0
86	1862	同治元年	临汾旱，四月，翼城大旱无麦	民国《临汾县志》卷6《艺文志》等	1.5
87	1863	同治二年	春，祁县、襄陵旱	清光绪《祁县志》卷16《祥异》等	1.0
88	1865	同治四年	文水四月旱	《汾河志》	0.5
89	1866	同治五年	襄陵旱	清光绪《襄陵县志》卷22《祥异》	0.5
90	1867	同治六年	文水大旱，民饥	《汾河志》	1.0
91	1868	同治七年	文水秋旱	《汾河志》	0.5
92	1869	同治八年	上年八月至本年五月，文水无雨，大旱；一至五月，汾西旱，冬大旱；襄陵、荣河旱；霍州前半年天旱不雨	清光绪《文水县志》卷1《天文志·祥异》；《襄汾县志》1991年1月版等	3.5
93	1870	同治九年	夏五月，汾西始雨；春，荣河旱	清光绪《汾西县志》卷7《祥异》等	1.0

序号	年份	王朝纪元	干旱情况	资料来源	权重
94	1872	同治十一年	夏，文水禾尽槁	清光绪《文水县志》卷1《天文志·祥异》	0.5
95	1874	同治十三年	文水春旱，田薄收	清光绪《文水县志》卷1《天文志·祥异》	0.5
96	1875	同治十四年	榆次旱，蝗；夏，汾西旱，秋薄收；临汾、襄陵、太平旱	《襄汾县志》1991年1月版等	2.5
97	1876	光绪二年	全省性大旱；汾河流域各地年降水量为：太原249mm、晋中156mm、吕梁176mm、临汾145mm、运城242mm。各有关县志记载：太原、清源旱，大饥；交城、文水、汾阳旱，文水夏无麦，秋薄收	《汾河志》；清光绪《山西通志》卷82《荒政记》	60.0
98	1877	光绪三年	全省连续大旱特旱。各地年降水量为：太原193mm，晋中123mm，吕梁129mm，临汾67mm，运城107mm；连续无雨日短则50—60天，长则3个月以上；洪洞县连续349天无雨，全年降水量仅5.2mm，为有资料记载的最小值；汾西县年降水量不足50mm。该流域颗粒不收者为临汾、河津、霍州、灵石、赵城、徐沟等6县，其余24县被旱，多则减产八九成，少则减产五至七成。灵石、文水、汾阳、孝义、交城、榆次、太谷人相食	《汾河志》；清光绪《山西通志》卷82《荒政记》	90.0
99	1878	光绪四年	继光绪二三年后连续第三个大旱年，并大疫，死者枕籍，饥民有剥尸而食者；直至次年五月降大雨解除旱情；据葛剑雄、曹树基研究估算，山西人口在3年大灾中减少818.3万人，为1876年（光绪二年）人口1716.9万人的47.66%，即减少了近半	《汾河志》；清光绪《山西通志》卷82《荒政记》；《中国人口史》第5卷《清时期》	60.0
100	1880	光绪六年	襄陵旱	清光绪《山西通志》卷82《荒政记》	0.5
101	1884	光绪十年	夏，榆次大旱	民国《榆次县志》卷14《旧闻考·祥异》	1.0
102	1885	光绪十一年	秋，荣河旱，麦种无多	民国《荣河县志》卷14《祥异》	0.5

续表

序号	年份	王朝纪元	干旱情况	资料来源	权重
103	1890	光绪十六年	翼城大旱，秋无禾，岁饥	《翼城县志》1997 年 1 月	1.0
104	1891	光绪十七年	全省大旱，次年再旱	《山西通志·大事记》1999 年 10 月版	15.0
105	1892	光绪十八年	全省大旱。襄陵、太平、稷山荒旱岁歉，乡民食草根、树皮	《山西通志·大事记》1999 年 10 月版	15.0
106	1893	光绪十九年	太平、临汾、新绛旱	《清史稿·灾异志》	1.5
107	1894	光绪二十年	自七月至十月，太平不雨，大旱	《清史稿·灾异志》	1.0
108	1895	光绪二十一年	六月，太平旱	《清史稿·灾异志》	0.3
109	1899	光绪二十五年	春夏，临汾无雨，禾未收；汾阳旱，夏秋歉收，有饿死者	《汾阳县志》1998 年 12 月版	3.0
110	1900	光绪二十六年	全流域大旱，春夏连旱；降水量及河道径流量为 20 世纪近百年来最小值，文水、汾州岁大旱，文水大饥，汾州夏秋歉收	《汾河志》	26.0
111	1901	光绪二十七年	临汾以南继续大旱；绛州大旱，人口由 6 万多人减至 3 万人；浮山大旱，亩收二三升，斗粟 1500 文，有饿死者；汾州春饥；襄汾、太原市南郊大旱	《汾河志》；《汾西县志》1997 年 10 月版；《浮山县志》2001 年 7 月版；《襄汾县志》1991 年 1 月版等	26.0
112	1902	光绪二十八年	太谷春旱，六月方雨，秋歉收；浮山、新绛、太原旱	《山西通志·大事记》1999 年 1 月版	2.0
113	1905	光绪三十一年	汾西旱，缓被灾田亩钱粮	《汾西县志》1997 年 10 月版	0.5
114	1906	光绪三十二年	自春至夏，晋省亢旱异常，太原地区久旱不雨	《山西通志·气象志》1999 年 7 月版	16.0
115	1907	光绪三十三年	汾西旱灾，缓被灾田亩钱粮；冬，襄陵、太平旱	《汾西县志》1997 年 10 月版等	1.5
116	1910	宣统二年	汾西旱灾，缓被灾田亩钱粮及原有钱粮有差	《汾西县志》1997 年 10 月版等	0.5

光绪年间特大旱灾汾河流域人口损失情况，如表 3-25 所示。

表 3-25　光绪年间特大旱灾汾河流域人口损失情况

府、州、县	灾前/万人	灾后/万人	减少数/万人	减少百分比/%	备注
绛州:	43.01	14.64	28.37	38.90	
稷山	22.44	7.44	15.00	66.80	
新绛	20.57	7.20	13.37	65.00	
蒲州:	40.40	10.83	29.57	73.20	括号表示缺统
荣河	20.40	5.83	14.57	71.40	计数字，为笔
万泉	(20)	(5)	15.00	75.00	者估计
平阳府:	136.80	49.50	87.30	63.80	
洪洞	18.97	12.27	6.70	35.50	
翼城	14.00	4.52	9.48	67.70	
襄陵	15.53	9.73	5.80	37.40	缺浮山县
临汾	21.50	7.50	14.0	65.10	
汾西	10.00	3.00	7.00	70.00	
曲沃	36.80	3.58	33.22	90.30	
太平	20.00	8.90	11.10	55.00	
太原府	254.40	119.40	135.00	53.10	含流域外之岢岚、兴县 2 县
霍州	42.70	14.50	28.20	66.00	
汾州府	217.30	86.90	130.40	60.00	
平定州	33.50	26.38	7.12	21.30	
宁武府	28.30	14.70	13.60	48.10	
总计	796.41	336.85	459.56	57.70	

对表 3-25 的补充说明：

1）万泉缺统计数字，其与荣河同位于峨眉台地，位置相邻，而气候条件相似，同属于地下水缺乏的黄土高台地区，且两县人口规模及增长速率相似：万泉、荣河在洪武二十四年（1391）的人口分别为 39 772 人和 37 696 人，相差仅 5.2%，到现代分别为 92 698 人和 94 064 人，相差仅 1.5%。因此，假定万泉灾前、灾后人口与荣河相似或相近。

2）平阳府缺浮山灾前、灾后的统计数字，而太原府包括了汾河流域以外的岢岚、兴县 2 县。由此估计，这一少一多相互抵消，则误差可能减少。故认为表 3-25 的结果与实况相差不多。

由表 3-26 可见，年平均洪涝权重在前、后期分别为 1.15 和 1.18，两者相差 3%；年平均干旱权重在前、后期分别为 2.62 和 4.23，两者相差 38%。如此小的差别，显示不出两种灾害的程度在前、后期有何显著变化。因此，笔者认为，汾河流域在清代的干湿变化趋势不同于整个华北地区，而属于干湿交替。

表 3-26　清代汾河流域洪涝及干旱权重发展趋势

时段	年份	王朝纪元	时段长/a	洪涝权重小计	干旱权重小计	年平均洪涝权重	年平均干旱权重
前段	1644—1900	顺治元年—光绪二十六年	256	293.5	670.5	1.15	2.62
后段	1901—1911	光绪二十七年—宣统三年	11	13	46.5	1.18	4.23

观察表 3-24 的最后 36 年，即 1876—1911（光绪二年—宣统三年），干旱权重小计为 321.3，年平均干旱灾害权重高达 8.925，为表 3-25 中所称"后期"的 2.14 倍。再观察表 3-23 的最后 35 年，洪涝权重小计为 65，年平均洪涝灾害权重仅为 2.11，是"后期"的 1.68 倍。对比之下，在清朝统治的最后 35 年，汾河流域主要应该是气候转干。

葛全胜先生[①]指出：1876—1878 年全球化干旱事件可能与赤道东太平洋海温异常升高及厄尔尼诺事件发生有关。在利用历史文献、冰芯、珊瑚及树轮等代用资料重建的多条过去几百年厄尔尼诺指数系列中，他发现自 1876 下半年开始至 1878 年发生的厄尔尼诺事件，其强度可达强（strong）或极强（very strong）。他指出，这为华北大旱提供了大气驱动的必要条件。此外，"南方涛动"指数（southern oscillation index，SOI）的正异常，也为华北降水提供了重要环流背景。

十一、民国时期

自 1911 年辛亥革命，直至 1949 年中华人民共和国成立，在 38 年间，除 8 年抗日战争时期之外，汾河流域是在地方军阀锡山的统治之下。阎氏虽提倡"六政三事"，并将水利列为六政之首，也组织中外技术人员和专家进行了一些勘测和规划，但在防汛和抗旱两方面的成效都很小，因此，洪涝灾害和干旱灾害仍然频发且严重。

按葛全胜先生的分析，民国时期华北地区的干湿变化阶段，可分为前后两期：前期为 1912—1930 年，即民国元年—民国十九年，后期为 1931—1949 年，即民国二十年—民国三十八年。前期干湿变化为"在波动中转干"；后期为"总体转湿"。从表 3-2 中已经发现，汾河流域的实际情况与文献[②]总结的情况有很大差异，因而需要就具体情况来进行具体的分析。

---

① 葛全胜等：《中国历朝气候变化》，北京：科学出版社，2011 年，第 619-621 页。
② 葛全胜等：《中国历朝气候变化》，北京：科学出版社，2011 年，第 90-91 页。

1）人口。葛剑雄、侯杨方先生在文献①中指出：在民国时期，中国并没有进行过一次实际意义上的全国性人口普查。因此，只有从新中国成立后，于1953年进行的现代意义上的第一次全国人口普查资料，由汾河流域1953年人口数字逆推至1949年，此即民国末期人口。计算结果为466万人，此数值比清乾隆时期的520.47万人减少了10.47％，显然，光绪年间大灾和抗日战争的影响还没有消除。如表3-27所示，表中平均年增长率取自一些研究者的文献。②

表3-27　民国末年汾河流域人口估算（逆推）

府州县	1953年人口/万人	平均年增长率/‰	1949年人口/万人	备注
绛州 州治 稷山	27.60 13.33 14.27	7.0	26.80	即今新绛县
蒲州府 万泉 荣河	18.68 9.27 9.41	5.0	18.30	
平阳府 乡宁	122.10 （8.53）	2.6	112.50 （8.40）	平阳府1949年为120.9万人，减去流域外的乡宁县8.40万人，故平阳府其余县为112.5万人
太原府 岢岚 兴县	192.80 （4.85） （11.68）	2.0 2.9	174.18 （4.79） （11.54）	太原府1949年为190.51万人，减去流域外的岢岚4.79万人、兴县11.54万人，故太原府其余县为174.18万人
霍州	31.40	3.5	30.97	
汾州府 汾阳 平遥 介休 孝义	74.24 18.48 25.05 15.15 15.56	3.3 3.3 3.3 3.3 3.3	73.29 （18.24） （24.73） （14.96） （15.36）	
平定州 寿阳			21.0	寿阳乾隆四十一年（1776）的人口为24.85万人，1983年21.4万人，2004年仅21.16万人，显示人口萎缩，故估计1949年为21万人
宁武府	12.25	7.0	9.0	有一半在该流域，故将全府人口减半估算
总计			466.04	

注：括号里的数字为笔者估算

① 葛剑雄主编，侯杨方撰写：《中国人口史》（第六卷）（1910—1953年），上海：复旦大学出版社，2001年，第119-124页。
② 葛剑雄主编，侯杨方撰写：《中国人口史》（第六卷）（1910—1953年），上海：复旦大学出版社，2001年，第119-124页。

2）水质。生活污水仍按人均排放量 0.74m³ 估计，总量为 343 万 m³，径污比为 602∶1。本期阎锡山及日伪政权虽建立了一些冶金、化工、机械等工业，解放区为了军事和民生目的，也建立了一些小型工业，但总量极小。1949 年山西年产钢 1.2 万 t，铁 4.1 万 t，钢材 1.1 万 t，主要产在太原。此外，太原有两家化工企业，只生产少量的硫酸、硝酸和火药。1949 年，山西全省只生产纸 731t。在纺织工业方面，全省最大的榆次晋华纺织公司，1936 年只有纱锭 4.17 万枚，布机 280 台。而全省纺织工业只有棉纺锭 3.2 万枚，仅相当于新中国成立后 1980 年棉纺锭 50.9 万枚的 6.29%。因此，笔者认为，民国时期该流域的工业污水数量极微，估计当时汾河干流的水质相当于当代地面水质量标准的 I 级。

3）耕地。山西省的人口，1949 年为 1281 万人，有耕地 6235 亩，人均 4.867 亩。而在抗日战争以前，人口为 1147 万人，有耕地 6511 万亩，可用人均耕地 5.677 亩。由此可见，山西的人均耕地面积在 4.8—5.7 亩徘徊。这应该与山西平川面积较大，仅太原、大同、忻定、临汾、运城 5 大盆地的土地面积合计就达 5100km² 以上有关。这些盆地土地平坦肥沃，土层深厚，灌溉发达，水热等自然条件优良，因此成为人口密集的核心地区，所以全省人均耕地为 4—6 亩。换言之，在民国时期，人均耕地一般应在下限 4 亩之上，而最高应在上限之下。

按这一估计，结合汾河流域的具体情况，即盆地面积 1 万 km²，另外还有大量的河川平地。例如，将民国时期的人均耕地假定为 4.8—5.7 亩，则 1949 年全流域耕地面积为 2237 万—2656 万亩，约占当时山西全省面积的 42.6%，而当时全流域人口占全省人口的 36.4%。

再参考文献[1]中光绪十八年（1892）由阳曲县知县李用清主持丈量耕地后，公开刊布的《阳曲丈清地粮图册》（简称《图册》）。该文件载明，阳曲全省有耕地 20 817 顷，折合今制 191.85 万市亩。在文献中证明，这实际上是光绪二年（1876）的实有耕地面积，而光绪二年（1876）阳曲县的人口为 46.08 万人。又据文献[2]估计，当时阳曲因为是山西省会，人口较为稠密，应有城市人口 5 万人左右。故如减去城市人口，农村人口为 41.08 万人，光绪二年（1876）的人均耕地为 4.67 市亩，和 1949 年全省人均耕地 4.867 市亩，仅相差 4%。因此，笔者推论：1949 年的人均耕地数，可以作为估算整个汾河流域在民国时期耕地面积的依据。

按人均 4.867 市亩估算，民国时期汾河流域的耕地面积为 2268 万市亩，

①　任世芳：《黄河环境与水患》，北京：气象出版社，2011 年，第 84-95 页。
②　葛剑雄主编，曹树基撰写：《中国人口史》（第五卷），上海：复旦大学出版社，2001 年，第 647-678 页。

是 2000 年耕地面积 1944.7 万亩的 116.62%。根据研究者在文献①中的计算，汾河流域地面坡度<3°的平川耕地资源为 1222.93 万市亩，故估计当时已有坡地 1045 万亩（将近 7000km²）被开垦，水土流失的程度比清代更为严重。

4）干湿变化。表 3-28、表 3-29 分别估算了该期全流域的洪涝灾害权重和干旱灾害权重。由表 3-30 的计算结果可见，前期年均洪涝权重为 3.11，后期增加到 4.79，为前期的 1.54 倍；而前期年均干旱权重为 3.74，后期为 2.32，仅为前期值的 62.03%，这一结果表明，民国前期 18 年洪涝灾害比较轻，而后期 20 年转为严重；前期 18 年干旱灾害比较严重，后期 20 年则转轻。

表 3-28　民国时期汾河流域的洪涝灾害

序号	年份	王朝纪元	洪涝情况	资料来源	权重
1	1912	民国元年	6月，汾河水涨，溢出河岸，淹太原沿河十余村成灾。徐沟汾东之东木庄等 6 村被淹没。交城、文水、汾阳、孝义漂没田禾辄至数万亩。文峪河与汾河并溢为灾，为患颇巨。9月，介休汾河溢，淹没小圪塔、北张家庄、南桥头等禾稼	《汾河志》；《交城县志》1994 年 9 月版	6.0
2	1913	民国二年	七月，汾河由太原孙家寨溢，淹侯家寨、三贤村、东柳林、刘家堡、东里解、西里解、河滩、同过村。徐沟县东木桩等毁民房二千余间。西岸（今吕梁界）堤堰为汾河冲毁。8月，介休汾河溢，淹没北乡桥头等十余村。平遥水入净化村，淹没田园，洪水过后，淤沙 3 尺左右，平均水深 4 尺余，被淹范围宽达二三十里。昌源河泛滥，在刘家堡处决口改道，由城东北直下西南，经高村、秦村、王村、东关、城关、九汲、高城、郑家庄、雅安一线入平遥境，归入汾河。冲毁上述各村田地，形成至今尚存的退水河道——沙河。七月十三日，榆次、太谷涂水暴涨，沿河 50 余村受灾	《汾河志》	8.0
3	1914	民国三年	汾河、文峪河出岸，介休北张家庄等 43 村秋禾淹没；交城汾河在段村决口	《汾河志》	6.0
4	1916	民国五年	汾阳董寺河泛滥，南关首被其害	《汾河志》	1.5
5	1917	民国六年	汾河水溢，淹太原北瓦窑、庞家寨、东关、晋阳堡、梁家庄、西寨、古寨、新庄、南北堰村。八月，汾河、文峪河水溢。文水贯家堡、水寨、南胡、上段、上曲、新堡、南祁；祁县原西、固邑、建安，直至平遥贾家庄，洪水出岸，被淹土地、房屋无数。介休席村等灾。淹没范围 40 里，水深七八尺，淤泥厚 4 尺有余	《汾河志》	8.0

---

① 任世芳：《黄河环境与水患》，北京：气象出版社，2011 年，第 125-126 页。

续表

序号	年份	王朝纪元	洪涝情况	资料来源	权重
6	1920	民国九年	浍河溢，汾河涨，沿河一带几成泽国	《汾河志》；民国《翼城县志》卷14《祥异》等	3.0
7	1921	民国十年	交城瓦窑河没成村、西汾阳、城头等村，成村塌房400余间，受灾重者百余户	《交城县志》1994年9月版；《汾河志》	2.0
8	1922	民国十一年	汾河大水，水位至太原庞家寨、西流村、晋阳堡、东关村。介休南山洪水暴发，水入介休城内，水位距城门顶1丈余，死伤百多人，义棠、孙畅及大、小宋曲等均灾，常乐被淹	《汾河志》	3.5
9	1923	民国十二年	昌源河大韩、刘家堡两处决口，东起大韩、刘家堡，西至平遥县汾河边，方圆几十里一片汪洋	《汾河志》；《祁县志》1999年10月版	4.0
10	1928	民国十七年	汾河水淹太原吴家堡、上庄、后北屯、三给、柴村；介休汾河水溢，沿河水灾；交城秋涝，凹地积水	《汾河志》；《介休水利志·大事记》	5.0
11	1929	民国十八年	汾河淹太原彭村；平遥汾河在卢村溢，淹鱼市及介休、礼世等5村；娄烦汾河淹下街村；交城磁、瓦窑两河泛溢，乌马河牛家堡处决口，祁县13村进水，淹农田7000余亩	《汾河志》；《祁县志》1999年10月版	7.0
12	1930	民国十九年	夏，潇河溢，赵家堡、郝村等被淹。秋，交城汾河溢，石侯、贾家寨、杜家庄一带涝；太谷象峪河水淹多村	《汾河志》；《太谷县志》1993年1月版	5.0
13	1931	民国二十年	文峪河上游决堤，汾阳百金堡、仁岩、冀村至陈家庄一带灾，农田一片汪洋，西雷堡、宣家堡、义安、申家堡、潞城等村全部被淹	《汾河志》	4.0
14	1932	民国二十一年	交城磁窑河在七里亭溢，后又在奈林鲁儿堰决口，共淹死14人，房700余间，农田2.09万亩，灾情惨重；汾阳麦收后连降暴雨，文峪河暴涨，平川全遭洪灾，农田水深丈余	《汾河志》；《吕梁地区志》1989年10月版；《临汾市志》2000年12月版等	10.0
15	1933	民国二十二年	汾河大水，太原调查洪峰流量约为2500m³/s，相当于20年一遇，东岸兰村决口至北ма根，由北沙河归入汾河。淹太原庞家寨、古寨、大王、小东流、梁家堡、晋阳堡、东关村等7村。平遥部分受灾。河津汾河暴涨，冲入县城南门，河滩一片汪洋，汾阳文峪新河决口，罗城、西马寨尽成泽国，淹地5.1万亩。交城磁窑河溢，过水面积近万亩。汾阳水淹潞城村，秋禾淹没，村民流离。8月，潇河决堤，太原县103个村被淹	《汾河志》；《河津县志》1989年11月版；《交城县志》1994年9月版；《太原市南郊区志》1994年11月版	10.0

续表

序号	年份	王朝纪元	洪涝情况	资料来源	权重
16	1934	民国二十三年	文水南武涝、徐家镇等11村水灾，淹没田禾1.1万亩	《汾河志》	1.0
17	1935	民国二十四年	8月上旬，太原连降暴雨，市内民房十室九漏，大王、小王庄稼、房屋均淹没。汾河边大东流村为山洪冲毁，全村80多户、300多人流离失所。5月11日，乌马河决口，祁县几十个村被淹，洪水泛滥20多天，冲毁田地无数	《汾河志》	3.0
18	1938	民国二十七年	7月，汾河决于太原金刚堰，水至城墙下。秋，汾河水猛涨，介休县沿河49村受灾	《汾河志》	3.0
19	1939	民国二十八年	9月，太原地区连绵阴雨，汾河城区段东移，刷岸20余米，洪水逼近太原城，冲断河上木桥，两岸交通断绝。城内西关、南关房屋俱被淹没，87个村田地变为泽国，村民十室九空。徐沟、祁县、交城、清源、阳曲、平遥、文水、汾阳、孝义9县洪水淹没田禾，共受灾124万亩。其中，交城、文水、汾阳、孝义4县有150个村，28万亩土地受灾，塌房1000多间	《汾河志》；《山西水旱灾害》1996年2月版；民国二十八年（1939）《山西省统计年编》	20.0
20	1940	民国二十九年	交城磁窑河泛滥，南下石侯，到闸板堰，水深尺余。文水8月13日，大雨连绵，文峪河出岸，沿河各村田禾、房屋冲毁颇多	《汾河志》；民国二十八年（1939）《山西省统计年编》；《山西通志·气象志》1999年7月版；《交城县志》1994年9月版	4.0
21	1942	民国三十一年	8月3日，汾河洪水大涨，太原城区段调查洪峰流量为3630m³/s，是1892年特大洪水之后第二次特大型洪水，相当于百年一遇重现期。洪水在城西北汾河铁路桥（白家庄支线）处决口，冲毁铁路桥，汾河大堤，金钢堰决口4处，决口宽6—9m洪水直抵西城墙根，冲入旱西关、水西关和大南关，房屋浸塌。庞家寨、古寨、三给、城西、南关、芮城、大流、土堂等村均被淹。9月24日，汾河再次溃溢，太原城西半部为洪水席卷，一片汪洋。南同蒲铁路太原至侯马段有数百华里均被淹没，铁轨多处冲毁。沿河徐沟、交城、文水、祁县、太谷、平遥、汾阳、洪洞、临汾、汾城、曲沃、新绛、稷山、河津14县受灾。文水汾河、文峪河两河溢，90村被淹，毁田禾14万亩，塌房225间，受灾人口6.2万人。岚县洪灾，岚河两岸土地大部被淹	《汾河志》；民国三十一年（1942）《山西省统计年编》	27.0

续表

序号	年份	王朝纪元	洪涝情况	资料来源	权重
22	1944	民国三十三年	汾阳峪道河边山水涨发，在西陈家庄集水成湖，占地5000亩，西山暴雨，洪水淹没三泉镇，洪水顺阳城河东下，冲入西阳城村，洪水高3m许，户户遭灾	《汾河志》	1.0
23	1945	民国三十四年	7月8日、9日，文峪河水涨，文水、汾阳两县淹没田禾10万多亩	《汾河志》	4.0
24	1949	民国三十八年	7月，文水汾河、文峪河二河溢，61村被淹，严重受灾土地3万余亩。汾阳专区所属汾阳、交城、文水、孝义4县，77村1.35万亩土地遭受水灾	《汾河志》	4.0

民国时期汾河流域的干旱灾害，如表3-29所示。

表3-29　民国时期汾河流域的干旱灾害

序号	年份	王朝纪元	洪涝情况	资料来源	权重
1	1912	民国元年	秋，曲沃、万荣大旱，麦多干种，次年颗粒无收	《万荣县志》1995年12月版	1.0
2	1913	民国二年	春，河津多风干旱，麦歉收	《运城历史灾情》1983年6月	0.5
3	1916	民国五年	春，河津旱，二至五月无雨	《运城历史灾情》1983年6月	0.5
4	1919	民国八年	霍州旱情严重，古县大旱	1986年7月《霍州灾情纪实》；《古县志》1999年12月版	1.5
5	1920	民国九年	汾河流域大旱灾，5—8月雨。平遥、介休、吕梁全区（含本流域汾阳、文水、交城、孝义、交口、岚县）大旱，五谷歉收，饿死者甚众。同年，临汾、晋中、太原皆旱	《汾河志》；《山西通志》1996年10月版；《介休县志》	34.0
6	1921	民国十年	孝义、古县大旱，禾苗全部枯死。夏，太谷大旱，秋禾不登。孝义大旱	《汾河志》；《山西通志》1996年10月版	3.5
7	1922	民国十一年	襄陵秋旱。翼城秋大旱无禾。曲沃大旱，夏秋无获，麦未种	《汾河志》；《襄汾县志》1991年1月版	2.5
8	1923	民国十二年	上年冬至是年春，河津旱，小麦基本无收成。万荣、汾西、新绛旱，秋禾不登，夏薄收，民饥	《新绛县志》1997年11月版	2.0
9	1924	民国十三年	吕梁全区旱（含交城、文水、汾阳、孝义、交口、岚县），汾阳重旱。河津、荣河旱	《汾河志》；《交城县志》1994年版	4.5

续表

序号	年份	王朝纪元	洪涝情况	资料来源	权重
10	1928	民国十七年	太原大旱，晋中、吕梁、临汾皆旱。交城、文水、孝义重旱	《汾河志》；1975年《华北、东北近五百年旱涝史料》第五分册	13.0
11	1929	民国十八年	介休、平遥、祁县、交城、临汾、汾西、曲沃、绛州大旱，赤地千里	《汾河志》	8.0
12	1935	民国二十四年	交城、文水、汾阳大旱，春夏不雨，汾阳夏旱，小麦歉收，全县受灾村145个	《汾河志》	3.0
13	1942	民国三十一年	岚县、介休、浮山等县旱情严重	《汾河志》	3.0
14	1943	民国三十二年	交城春夏大旱，夏歉收	《汾河志》	1.0
15	1945	民国三十四年	全省大旱，晋中年降水量仅200mm左右	《汾河志》	37.0
16	1947	民国三十六年	岚县春旱，作物严重缺苗。交城、文水、汾阳严重旱灾，野菜树皮俱食尽，各村病饿而死之人均在百人以上	《汾河志》	6.5
17	1949	民国三十八年	交城，春大旱	《汾河志》	0.5

民国时期汾河流域洪涝及干旱灾害发展趋势，如表3-30所示。

表3-30　民国时期汾河流域洪涝及干旱灾害发展趋势

时段	年份	王朝纪元	时段长（年）	洪涝权重小计	干旱权重小计	年平均洪涝权重	年平均干旱权重
前期	1912—1930	民国元年—民国十九年	19	59	71	3.11	3.74
后期	1931—1949	民国二十年—民国三十八年	19	91	44	4.79	2.32

第三节　历史时期汾河流域气候、水环境和干湿灾害变化的回顾

笔者对公元前221年的秦代，到1949年新中国成立之间近2170年的洪涝灾害和干旱灾害进行了逐次分析，将这些分析综合起来，如表3-31所示。由该表可以看出，汾河流域的干湿变化趋势与整个华北地区的干湿变化趋势并不完全一样，有时可能完全相反。例如，现存史志典籍资料比较丰富而详细的明代，其后期114年，华北为转湿，而汾河流域为转干。

表 3-31 秦至民国时期汾河流域气候干湿变化

序号	朝代	时期	年代起讫	干湿变化		期长/a
				汾河流域	华北地区	
1	秦—西汉		公元前 221—8	趋湿	趋干	229
2	东汉—西晋	前	25—200	干湿代际波动显著	干湿年代际波动显著	176
		中	200—280	不详	在波动中转湿	81
		后	280—316	干湿代际波动显著	波动中转干	36
3	北魏—北周	前	386—567	偏干	先波动中转干，后变湿	182
		后	567—581	转湿	总体趋干，中间多次短暂湿润	14
4	隋唐	前	581—618	干湿交替	相对湿润	37
		后	618—907	干湿交替	干湿交替	289
5	五代十国		907—960	波动中逐渐趋干或干湿交替	总体较为湿润	53
6	北宋	前	960—1030	总体干旱	总体较为湿润	70
			1030—1127	波动中逐渐变干	波动中逐渐变干	97
7	金		1127—1234	气候趋干	波动中逐渐趋干	107
8	元		1261—1368	干湿交替	湿润	109
9	明	前	1368—1425	转干	波动中逐渐趋干	57
		中	1425—1530	转干	转干	105
		后	1530—1644	转干	转湿	114
10	清	前	1644—1900	干湿交替	总体湿润，但年际波动显著	256
		后	1900—1911	转干	在波动中转干	11
11	民国	前	1912—1930	交替中转湿	在波动中转干	19
		后	1931—1949	交替中转干	总体转湿	19

由史籍又得知，西邻的陕西省在此期间也连年大旱，这就是造成社会动荡，并导致高迎祥、李自成发动农民起义，以及明王朝覆灭的重要原因。

在水土侵蚀方面，将人口和农田的数据比较发现，从北宋和金代开始，对天然植被和坡地的破坏和开垦有所发展。清代康、雍、乾三朝实行宽松，甚至于完全放开的人口和土地政策，财政上轻徭薄赋，即所谓的

"摊丁入亩"和"滋生人丁，永不加赋"，导致人口猛增，垦荒积极。有研究[1]认为，大规模的水土侵蚀开始于清代。从表 3-31 中可知，耕地面积达到并略超过平川耕地资源（超过 7.81%）是在北宋末年，而金代由于统治者的政策宽松，有利于人口增长和农业发展，耕地面积曾超过平川资源 75%。元代人口大减，耕地面积也萎缩，近乎此前近 1000 年的西晋水平。明代恢复到北宋末年水平。而清代和民国时期人口大增、垦荒加大，耕地面积分别超过平川耕地资源 40% 和 79%。

对历史时期汾河水质的分析表明，截至 1949 年，由于工业不发达，城市居民生活现代化水平较低（例如，没有卫生设备），工业污水和生活污水的排放分别接近于零和极少，故汾河水质始终保持在相当于地面水环境质量Ⅱ级以上的标准。

民国时期汾河流域的气候干湿变化比较，如表 3-32 所示。

表 3-32　民国时期汾河流域的气候干湿变化比较

分期	起止年份	年数	洪涝权重	干旱权重	年均洪涝权重	年均干旱权重
前期	1912—1930	19	54	71	3	2.94
后期	1931—1949	19	96	44	4.8	2.20

历代汾河流域的人口、耕地估算情况，如表 3-33 所示。

表 3-33　历代汾河流域人口、耕地估算

序号	朝代	人口/万人	统计年代	估计当时耕地面积/万亩	占平川耕地资源/%
1	西汉	84.74	2	339—678	45.68
2	东汉	43.20	140	173—346	23.31
3	西晋	48.23	280	193—386	26.00
4	北魏	118.65	520—524	475—950	64.01
5	隋唐	159.51	538 及 752	638—1276	85.98
6	北宋	199.98	1102	800—1600	107.81
7	金	324.82	1207	1300—2600	175.19
8	元	45.72	1252—1270	183—366	24.66
9	明	197.61	1472	790—1580	106.46
10	清	520.47	1769—1781	2080	140.15
11	民国	466.00	1949	2237—2656	178.96

注：该流域平川耕地资源为 1484.1 万亩，该栏按当时耕地上限估算

---

[1]　任世芳：《黄河环境与水患》，北京：气象出版社，2011 年，第 133-134 页。

第四章
新中国成立以来汾河
流域洪涝和干旱灾害

第一节　新中国成立以来
汾河流域洪涝和干旱灾害概况

新中国成立之后，党和政府对汾河进行了前所未有的大规模治理，但由于国力所限，历史欠账巨大，治理工作、防洪工程和灌溉工程不可能一蹴而就，只能按照科学规划逐步逐年推进。加之1949—2000年特大暴雨和特大干旱等极端气候屡屡出现，因此洪涝灾害和干旱灾害仍然不断发生。

据初步统计，新中国成立以来该流域共发生较大洪涝灾害32起，其中，特大洪涝灾害为1977年、1988年、1996年3次。较大干旱灾害22起，其中，特大旱灾为1965年、1972年、1986年、1990年、1992年、1993年、1995年7起，如表4-1和表4-2所示。特大洪涝灾害和特大干旱灾害的认定标准，是该灾害的权重≥100。权重的计算方法和标准见本章第二节。

特大洪涝灾害从1977年起平均每8年一次（表4-1）。特大干旱灾害1986—2000年共发生5次，平均每3年发生一次（表4-2），显见自20世纪80年代中期起特大旱灾的发生频率有急剧增加的趋势，因为1950—1965年该流域没有发生过特大旱灾，而1965—1986年，只发生了两次，平均每10.5年发生一次。因此，笔者认为，干旱现象的加剧可能和全球气候的变化有关，更需要我们对水资源短缺和极端气候条件下的潜在危机提高警惕。

表 4-1 现代汾河流域洪涝灾害

序号	年份	洪涝情况	权重
1	1950	7月18—19日，中游连降大雨，洪峰流量1587m³/s，从太原上兰村起，冲毁阳曲县14府土地40余万亩，沿河泥渠拦水堰被冲毁。太原杨家堡、吴家堡等村淹没土地2278亩、房屋316间。文水县原西、固邑至建安村部分土地、村庄被淹	40.5
2	1952	7月8日，昌源河暴涨，祁县80余村、5万余亩农田受灾，其中，2.18万亩绝收，冲毁房屋160间，淹死4人	9.2
3	1953	5月，汾河洪水，洪峰流量500m³/s，冲毁太原汾河西岸老龙头截弯工程，呼延村进洪水	0.1
4	1954	8月28日—9月3日，汾河上中游普降秋雨，下石家庄站（即今汾河水库）以上流域平均雨量191.4mm，其中，最大的是岚县站为247.6mm，兰村站洪峰流量1430m³/s，灵石站为2060m³/s。河津站洪峰流量为3320m³/s，为50余年中最大洪水。太原市冲毁土地5000余亩，塌房2457间，死2人。汾河在太原、介休境内多处决口，介休淹田4200余亩，塌房490间。霍县、洪洞、临汾、襄陵、曲沃受灾2.85万亩。新绛、稷山、河津淹地19.7万亩，塌房770间	
5	1955	8月8日晚，太原西山突降大暴雨，边山各沟均暴发山洪，万柏林、南城、新城等地遭受洪水袭击，尤以万柏林晋西机器厂宿舍区最重，水冲16宿舍区及3、4、8、9车间，积水1—2m，3车间水深达5m，冲走、淹死83人，伤50人。倒塌房屋176间，机床、电机684台被淹	84.0
6	1959	8月19—20日，文峪河流域发生1949年以来最大洪灾。峪口以上平均降雨100mm，汾阳93mm，交城90mm，孝义112mm。崖底水文站20日出现795m³/s的最大洪峰。226处河堤决口，646村受灾。农田受灾57万亩，塌房5000间，死亡23人。秋，汾河平遥段23处决口，磁窑河安固段决口，淹农田6万亩	91.0
7	1961	5月23日，交城大雨，磁窑、瓦窑、石红、白石南河等河决口，农田2.5万亩受灾。9月，阴雨连绵，河渠决口10处，塌房85间	2.6
8	1962	7月15日，汾河二、三坝洪峰达700—1408m³/s，分别砍堰泄洪。文水南济至徐家镇段决口6处，淹地1.13万亩。7月28日汾河突涨，决口8处，洪水冲入徐家镇，最大水深4m，毁房1252间。7月下旬，交城暴雨成灾，平川水淹4.4万亩	6.8
9	1963	5月下旬，文水、交城、汾阳、孝义大雨成灾，共受灾农田10.56万亩，塌房3009间	13.6
10	1964	汛期降雨偏多，交城、汾阳受灾农田12.33万亩。9月1—14日，秋雨连绵，乌马河、昌源河、祁太退水渠等决口12处，淹地5.7万亩，塌房1000余间	19.0

序号	年份	洪涝情况	权重
11	1965	7月25日，交城80分钟降雨80mm，平川城西地区秋禾3.08万亩成灾	3.1
12	1966	7月17—18日，太原地区普降中到大雨。8月22日，太原大雨，汾河、潇河猛涨，南郊平川18万亩受灾。7月17—19日，交城3次暴雨，磁窑、瓦窑、白石南河、西沿河等决口15处，全县4.65万亩受灾。8月1日再降大雨，磁窑、瓦窑河决口，交城为洪水穿城而入，全县4.67万亩受灾，塌房73间。7月26日开始的10日内，乌马、昌源两河连续3次洪水，淹没及冲毁土地1.27万亩，塌房48间。8月，岚县洪灾，冲毁土地0.91万亩	29.6
13	1967	8月10日，汾河上游发生大洪水，汾河水库进库洪峰2326m³/s，为新中国成立50年最大值，兰村洪峰为1950m³/s。太原柴庄、呼延、西张冲毁地500余亩。8、9两月，岚县4次洪灾，冲坏农田2万余亩，塌房3413间，死3人，岚城水库、溢洪道被冲，致公路中断	8.5
14	1969	7月26日，交城磁、瓦两河猛涨，柏崿河洪水冲入城内，水深近2m。全县河堤决口99处，211个大队受灾，冲毁公路201km，桥109座，涵洞27个。倒塌房屋2931间，淹死4人。 7月27日，太原地区24小时降雨192.7mm，其中，强度最大的3小时86mm，全市大面积受灾。太原钢铁厂13个车间被淹，被迫停产。全市塌、冲房6137间。郊县219个大队受灾，淹没土地23万亩。全市淹死24人。 7月28日，清徐暴雨，3小时降170mm，白石河等决口，县城被淹。汾河二坝以下洪水猛涨，文水、平遥两县淹地1.15万亩，文水毁房1252间，淹秋禾2850亩	6.28
15	1971	6月25日，介休樊王河决口11处，受灾3335亩。8月4日，东涧河洪水，农田受灾3300亩，冲入张兰镇，冲断南同蒲铁路。7月11日，孝义兑镇、阳泉曲、西泉3公社遭雹洪灾，倒窑洞10孔，两个煤矿被淹。7月30日，汾河水库至古交大水，寨上站洪峰2120m³/s，与1967年8月22日洪峰相似。受灾农田4.18万亩，塌房107间，死3人。8月7日，古交29个生产队遭暴雨洪水，受灾农田1.66万亩，死1人	10.6
16	1973	6月2日、4日，交城连续遭山洪袭击，冲淹农田1940亩，死2人	0.2
17	1974	7月31日，汾阳暴雨，4小时降水95.3mm。虢义河暴涨，76个大队冲毁土地7000亩，塌房144间，死2人	0.8
18	1977	6月23日，介休阴雨7日，降水118mm，平川内涝成灾，7月6日，祁县昌源河洪峰2050m³/s，为新中国成立以来最大。北关水库冲垮，北关至子洪间沿河土地冲毁一空，太长公路冲毁，交通中断。汾河猛涨，54个村，	217.0

序号	年份	洪涝情况	权重
18	1977	农田 11.16 万亩受灾,塌房 821 间,死 2 人。同日,太原地区降水 80mm,汾河、潇河同时发生洪水,顶托太榆退水渠,使其漫溢,造成南郊区 11 万亩农田内涝成灾。8 月 5 日,汾河中游以平遥为中心,发生了一次罕见的暴雨洪水。暴雨区总面积 2.62 万 km²,平均雨量 107mm,而平遥县城 8 月 5 日一天降水 350.7mm。义棠站洪峰 1010m³/s,临汾地区洪峰 1420m³/s,霍县、洪洞、临汾、襄汾、侯马、曲沃 6.96 万亩农田受灾;新绛、稷山、河津淹农田 9 万亩,塌房 330 间。平遥 17 万亩农田被淹,冲毁沟坝地 2.8 万亩,尹回水库垮坝。南同蒲铁路被冲断,停车 22 天,太原至三门峡公路冲断 11 处,平遥至沁源公路冲断 12 处。毁房 1.9 万间,损坏房屋 2 万间,死 28 人,伤 181 人。同月同日,大水波及吕梁平川各县。交城 8 月 5 日开始 36 小时降水 120—150mm,淹农田 14.9 万亩,冲毁 4600 亩,塌房 774 间,死 1 人。孝义淹秋田 8.9 万亩,塌房 643 间,死 2 人,全县冲毁农田 0.8 万亩。汾阳东半部洪涝成灾,103 个大队洪涝农田 43 万亩,塌房 7194 间,死 6 人,伤 45 人,冲毁耕地 3.6 万亩	217.0
19	1978	7 月 27 日,祁县暴雨,冲毁农田 1100 亩。平遥降水 70mm,有 3000 亩土地内涝积水。8 月 25 日—9 月 8 日,岚县大雨,受灾农田 5.9 万亩,塌房共 969 间(岚县原统计 59 万亩,笔者认为有误,见正文)	7.3
20	1981	6 月 30 日,交城西北山区山洪暴发,冲淹农田 2397 亩。汾阳山洪淹没农田 2 万亩,塌房 223 间。6 月 30 日,灵石静升河 50 分钟降水 88mm,洪峰流量 518m³/s,县城及两渡镇 450 处厂矿、单位、民宅进水,7 月 6 日祁县冲毁农田 3500 亩。29 日再发洪水,冲毁及淹没庄稼 3600 亩。8 月 15 日灵石降水 122mm,山洪冲毁及受灾农田 8.07 万亩	11.7
21	1982	7 月 29 日—8 月 5 日,全流域暴雨,降水 99—150mm。寨上站、兰村站洪峰分别为 1100m³/s 及 1420m³/s。中游干支流决口 23 处以上,共淹没及冲毁土地 10.17 万亩,塌房及窑洞 1076 间(孔)	11.2
22	1983	5 月 11 日,寿阳暴雨成灾,受灾土地 20.68 万亩,冲毁 1.51 万亩,塌房 81 间。7 月 27 日,岚县普降暴雨,受灾农田 7530 亩	23.0
23	1985	5 月 11 日,静乐 6 个乡镇暴雨,2 小时降水 50—70mm,汾河、东碾河同时暴发洪水。前者静乐站的洪峰为 1850m³/s,后者汾河、东碾河的洪峰为 500m³/s。岚县暴雨洪水冲毁 1 万余亩农作物。7 月 7 日,岚县全县大雨,20 万亩农田受灾,塌房 1500 间,死 1 人。5 月 11 日,全省普降大雨、暴雨,太原古交强度最大,150 分钟降水 74.7mm。狮子河暴发洪水,洪峰 212m³/s,冲	85.8

序号	年份	洪涝情况	权重
23	1985	毁土地 3200 亩，受灾农田 1.6 万亩，塌房及工棚 169 间，死 46 人。9 月 7—16 日，汾阳、平遥、介休、平川涝灾，受灾 9.7 万亩，塌房 1614 间（平遥缺损失统计——笔者注）。9 月 7—16 日，平遥、介休连降雨 9 日，降水 180mm。两县平川积涝成灾，介休淹田 12 961 亩，塌房 1614 间	85.8
24	1986	7 月 24 日，岚县普明等 13 个乡镇、107 村普降大到暴雨，11 万亩农作物受灾。汛期，交城 5 个乡镇、64 个自然村洪灾，塌房 80 间，受灾作物 1.2 万亩，冲毁 2240 亩	12.5
25	1988	7 月，太原连续降雨，发生大面积洪涝灾害。46 个乡镇、410 个村受灾，受灾农田 43.9 万亩，倒塌房、窑 7832 间。8 月 6 日，汾阳特大洪灾，降水 100mm 以上雨区 566km²，150mm 以上雨区 1383km²。有两个暴雨中心：杏花村西 250mm，北花枝 260mm。全县冲淹农田 38.55 万亩，倒塌房屋 3600 间。8 月 14 日，支流庞庄、子洪、郭堡 3 座水库和干流二坝同时泄洪，造成乌马河、昌源河、汾河在祁县贾令、里村洪水顶托，排洪不畅，积水面积 37.4km²，淹没农田 5.61 万亩，塌房 229 间。8 月 6 日，汾河石滩（2 次）、柴庄、新绛、稷山、河津的洪峰为 1100m³/s、861m³/s、1028m³/s、1115m³/s 和 820m³/s，洪水频率虽仅二三十年一遇，但因河道淤积、草木丛生，造成汪洋一片。共淹没农田 23 万亩	122.7
26	1990	7 月 11 日，文水北徐村 3 小时降暴雨约 100mm（调查），相邻文峪河水库实测 81.8mm。村西山洪暴发，塌房 230 间，死 19 人。13 日，又一次暴雨，40 分钟降水 61mm，塌房 20 间，死 2 人	21.3
27	1993	8 月 4 日，灵霍山峡暴雨（4 日为 100mm），石滩站洪峰 1580m³/s，为 1971 年以来最大，超过 10 年一遇的洪水（1540m³/s），洪洞四清桥估算洪峰为 2400—2500m³/s，临汾马务桥实测洪峰 1370m³/s，襄汾实测洪峰 1060m³/s。霍县、洪洞、临汾、襄汾、曲沃、侯马 6 县市 44 乡镇、275 村受灾，塌、损房屋 6983 间，受灾农田 29.95 万亩，死 8 人。8 月 5 日，洪水进入新绛境内，7 日洪峰为 792m³/s，因河道严重堵塞，造成河溢，使沿河新绛、稷山、河津、万荣 4 县 19 乡镇、182 村受灾，淹没农作物 11.4 万亩。 8 月 4 日，灵石普降暴雨，10 小时降水 131.6mm，造成特大洪灾，农作物受灾 15.6 万亩，毁耕地 4320 亩。城区 30 多个机关、学校、企业不同程度地被淹	72.4
28	1994	7 月 6 日、15 日平遥两次暴雨洪水，4 个乡镇、57 村受灾，面积 30 621 亩，塌房 6 间。8 月 5 日，榆次鸣谦镇 4 个多小时降水 134.7mm，倒塌房屋 133 间	3.2

序号	年份	洪涝情况	权重
29	1996	7月4—5日，古交普降大雨，局部暴雨，最大雨量6小时120mm。冲毁、淹没农田1.01万亩，塌房1000多间。7月7—10日，平遥两次暴雨山洪7个乡镇、50村受灾，受灾面积2.1万亩，冲毁土地1230亩。8月初，磁窑河沿岸严重洪涝，灾情不详。7月14日，三泉等3镇、20村，在1小时暴雨后，洪水暴发，冲毁土地2100亩。7月23日，该县肖家庄等乡镇发生暴雨洪水，冲毁田地3400亩、水淹农田2200亩。8月4—5日，交城普降60—80mm暴雨，15个乡镇受灾农田50350亩，冲毁耕地7785亩，塌房385间。8月4日，文水县因文峪河水库泄水，淹农作物1.5万亩，冲毁耕地2000亩，307国道开栅大桥冲断，太汾公路中断。汾阳受上述水库下泄130m³/s的影响，使贾家庄等5乡镇5.6万亩农田受淹。9日该县降水60mm，边山7条小河暴发40—80m³/s的山洪，受文峪河水库分洪60m³/s顶托，山洪退水不畅，1.3万亩农田被淹，塌房108间。 7月31日—8月5日，太原全市普降大雨，平均降水90mm，其中，南、北郊区分别达130mm及106mm。洪峰流量为：兰村站630m³/s；汾河二坝880m³/s；潇河敦化堰260m³/s。各边山支沟为：北沙河50m³/s；南沙河40m³/s；虎峪河300m³/s；清徐白石南河120m³/s；都沟河40m³/s；方山河50m³/s。农田受灾52.8万亩，冲走河滩地2万亩，塌房4539间，死11人。清徐淹没耕地3.5万亩，塌房818间。西山矿务局官地矿死33人；白家庄矿塌房53间，死3人；杜儿坪矿塌房400余间，冲毁100多间，死5人。阳曲农田受灾1.3万亩，塌房1700间。8月上旬，汾河大洪水，5日兰村站洪峰630m³/s；二坝900m³/s；三坝955m³/s；义棠1248m³/s；赵城970m³/s；马务桥880m³/s；柴庄1200m³/s；新绛铁路桥870m³/s；稷山628m³/s。9日，汾河上游发生洪水，静乐站洪峰1700m³/s，汾河水库水位超过汛限水位1.07m，山西省防汛指挥部下令泄洪300m³/s。太原市汾河沿岸淹农田3.25万亩，冲毁466亩。南郊区8处决口，受灾农田18.23万亩，塌房98间。晋中平遥8个乡镇、69个村受灾农田4.6万亩，塌房146间。介休7个乡镇、21个村淹没农田3万亩，冲毁土地1500亩，倒塌、受损房屋205间。灵石两渡冲地1000亩，河畔社会保险事业管理局被冲坍。 临汾地区汾河堤坝决口31处，长27.43km。沿河霍州、洪洞、临汾、襄汾、曲沃、侯马6个县市、26个乡镇、86个村，农作物受灾15.84万亩，冲毁水地0.74万亩，鱼塘1670亩。 运城地区新绛、稷山、河津、万荣4县市35处决口，长2.29km，淹农田28.43万亩，鱼塘1020亩	146.4
30	1997	6月25日，潇河上游降水200mm，独堆站洪峰980m³/s，芦家庄站洪峰1000m³/s，为1963年以来之最大。寿阳	51.1

序号	年份	洪涝情况	权重
30	1997	4 个乡镇、52 个村受灾，农田受灾 15 万亩，塌房 75 间。冲毁公路 135km	15.1
31	1998	7 月 11—13 日，寿阳城关等 3 个乡镇、80 个村受灾，面积 30 万亩，塌房 300 间，冲毁公路 15km。13 日，榆次市什贴等 5 乡镇受洪水袭击，6 万亩农田被淹或被冲，150 间房屋毁坏。9—16 日，灵石两次暴雨，仁义等 5 乡镇受灾，农作物受灾 5 万亩，塌房 140 间，冲毁乡村公路 130km。7 月 12 日，交城大范围降大到暴雨，磁窑河上游雨量在 100mm 以上。有 7 个乡镇、21 个村受灾，16 700 亩农田被冲或被淹	43.3
32	1999	8 月 20 日，榆次东赵乡降水 40mm，同时潇河发洪水，15 村受灾，受灾面积 4500 亩	0.5
33	2000	8 月 12 日，文水马西乡局部暴雨山洪，淹农田 1577 亩。孝义县 3 个乡镇、27 村受灾，受灾面积 1.5 万亩，损屋 356 间	3.1

表 4-2　现代汾河流域干旱灾害

序号	年份	干旱情况	权重
1	1950	文水秋旱，有 16 个村秋粮减少 7 成。文水县在该流域有 18 村，耕地 5.73 万亩，则 16 个村有耕地 5.09 万亩，秋粮按粮食产量 70%计，则相当于减产 5 成	2.5
2	1954	交城 1—5 月降水量 36.8mm，春旱缺苗。文水受旱 16.1 万亩，汾阳 52.6 万亩，孝义 52.5 万亩，估计交城受旱 24.4 万亩，均按减产 3 成	43.7
3	1955	春季多风少雨，旱象持续。太原市 1—5 月降水仅 25mm；交城、文水也不足 30mm，春播困难，交城受灾 19.5 万亩，汾阳受灾 50.8 万亩，孝义受灾 55.09 万亩。均按减产 3 成估算，太原市按 158.9 万亩估计	85.3
4	1957	普遍干旱。太原各县区年降水量 332mm，比年平均值减少 30%，晋中、吕梁均减少 3 成以上。据不完全统计，受旱面积总计 99.29 万亩	99.3
5	1958	交城、文水、汾阳伏旱，20%—30%的秋田受旱，估计受旱面积 86.4 万亩，按减产 25%估算	21.6
6	1960	中、南部皆旱。文水春夏无雨大旱，减产 42.2%；孝义受旱 41 万亩，减产 26.7%；汾阳受旱 30.7 万亩，减产 23.2%；交城减产 30.6%；平遥 1—7 月降水仅 134mm，旱情严重。作者估计，文水粮田面积 51.1 万亩，平遥粮田面积 56.8 万亩，交城粮田面积 14.36 万亩	62.2
7	1961	中游普遍干旱，交城 10 万亩受旱；文水 12.89 万亩受旱，减产率 42.2%；汾阳 35.95 万亩受旱，减产率为 28.9%；平遥汾河灌区秋粮亩产仅 144 斤（交城、平遥	39.6

续表

序号	年份	干旱情况	权重
7	1961	减产率取文水、汾阳平均值）	39.6
8	1962	冬春旱。交城大秋受旱8万亩；介休秋作物一半以上苗不全；汾阳受旱38.5万亩，减产率30.7%；文水春旱（交城、介休、文水减产率参考汾阳）	30.4
9	1965	全省大旱，为新中国成立以来旱情最严重、农业减产幅度最大的一年。晋中、吕梁、太原年降水量分别为333mm、290mm和265mm，比多年平均值减少37%、43%和44%。流域内所有县全部受旱，尤以伏旱为重（权重的估算详见正文）	340.0
10	1966	交城、文水春旱	11.4
11	1968	交城、文水春夏连旱	22.9
12	1970	交城1—4月，降水量12.8mm，春旱	5.0
13	1972	继1965年后又一个全省性大旱年。晋中、吕梁、太原降水量分别为206mm、303mm和305mm，分别比多年平均值减少43.6%、42.7%和40.5%。汾河来水极少，太原地下水位下降，晋祠3个泉水有两个干涸。汾河灌区全年灌溉面积仅80万亩	371.0
14	1973	交城、文水持续春旱	11.4
15	1974	交城、文水1—5月降水仅26.1mm及27.05mm，持续干旱	11.4
16	1980	文水自10月中旬至次年3月初的135天中，降水量仅4.5mm；文峪河年降水减少1/3，井水位普遍下降3—4m	6.0
17	1984	交城7月下旬至9月底，72天降雨64mm，仅为历年平均值的29%，干土厚30—50cm，井水位下降2—5m，夏秋干旱	7.0
18	1986	是新中国成立以来伏旱最严重的一年，太原、晋中、吕梁、汛期6—9月降水量分别为188mm、193mm、253mm，比历年平均值减少47%、51%、33%。干流及主要支流均无洪汛，兰村、二坝、义棠站最大流量分别为81.9m³/s、38m³/s、39.4m³/s，枯竭情况历史罕见	396.4
19	1990	晋中、吕梁、太原伏旱严重，汛期降水量分别为127mm、160mm及155mm，比历年同期减少67%、57%、57.7%，绝大多数河流未发洪水	568.6
20	1992	晋中春夏持续干旱，地下水位普遍下降6—10m	434.4
21	1993	晋中、临汾春夏连旱。太谷降水量比多年平均值偏少70%，灵石基本无雨，浮山降水仅10.6mm	950.7
22	1995	晋中、吕梁春夏连旱。1—7月降水比历史同期减少32%和42%，只有191mm和152mm	566

第二节　评估灾害严重程度的方法

对于如何评估灾害的严重程度，近年来各县市往往统计一个直接经济损失，以人民币若干万元计算，但是在 1977 年以前没有这类统计数据，即使在 1977 年以后也不是每个地方都有直接经济损失的报告。

对于确定现代洪涝灾害和干旱灾害的加权标准，本书参考了综合国力评价方法中的克莱因方程[①]，该方程是将国力中的各种因素，如人口、土地、军力等，按规模大小加权打分，取其相加之总和，再乘以政策和执行政策的信心和力度，其计算成果即为某个国家的综合国力。克莱因方程的计算结果是正面的，本书所评价的仅仅是灾难的损失，因而是负面的，是对该方法的形式进行逆向应用。仅仅是评估自然灾害的后果，所以略去了克莱因方程中的乘数。

我们在考察汾河流域的洪涝灾害时，只选取了受灾耕地面积、村庄房屋和死亡人数 3 项。

洪涝灾害的加权标准是：淹没、冲毁耕地以 1 万亩为 1 单位，倒塌房屋以 1000 间为 1 单位。重大水利设施、桥梁、道路和被冲、淹者，如无经济损失的统计资料，则不予加权，只在表中洪涝情况一栏进行文字说明。死亡人员则 1 人为 1 单位。

自 1977 年起，有些年份有区、市、县直接经济损失的数据，则按当年全省播种面积平均农业产值，估算其折合耕地冲、淹的相应权重，当权重≥100 时，则认为是特大洪涝灾害。

干旱灾害的加权标准为：受旱农田也以 1 万亩为 1 单位，受灾程度不同时，乘以减产成数，当权重≥100 时，则认为是特大干旱灾害。

表 4-1 和表 4-2 中有以下几个问题需要加以说明。

一、关于 1978 年岚县洪灾的评估

据研究，"1978 年，岚县大雨，受灾农田 59 万亩"[②]。但据山西省统计局编制的文献[③]，1978 年岚县粮食产量为 8213 万斤，是 1965 年产量

---

① 王恩涌、王正毅、娄跃亮等：《政治地理学：时空中的政治格局》，北京：高等教育出版社，1998 年，第 140-142 页。

② 山西省水利厅：《汾河志》，太原：山西人民出版社，2006 年，第 164 页。

③ 山西省统计局：《山西省三十五年建设成就》，太原：山西人民出版社，1984 年，第 96-98 页。

3717 万斤的 2.2 倍多，显然没有因灾减产的迹象。又据史料[①]记载，岚县 1984 年耕地面积为 52.4 万亩，按一般规律分析，该县 1978 年的耕地应少于 1984 年的耕地，故不可能有 59 万亩受灾，估计可能为 5.9 万亩之误。

二、关于 1965 年全省性大旱的评估

由于缺乏相关各县因旱减产的详细数据资料，故仅能根据各年粮食总产量的差异情况进行匡算，思路如下。

1）减产成数不能以历年平均产量为基准。据文献[②]记载：1949—1965 年的 16 年间，山西全省粮食总产量为 1314.99 亿斤，故平均产量为 82.18 亿斤。而 1965 年全省产粮 92.59 亿斤，反而比年平均产量高出 12.7%。查其原因，应与耕地面积扩大，灌溉、耕作、种子、肥料、农药等条件逐年改善有关。由此笔者认为，减产成数（或减产率）应以上年粮食产量为基准。

2）1964 年山西全省粮食总产量为 97.75 亿斤，以此为基准，1965 年粮食总产量为 92.59 亿斤，减产率为 5.28%，即减产不足一成。

3）考虑到该年伏旱严重，即夏季降水稀少，严重影响大秋作物的生长，故对 1964 年和该年的秋收粮食产量进行比较，其产量分别为 73.64 亿斤和 60.76 亿斤，1965 年的秋粮比 1964 年减产 12.88 亿斤，减产率为 17.49%。其中，秋杂粮两年产量分别为 1964 年 15.34 亿斤，1965 年 8.80 亿斤，1965 年比上年减产 42.63%。这说明 1965 年确实伏旱严重。至于全年减产不足一成，则应归功于抗旱的努力。

4）综合以上几点分析可以认为，估算 1965 年干旱权重应以全流域耕地面积 1944.7 万亩，乘以秋粮减产率 17.49%，计算结果为 340.1。

三、对缺少资料的地区和年份的评估办法

从 1965 年起，查阅有关资料发现，没有各县、市受旱面积的资料，而仅有"春旱"、"旱"等笼统的字样，或各地、市年降水量减少数值的介绍。对于这些年份，进行下述简单处理。

1）如仅有"春旱"、"旱"等记载，则以该县耕地面积（以 1 万亩为 1

---

① 山西省经济年鉴编辑委员会：《山西经济年鉴（1985）》，太原：山西人民出版社，1985 年，第 280 页。

② 山西省统计局：《山西省三十五年建设成就》，太原：山西人民出版社，1984 年，第 96-98 页。

单位）乘以系数 0.5；如有"春夏持续干旱"等记载，则乘以系数 1.0。

2）如仅有降水量减少的数字，则比较与 1965 年以前降水量减少的数字相近的记载加权。

四、对加权成果准确度的检验

为了检验上述计算方法的合理性，我们以平遥县 1977 年 8 月 5 日及 8 月 11 日两次洪涝灾害为例，用直接经济损失折合冲、淹农田亩数的方法，进行验算。

1977 年 8 月 5 日，平遥大水，全县直接经济损失达 3000 万元。按该年山西全省播种面积为 6523.86 万亩，农业总产值为 455 777 万元，则单位播种面积的平均农业总产值为 69.86 元/亩，该县损失的权重为 42.9。

当时该县冲、淹农田 19.8 万亩，毁房 1.9 万间，合计权重为 38.8，误差为 9.56%，作为估算，尚属允许范围以内。

1985 年 5 月 11 日，大水，淹、冲农田 1.92 万亩，塌房 129 间，死亡 46 人。山西全省播种面积约为 6200 万亩，总产值 670 000 万元，平均产值为 108 元/亩，即 108 万元/万亩。经济损失 445 万元，相当于 4.12 万亩；死 46 人，权重合计为 50.12。而按淹、冲农田、塌房及死人计算，权重合计为 48.05。两种方法相差 4.13%，此误差尚小于 5%，表明方法可行。

第三节　50 年来水旱灾害成因的初步分析

自 20 世纪 80 年代中期以来，特大洪涝灾害和干旱灾害发生的频率猛增，平均间隔时间缩短，这与汾河流域防洪、灌溉工程迅猛发展的趋势似乎矛盾，其原因可能在于全球气候的变化，即与极端气候的出现有重要关系。

第一个问题是：上述自然灾害是否与厄尔尼诺事件（或厄尔尼诺现象）和南方涛动有关？该问题有必要进一步收集冰芯、珊瑚及树轮等代用资料进行深入探讨。

第二个问题是：上述自然灾害的气候因素变化是局部地区（即汾河流域）的，还是与更大范围的变化相关联？对于这个问题，本书认为答案是后者，即与整个北半球的降水量波动有关。Hougton 在其主编的《全球气候》中给出了北半球 1 月份和 7 月份不同纬度带的降水距平变化的估计①，在图 3.11 的右端，北纬 17.5°—37.5°中，显示了 1887—1977 年约 90 年间，7 月份北半球各纬带的纬向平均降水距平的变化。距平是以月降水量与长年平均比率（%）表示。该图显示，从 1958 年起，距平下降，1965 年降至曲线最低点；而 1966—1972 年的 6 年中，仍有 3 年的距平低于平均值。考虑到该流域在 1965 年及 1972 年曾发生过两次特大旱灾，因此可以确定，汾河流域的特大旱灾与北半球 7 月份降水量降水减少的趋势是一致的。另外，曲线的最高点出现在 1977 年的 7 月份，即这一年 7 月份降水量正距平是 90 年中最大的，而这一年汾河流域发生了特大洪涝灾害。综合上述成果，可以确定该流域的降水量发展趋势与整个北半球的降水量发展趋势是一致的（注：汾河流域位于北纬 35°20′—39°00′，故在该图的 17.5°—37.5°纬度带上）。

因此，可以认为今后在水资源开发利用等水利工程规划设计中，不应只拘泥于传统的数理统计理论和方法，还应当考虑到极端气候条件所带来的新问题。对此，本书的第五章中将做进一步讨论。

第四节　新中国成立以来汾河流域洪涝和干旱灾害事件的回顾

新中国成立以来，截至 2000 年，汾河流域共发生过 33 次较大的洪涝灾害，以及 22 次较大的干旱灾害。总结这些灾害的前因后果，可以比较清楚地发现问题和总结经验。

一、防洪安全

在 1953 年开始时进行"第一个五年计划"建设之前，1950 年曾发生了一次特大洪水灾害。显然，这是因为我国当时正处于国民经济的三年恢复时期，太原解放才一年有余，一切防洪工程和防汛工作是白手起家，尚处于初始阶段。

考察这 33 次洪灾，除 1955 年晋西机器厂因山洪而死伤人数较多外，其余 32 次洪灾中死伤人数都较少，有 18 次做到了零伤亡，财产损失也较明、清、民国以来的灾害损失较少。究其原因，有以下几点。

---

① 约翰·T. 霍顿：《全球气候》，金奎译. 北京：气象出版社，1986 年，第 76-77 页。

首先，干流和较大一级的大型水库及闸坝枢纽工程的建成及拦洪，对下游的防汛抗旱工作起到了头等重要的支持和保障作用。

汾河水库 1961 年 5 月 15 日正式投入蓄水，开始发挥其防洪效益。例如，1967 年 8 月 10 日，汾河上游发生大洪水，汾河水库进库的最大洪峰流量为 2367m³/s，为新中国成立 50 年以来最大值。同时，下游水库至兰村区间亦突降暴雨，当时兰村发生的洪峰流量为 1500m³/s。若无汾河水库拦截，两个洪峰叠加相遇，太原市区中心迎泽大桥的流量将超过安全标准（3250m³/s）。而汾河水库仅泄洪 45m³/s，削减洪峰 98%，保证了下游数百万人民的生命财产安全。[①]

2003 年 7 月 30 日，汾河静乐站发生洪峰流量为 1650m³/s 的大洪水，洪峰持续时间达 8 个小时之长，水库全部予以拦蓄，减轻了下游的防洪负担，解除了太原市的洪水威胁（山西省汾河水库管理局：《汾河水库 2005 年防汛手册》，2005 年 6 月）。

汾河二库于 1999 年下闸蓄水，该库控制流域面积为汾河水库—玄泉寺区间的 2348km²，加上汾河水库的控制流域面积 5268km²，合计两大水库已拦截调节了 7616km² 的径流量，占兰村以上的汾河上游流域面积 7705km² 的 98.84%，使太原市城区的防洪标准由原来的 20 年一遇提高到百年一遇。

汾河第一大支流文峪河上的文峪河水库，于 1970 年竣工移交管理部门。该库控制流域面积 1876km²，全部拦截调蓄了上游山区来水，不仅承担了下游交城、文水、汾阳、孝义、平遥、介休 6 个县（市）、247 个村庄、40 万亩农田的防洪任务，还避免了历史上多次发生的汾、文洪水合流冲击中下游的现象。

其次是干流河道的治理工程。50 年来，干流河道曾进行过多次防洪治理工程。

20 世纪 50 年代，治理工作局限在太原城区河段和晋中重点河段。对太原市主要在上兰村至杨家堡一段，全长 24.5km。其中，上兰村汾河铁路桥至洋灰桥（在今迎泽大桥北侧）河宽 500m，设计洪水标准为 3250m³/s。

第一次干流河道整治。主要项目有汾河干流太原杨家堡至二坝 15km 及二坝以下 8km，治导线双河堤工程，施工时间为 1970 年 12 月至 1971 年 4 月，计划项目未全部完成。

第二次干流河道整治。从 1977 年 6 月至 1981 年 7 月，历时 4 年。在

---

① 山西省水利厅编纂：《汾河志》，太原：山西人民出版社，2006 年，第 252 页。

太原段完成了治导线堤防 23km。1981—1989 年的 8 年间，又在汾河二坝至三坝区间干流上，先后完成了堤防、引河、顺坝、混凝土井柱、铅丝笼护岸、裁弯取直等工程 141 项。

1998 年，长江、松花江发生全流域特大洪水之后，山西省决定把全面整治汾河列为全省农田水利基本建设的重点工程项目。中共山西省委、省政府向全省发出"治好母亲河，绿化两座山"的号召，提出 3 年治理汾河中下游河道的总体目标。其具体要求是：汾河干流在农村河段达到 20 年一遇的防洪标准；沿河县城河段和有较大工矿企业的河段达到 50 年一遇的防洪标准；省会城市区段和重要工矿企业的河段则要达到百年一遇的防洪标准。在分别提高防洪标准的同时，基本理顺和控制主河槽，保证行洪通畅和河势稳定。据不完全统计，完成疏浚河道 60.6km，裁弯取直 24.5km，清障244.6 万 m³，新建河道堤防 487.66km，旧堤加固培厚 208.01km。

二、供水安全

新中国成立以前，全流域的灌溉面积约为 149 余万亩，2000 年达到有效灌溉面积 714 万亩，是新中国成立以前的 4.8 倍。现有的有效灌溉面积已经发展到全流域平川耕地资源 1484.10 万亩的将近一半。考虑到山西水资源缺乏，而地形又比较复杂，石山、土石山区和黄土丘陵区居多，三者面积合计占全流域面积的 74%，水利化达到如此高的程度实属不易，正是水库、闸坝、泵站及大中小灌渠适时适量的供水，保证了农田灌溉的需要。以 2000 年为例，全流域总供水量为 29.34 亿 m³。其中，农业灌溉用水量为 19.68 亿 m³，占总用水量的 67%，是各行业中用水量最大的部门；其余 33% 为城市生活和工矿等部门用水。[①]

三、水土保持安全

水土保持工程的重点，是该流域面积 7727km² 的上游地区。从 1988 年开始，截至 2004 年的汾河上游水土流失综合治理工程，已经取得了显著的生态效益、经济效益和社会效益。总计治理水土流失面积近 2000km²。其中，修建梯、坝、滩、基本农田 60 万亩，使项目区农业人口人均增加 1 亩基本农田，栽植水保林草 220 万亩，建设淤地坝 123 座，可拦蓄泥沙 6200万 t，封山育林 40 余万亩，有效减轻了汾河水库的泥沙淤积，改善了上游地区的生态环境，保护了汾河水和引黄水的水质，为当地农民群众的脱贫

---

① 山西省水利厅：《汾河志》，太原：山西人民出版社，2006 年，第 175-176 页。

致富奠定了良好的基础。

四、今后需要解决的问题

根据以上分析，汾河流域今后在水资源开发与利用方面需要着重解决的问题主要有水环境改进、节水和治污三大项内容。

(一) 水环境改进

通过保持河道内有足够的生态环境需水量，从而维持水环境生态的平衡。根据文献[1]中的计算，河津水文站以上要求的生态环境需水总量为14.109亿 m³。而据研究者[2]介绍，2001 年该流域地表水供水量为 8.1319亿 m³，则用于生态环境需水量者，只有 12.538 亿 m³，缺水 1.571 亿 m³。还需指出的是，无论是刘昌明院士、李丽娟、郑红星先生等的计算方法，抑或笔者在他们方法的基础上，结合山西情况而提出的计算方法，都有一个前提，即研究的对象是未污染或污染极少的天然河流。而现实情况是：一方面，由于汾河水库、汾河二库蓄水，放水仅通过渠道供给灌区和城市、工矿用水，因此，在一般情况下，兰村以下河道经常干涸（太原市区段蓄水美化工程，即汾河公园为静水，非长流水）。另一方面，汾河干流污染严重，专家甚至称之为"酚河"。所以，水环境严重恶化，需要通过节水、治污、跨流域引水等多方面的综合措施扭转恶化趋势。

(二) 节水

从第三节水环境问题的探讨可知，汾河流域地表水的利用率已超过河川水资源允许开发利用率，随着人口的增长、城镇化发展，利用水量势必会不断增长。有研究者[3]预测，到 2020 年，该流域河川水资源开发利用率将高达 67.92%，而允许开发利用率只有 31.74%，前者是后者的 2.14倍，如发展到这种地步，即便污水治理取得很大的成绩，水环境的恶化也不可避免。

有一种观点认为，由于有引沁入汾和引黄入晋两项跨流域引水的补充，汾河流域的水环境状况可以好转。对此的顾虑是：其一，沁河流域目前的水环境状况较好，根本原因是径流量比较丰富，而本身用水量很少。

---

① 任世芳：《山西河流水资源安全研究》，北京：气象出版社，2008 年，第 59-61 页。
② 任世芳：《山西河流水资源安全研究》，北京：气象出版社，2008 年，第 59-61 页。
③ 任世芳：《山西河流水资源安全研究》，北京：气象出版社，2008 年，第 59-61 页。

但如果引沁入汾、引沁入丹两项工程投入运行，沁河本身的生态环境需水量也将出现紧张的局面。其二，引黄入晋的水量虽有保证，但其成本较高（8 元/m³[①]）。因此，与节水工程进行经济比较，建议仍以就地节水为好。

（三）治污

汾河干流及其某些支流的污染非常严重。有研究者[②]介绍：水质评价以 2001 年实测的现状水质为依据。评价标准采用《地面水环境质量标准》（GB3838-88），河道水质评价结果为：总计评价河长 673km，无一处水质达到 I、II 类，符合 III 类标准的河长也仅占总评价河长的 25% 左右，而超过 V 类标准者占到 60% 左右。但其又指出，汾河各支流上游及小型水库水质良好，一般能达到水环境质量规定标准的要求。

根据水利部、中国科学院、住房和城乡建设部、地质矿产部[③]、农业部和国家教育委员会[④] 6 部 1990 年 12 月研究提交的《山西能源基地水资源供需现状、发展趋势和战略研究》（以下简称《战略研究》）预测：到 2000 年，山西省工业、生活排污水量，将从 1987 年的 7.44 亿 m³ 增加到 17.5 亿 m³；2020 年将进一步增长到 37.35 亿 t。另据《山西省 2003 年水资源公报》的调查统计，2003 年山西全省废污水排放总量为 7.5766 亿 m³，其中，汾河区为 3.1799 亿 m³，占全省的 41.97%，按此比例，2020 年汾河流域的污水量将达 15.68 亿 m³，径污比平均将达 1.318:1，枯水年更会小于 1。例如，根据文献[⑤]，河津站中等干旱年（保证率 $P=75\%$）和特大干旱年（保证率 $P=95\%$）的天然年径流量分别为 15.26 亿 m³ 和 11.21 亿 m³，则径污比分别为 0.933:1 和 0.715:1。按本书提出的当径污比大于 94:1 时，水质符合地表水环境质量标准 I 级的研究结果，则在按年径流平均值计算时，要把径污比从 1.318:1 提高到 94:1，则污水量需降低 94/1.318 倍，亦即降低 71.32 倍，换言之，污水量需要处理到原来的 1/71.32，即 1.4%。这就意味着，在 2020 年，需要在 15.68 亿 m³ 污水总量中处理 15.46 亿 m³，否则就无法保证水环境的安全。

治污研究虽不在本书的讨论范围之内，但以上的初步分析估算表明，治污问题必须引起高度重视，需要全社会的共同关注。

---

① 任世芳：《山西河流水资源安全研究》，北京：气象出版社，2008 年，第 175-176 页。

② 山西省水利厅：《汾河志》，太原：山西人民出版社，2006 年，第 130-136 页。

③ 1998 年并入中华人民共和国国土资源部。

④ 现为中华人民共和国教育部。

⑤ 李英明、潘军峰：《山西河流》，北京：科学出版社，2004 年，第 30-31 页。

第五章
历史流域学事件的趋势分析

第一节　历史流域趋势分析

在第三章历史时期流域气候和水环境中，对明代和清代两朝洪涝灾害和干旱灾害进行了详细的描述，并对其灾害程度进行了权重估计，这是一种最初步、最简单的量化分析。但是，要了解上述两种水安全事件的发展过程，还需要应用随机函数论中的趋势分析。

历史流域趋势分析是历史流域学的一个重要分支，它的数学基础是随机过程理论和计量地理学，而又以前者为主。[1][2][3] 将随机过程理论和时间序列分析技术引入历史流域学，便形成了一个崭新的分支——历史流域趋势分析。这一方法的特点是：第一，能够尽可能地减少或消除主观任意性的判断；第二，能够量化并直观地描述历史时期灾害的发展过程；第三，结合对当时人类政治活动和人类经济活动的对照分析，可以进一步掌握灾害程度增加和减少的人为原因或自然原因。

本章主要选用随机过程论中的 4 种方法，即滑动平均法、Kendall 秩次相关方法、游程（轮次）分析方法、自相关函数分析方法，分别对明清

[1]　张超、张长平、杨伟民编译：《计量地理学导论》，北京：高等教育出版社，1983 年，第 240-244 页。

[2]　王文圣、丁晶、金菊良：《随机水文学》（第二版），北京：中国水利水电出版社，2008 年，第 25-47 页。

[3]　〔苏〕д·N·卡札凯维奇：《随机函数论原理及其在水文气象中的应用》，章基嘉译，北京：科学出版社，1974 年，第 200-224 页。

时期汾河流域洪涝和干旱灾害的发展趋势，以及汾河流域目前规模最大且防汛抗旱地位最重要的枢纽工程——汾河水库上游年径流演变趋势进行分析。

众所周知，水文时间序列可能含有周期成分、非周期成分和随机成分，一般是由上述两种以上成分所合成的。非周期成分包括趋势、跳跃和突变（突变是跳跃的一种特殊情况），非周期成分常常叠加在其他成分（如随机成分等）之上。在实际工作中，经常要求水文时间系列（如年径流系列、年最大洪峰流量系列等）是在流域气候和下垫面相对稳定的条件下形成的。如果在序列中呈现趋势或跳跃等成分，则意味着相对稳定的条件遭受到破坏，利用这种系列，应用数量统计方法来预测未来事件，就可能对预测值估计过高或估计过低。因此，需要把水文时间序列中的各种成分识别出来，并设法提取这些成分。限于篇幅，笔者在此主要讨论趋势成分的识别。

随着时间的推移，对水文序列的各值平均而言，或是增加，或是减少，形成序列在相当长的时间内向上或向下缓慢地变动。这种有一定规则的变化，被称为趋势（trend）。如果趋势出现在时间序列的全过程，称之为整体趋势；若趋势仅仅出现在时间序列中的某一段时期，则称之为局部趋势。趋势也存在于时间序列的任何参数之中，如均值、方差和自相关系数等。引起趋势的原因或是气候的，或是人为的，也有可能是二者的综合。例如，明清两代和民国时期，引起洪涝和干旱灾害趋势的原因，就是气候和人为两种因素并存。

第二节　滑动平均法

对平均序列 x_1，$x_2 \cdot x_3$，$\cdots$，x_{n-1}，x_n 中每个 x_t 值的几个前期值和后期值求其平均值，得到新的序列，注意：选择合适的 k，使序列高频振荡平均掉，但不能过分（不能太大）。当振荡的平均周期 $m = (2k+1)$ 为奇数时，y_t 在计算段中心使原来的序列光滑化，这就是滑动平均法。其数学表达式为

$$Y_t = \frac{1}{2k+1} \sum_{i=-k}^{k} x_{t+i} \tag{5-1}$$

$k=2$ 时，为 5 点滑动平均，一般认为 k 不宜取得太大，本书取 $k=2$，即采用 5 点滑动平均，这样计算比较简便。

下文对明代、清代、民国时期及现代 4 个时期的洪涝灾害权重和干旱

灾害权重，应用滑动平均数方法进行计算，计算过程及结果见表 5-1—表 5-8 及图 5-1—图 5-8。在图 5-5—图 5-8 中，标出了权重平均值线，以便从距平观察权重的起伏幅度。

表 5-1　明代汾河流域洪涝灾害权重滑动平均数

年份	权重	滑动平均	年份	权重	滑动平均	年份	权重	滑动平均
1368	0	0	1407	0	0.3	1446	1.0	0.6
1369	0	0	1408	0	0.3	1447	0	0.6
1370	0	0.2	1409	1.5	0.3	1448	0	0.2
1371	1.0	0.2	1410	0	0.7	1449	0	0
1372	0	0.2	1411	0	0.7	1450	1.0	0
1373	0	0.2	1412	2.0	0.4	1451	0	0
1374	0	0	1413	0	1.0	1452	0	0
1375	0	0	1414	0	1.0	1453	0	0
1376	0	0	1415	3.0	0.6	1454	0	0
1377	0	0	1416	0	0.6	1455	0	0
1378	0	0	1417	0	0	1456	0	0
1379	0	0.2	1418	0	0	1457	0	0
1380	0	0.2	1419	0	0	1458	0	0
1381	1.0	0.2	1420	0	0	1459	0	0
1382	0	0.2	1421	0	0	1460	0	0
1383	0	0.2	1422	0	0	1461	0	0
1384	0	0	1423	0	0	1462	0	0.3
1385	0	0	1424	0	0	1463	0	0.5
1386	0	0	1425	0	0	1464	1.5	0.5
1387	0	0	1426	0	0	1465	1.0	0.7
1388	0	0	1427	0	0	1466	0	0.7
1389	0	0	1428	0	0	1467	1.0	0.6
1390	0	0	1429	0	0	1468	0	0.4
1391	0	0	1430	0	0.8	1469	1.0	0.4
1392	0	0	1431	0	0.8	1470	0	0.5
1393	0	0	1432	4.0	0.8	1471	1.5	0.5
1394	0	0	1433	0	0.8	1472	0	0.3
1395	0	0	1434	0	0.8	1473	0	0.3
1396	0	0	1435	0	0	1474	0	0.2
1397	0	0	1436	0	0	1475	0	0.2
1398	0	0	1437	0	0	1476	1.0	0.2
1399	0	0	1438	0	0	1477	0	0.2
1400	0	0	1439	0	0	1478	0	0.2
1401	0	0	1440	0	0	1479	0	0.3
1402	0	0	1441	0	0	1480	0	0.3
1403	0	0	1442	0	0	1481	1.5	0.3
1404	0	0	1443	0	0.4	1482	0	0.3
1405	0	0	1444	0	0.6	1483	0	0.3
1406	0	0	1445	2.0	0.6	1484	0	0

续表

年份	权重	滑动平均	年份	权重	滑动平均	年份	权重	滑动平均
1485	0	0	1529	0	0	1573	0	0.4
1486	0	0	1530	0	0	1574	0	0.4
1487	0	0	1531	0	0.2	1575	0	0
1488	0	0	1532	0	0.2	1576	0	0
1489	0	0.4	1533	1.0	0.2	1577	0	0
1490	0	0.4	1534	0	0.2	1578	0	0.4
1491	2.0	0.4	1535	0	0.2	1579	0	0.4
1492	0	0.4	1536	0	0	1580	2.0	0.8
1493	0	0.4	1537	0	0	1581	0	0.8
1494	0	0	1538	0	0.2	1582	2.0	0.8
1495	0	0	1539	0	1.0	1583	0	0.6
1496	0	0	1540	1.0	1.2	1584	0	0.6
1497	0	0	1541	4.0	1.5	1585	1.0	0.2
1498	0	0	1542	1.0	2.6	1586	0	0.8
1499	0	0.9	1543	1.5	2.4	1587	0	0.8
1500	0	1.1	1544	5.5	1.6	1588	3.0	1.0
1501	4.5	1.1	1545	0	1.4	1589	0	1.0
1502	1.0	1.1	1546	0	1.1	1590	2.0	1.0
1503	0	1.1	1547	0	0	1591	0	0.8
1504	0	0.2	1548	0	0.4	1592	0	0.8
1505	0	0	1549	0	0.4	1593	2.0	1.0
1506	0	0.8	1550	2.0	0.6	1594	0	1.0
1507	0	1.1	1551	0	3.0	1595	3.0	1.3
1508	4.0	1.1	1552	1.0	3.8	1596	0	0.9
1509	1.5	1.1	1553	12.0	3.4	1597	1.5	0.9
1510	0	1.1	1554	4.0	3.8	1598	0	0.3
1511	0	0.3	1555	0	3.6	1599	0	0.5
1512	0	0	1556	2.0	1.2	1600	0	0.2
1513	0	0	1557	0	0.4	1601	1.0	0.6
1514	0	0.3	1558	0	0.4	1602	0	1.4
1515	0	0.7	1559	0	0	1603	2.0	3.6
1516	1.5	0.7	1560	0	0	1604	4.0	4.0
1517	2.0	0.7	1561	0	0	1605	11.0	6.0
1518	0	0.7	1562	0	0	1606	3.0	5.6
1519	0	1.1	1563	0	0	1607	10.0	4.8
1520	1.5	0.7	1564	0	0.8	1608	0	2.6
1521	2.0	0.7	1565	0	0.8	1609	0	2.0
1522	0	1.1	1566	4.0	0.8	1610	0	0
1523	0	0.8	1567	0	0.8	1611	0	2.4
1524	2.0	0.6	1568	0	0.8	1612	0	2.8
1525	0	0.6	1569	0	0	1613	12.0	3.0
1526	1.0	0.6	1570	0	0.4	1614	2.0	3.0
1527	0	0.2	1571	0	0.4	1615	1.0	3.0
1528	0	0.2	1572	2.0	0.4	1616	0	0.6

续表

年份	权重	滑动平均	年份	权重	滑动平均	年份	权重	滑动平均
1617	0	0.5	1627	0	0.2	1637	0	0.2
1618	0	0.3	1628	1.0	0.2	1638	1.0	0.2
1619	1.5	0.3	1629	0	0.5	1639	0	0.4
1620	0	0.3	1630	0	1.1	1640	0	0.4
1621	0	0.3	1631	1.5	1.1	1641	1.0	0.2
1622	0	0	1632	3.0	1.1	1642	0	0.2
1623	0	0	1633	1.0	1.1	1643	0	0
1624	0	0	1634	0	0.8	1644	0	0
1625	0	0	1635	0	0.2			
1626	0	0.2	1636	0	0.2			

注：滑动平均数均值为0.57

表 5-2　明代汾河流域干旱灾害权重滑动平均数

年份	权重	滑动平均	年份	权重	滑动平均	年份	权重	滑动平均
1368	0	0	1398	0	0	1428	16.0	3.6
1369	0	0	1399	0	0	1429	0	3.6
1370	1.5	0.4	1400	0	0	1430	0	3.2
1371	0.5	0.4	1401	0	0	1431	0	0.6
1372	0	3.6	1402	0	0	1432	0	0.6
1373	0	3.3	1403	0	0	1433	3.0	0.6
1374	16.0	3.2	1404	0	0	1434	0	0.6
1375	0	3.2	1405	0	0	1435	0	0.6
1376	0	3.2	1406	0	0	1436	0	0
1377	0	0	1407	0	0	1437	0	6.0
1378	0	0	1408	0	0	1438	0	6.0
1379	0	0	1409	0	0	1439	30.0	6.0
1380	0	0	1410	0	0	1440	0	6.0
1381	0	0	1411	0	0	1441	0	6.0
1382	0	0	1412	0	0	1442	0	0
1383	0	0	1413	0	0	1443	0	0
1384	0	0	1414	0	0	1444	0	0
1385	0	0	1415	0	0	1445	0	0
1386	0	0	1416	0	0	1446	0	0
1387	0	0	1417	0	0	1447	0	0
1388	0	0	1418	0	0	1448	0	0
1389	0	0	1419	0	0	1449	0	0
1390	0	0	1420	0	0	1450	0	0
1391	0	0	1421	0	0	1451	0	0
1392	0	0	1422	0	0	1452	0	0
1393	0	0	1423	0	0	1453	0	0
1394	0	0	1424	0	0	1454	0	0
1395	0	0	1425	0	0.4	1455	0	0
1396	0	0	1426	0	3.6	1456	0	0
1397	0	0	1427	2.0	3.6	1457	0	0

年份	权重	滑动平均	年份	权重	滑动平均	年份	权重	滑动平均
1458	0	0	1502	0	3.9	1546	0	2.9
1459	0	0	1503	0	1.6	1547	0	3.0
1460	0	1.2	1504	3.0	1.5	1548	0	1.3
1461	0	1.2	1505	4.5	4.7	1549	0.5	1.3
1462	6.0	1.2	1506	0	4.7	1550	6.0	2.9
1463	0	1.2	1507	16.0	7.3	1551	0	3.0
1464	0	1.2	1508	0	6.4	1552	8.5	2.9
1465	0	0	1509	16.0	6.4	1553	0	3.1
1466	0	0	1510	0	6.1	1554	0	3.1
1467	0	0	1511	0	6.2	1555	7.0	1.5
1468	0	0	1512	14.5	3.0	1556	0	1.9
1469	0	0	1513	0.5	3.0	1557	0.5	1.9
1470	0	0	1514	0	3.1	1558	2.0	9.5
1471	0	3.6	1515	0	0.2	1559	0	15.5
1472	0	3.6	1516	0.5	0.1	1560	45.0	15.4
1473	18.0	3.6	1517	0	0.1	1561	30.0	15.0
1474	0	10.5	1518	0	0.1	1562	0	15.0
1475	0	10.5	1519	0	3.2	1563	0	6.1
1476	34.5	6.9	1520	0	3.2	1564	0	0.1
1477	0	6.9	1521	16.0	3.2	1565	0.5	0.2
1478	0	7.1	1522	0	3.2	1566	0	2.1
1479	0	0.2	1523	0	3.2	1567	0.5	2.1
1480	1.0	6.6	1524	0	1.2	1568	9.5	4.8
1481	0	9.8	1525	0	1.2	1569	0	4.8
1482	32.0	29.0	1526	6.0	7.6	1570	14.0	5.1
1483	16.0	30.5	1527	0	7.6	1571	0	4.8
1484	96.0	30.5	1528	32.0	7.7	1572	2.0	4.8
1485	8.5	24.1	1529	0	12.9	1573	8.0	2.0
1486	0	22.7	1530	0.5	13.4	1574	0	2.0
1487	0	3.5	1531	32.0	13.4	1575	0	1.6
1488	9.0	4.6	1532	2.5	16.8	1576	0	1.0
1489	0	4.6	1533	32.0	16.9	1577	0	1.0
1490	14.0	4.6	1534	17.0	10.5	1578	5.0	1.0
1491	0	2.8	1535	1.0	10.0	1579	0	1.0
1492	0	4.5	1536	0	3.6	1580	0	1.9
1493	0	8.1	1537	0	3.1	1581	0	1.8
1494	8.5	11.0	1538	0	2.9	1582	4.5	1.8
1495	32.0	14.2	1539	14.5	2.9	1583	4.5	7.1
1496	14.5	17.4	1540	0	2.9	1584	0	19.1
1497	16.0	15.7	1541	0	2.9	1585	26.5	22.6
1498	16.0	12.5	1542	0	0	1586	60.0	22.5
1499	0	9.7	1543	0	2.9	1587	22.0	22.5
1500	16.0	6.5	1544	0	2.9	1588	4.0	17.3
1501	0.5	3.3	1545	14.5	2.9	1589	0	5.3

年份	权重	滑动平均	年份	权重	滑动平均	年份	权重	滑动平均
1590	0.5	0.9	1609	18.0	17.2	1628	0.5	0.1
1591	0	0.1	1610	65.0	24.0	1629	0	0.1
1592	0	0.1	1611	2.0	24.4	1630	0	0.1
1593	0	0	1612	35.0	20.8	1631	0	0.9
1594	0	0.2	1613	2.0	8.2	1632	0	20.1
1595	0	0.2	1614	0	8.0	1633	4.5	20.7
1596	1.0	0.5	1615	2.0	1.3	1634	96.0	39.9
1597	0	13.3	1616	1.0	0.9	1635	3.0	40.2
1598	1.5	13.5	1617	1.5	0.9	1636	96.0	42.9
1599	64.0	15.3	1618	0	0.5	1637	1.5	24.5
1600	1.0	15.7	1619	0	0.4	1638	18.0	38.9
1601	10.0	15.4	1620	0	0.1	1639	4.0	23.9
1602	2.0	2.6	1621	0.5	0.1	1640	75.0	26.0
1603	0	2.4	1622	0	0.3	1641	21.0	22.4
1604	0	0.6	1623	0	0.9	1642	12.0	21.6
1605	0	0.4	1624	1.0	0.8	1643	0	0
1606	1.0	0.4	1625	3.0	0.8	1644	0	0
1607	1.0	4.0	1626	0	0.9			
1608	0	17.0	1627	0	0.7			

注：滑动平均数均值为 5.15

表 5-3　清代汾河流域洪涝灾害权重滑动平均数

年份	权重	滑动平均	年份	权重	滑动平均	年份	权重	滑动平均
1644	0	0.5	1665	0	0.9	1686	0	1.2
1645	2.5	1.0	1666	0	0.8	1687	3.0	0.8
1646	0	2.2	1667	1.0	0.4	1688	0	0.8
1647	2.5	3.1	1668	1.0	0.4	1689	1.0	0.8
1648	6.0	2.6	1669	0	0.4	1690	0	1.2
1649	4.5	3.6	1670	0	0.5	1691	0	2.1
1650	0	4.7	1671	0	0.3	1692	5.0	2.5
1651	5.0	4.1	1672	1.5	0.3	1693	4.5	3.1
1652	8.0	4.0	1673	0	0.3	1694	3.0	3.5
1653	3.0	4.0	1674	0	0.3	1695	3.0	2.5
1654	4.0	3.0	1675	0	0	1696	2.0	1.6
1655	0	1.8	1676	0	0	1697	0	1.0
1656	0	1.4	1677	0	0	1698	0	0.6
1657	2.0	0.9	1678	0	0	1699	0	0.2
1658	1.0	1.4	1679	0	0	1700	1.0	0.2
1659	1.5	1.7	1680	0	0	1701	0	0.2
1660	2.5	2.8	1681	0	0.2	1702	0	0.2
1661	1.5	2.9	1682	0	0.8	1703	0	0
1662	7.5	3.0	1683	1.0	0.8	1704	0	0
1663	1.5	2.5	1684	3.0	0.8	1705	0	0.3
1664	2.0	2.2	1685	0	1.4	1706	0	0.8

续表

年份	权重	滑动平均	年份	权重	滑动平均	年份	权重	滑动平均
1707	1.5	0.8	1751	0	0	1795	2.0	1.2
1708	2.5	0.8	1752	0	0.5	1796	0	0.8
1709	0	1.2	1753	0	0.5	1797	0	0.4
1710	0	1.3	1754	2.5	0.9	1798	0	0
1711	2.0	0.8	1755	0	1.3	1799	0	0
1712	2.0	0.8	1756	2.0	2.3	1800	0	0.2
1713	0	0.8	1757	2.0	2.0	1801	0	0.2
1714	0	0.4	1758	5.0	2.0	1802	1.0	0.2
1715	0	0.4	1759	1.0	2.4	1803	0	0.2
1716	0	0.4	1760	0	2.0	1804	0	0.4
1717	2.0	0.4	1761	4.0	1.0	1805	0	0.6
1718	0	0.6	1762	0	0.8	1806	1.0	0.6
1719	0	0.6	1763	0	0.8	1807	2.0	0.6
1720	1.0	0.6	1764	0	0	1808	0	0.6
1721	0	0.6	1765	0	1.1	1809	0	0.4
1722	2.0	0.6	1766	0	1.9	1810	0	0
1723	0	1.0	1767	5.5	1.9	1811	0	0
1724	0	1.0	1768	4.0	1.9	1812	0	0.2
1725	3.0	0.8	1769	0	0.8	1813	0	0.6
1726	0	0.8	1770	0	0	1814	1.0	0.6
1727	1.0	1.2	1771	0	0	1815	2.0	0.6
1728	0	0.6	1772	0	0.6	1816	0	0.6
1729	2.0	0.6	1773	0	0.6	1817	0	0.4
1730	0	0.4	1774	0	0.8	1818	0	0
1731	0	0.4	1775	3.0	1.2	1819	0	0
1732	0	0.4	1776	1.0	1.2	1820	0	0
1733	0	0.4	1777	2.0	1.5	1821	0	0
1734	2.0	0.4	1778	0	0.9	1822	0	0
1735	0	0.6	1779	0	0.7	1823	0	0
1736	0	0.6	1780	1.5	0.5	1824	0	0
1737	1.0	0.2	1781	0	0.8	1825	0	0
1738	0	0.2	1782	1.0	0.5	1826	0	0
1739	0	0.2	1783	1.5	0.5	1827	0	0.4
1740	0	0	1784	0	0.5	1828	0	0.8
1741	0	0	1785	0	0.3	1829	2.0	1.6
1742	0	0	1786	0	0	1830	2.0	1.8
1743	0	0.2	1787	0	0	1831	4.0	2.2
1744	0	0.2	1788	0	0	1832	1.0	2.2
1745	1.0	0.4	1789	0	0	1833	2.0	2.4
1746	0	0.6	1790	0	0	1834	2.0	1.6
1747	1.0	0.6	1791	0	0.4	1835	3.0	1.4
1748	1.0	0.4	1792	0	0.8	1836	0	1.0
1749	0	0.4	1793	2.0	1.2	1837	0	0.8
1750	0	0.2	1794	2.0	1.2	1838	0	0.4

续表

年份	权重	滑动平均	年份	权重	滑动平均	年份	权重	滑动平均
1839	1.0	1.8	1864	0	0.9	1889	1.0	0.2
1840	1.0	1.8	1865	2.5	0.7	1890	0	2.6
1841	7.0	2.8	1866	1.0	0.7	1891	0	3.0
1842	0	3.0	1867	0	0.2	1892	12.0	3.1
1843	5.0	3.2	1868	0	0.2	1893	2.0	6.5
1844	4.0	1.8	1869	0	2.0	1894	1.5	7.2
1845	0	2.1	1870	0	2.5	1895	17.0	4.8
1846	0	1.1	1871	10.0	4.0	1896	3.5	4.4
1847	1.5	0.9	1872	2.5	4.0	1897	0	4.1
1848	0	0.9	1873	7.5	4.0	1898	0	0.9
1849	3.0	0.8	1874	0	2.0	1899	0	0.6
1850	0	0.8	1875	0	1.5	1900	1.0	0.8
1851	1.0	1.2	1876	0	0.6	1901	2.0	0.8
1852	0	0.9	1877	0	1.9	1902	1.0	0.8
1853	2.0	0.9	1878	3.0	2.3	1903	0	1.0
1854	1.5	0.7	1879	6.5	2.6	1904	0	1.0
1855	0	0.7	1880	2.0	2.6	1905	2.0	0.8
1856	0	0.3	1881	1.5	2.2	1906	2.0	0.8
1857	0	0	1882	0	0.9	1907	0	0.8
1858	0	0.8	1883	1.0	0.5	1908	0	0.4
1859	0	0.8	1884	0	2.4	1909	0	1.2
1860	4.0	1.0	1885	0	2.4	1910	0	2.4
1861	0	1.0	1886	11.0	2.2	1911	6.0	2.8
1862	1.0	1.0	1887	0	2.4			
1863	0	0.7	1888	0	2.4			

注：滑动平均数均值为1.13

表 5-4 清代汾河流域干旱灾害权重滑动平均数

年份	权重	滑动平均	年份	权重	滑动平均	年份	权重	滑动平均
1644	0	2.4	1659	0	0	1674	0	0.1
1645	0	0	1660	0	0	1675	0	0
1646	0	0	1661	0	0	1676	0	0
1647	0	0	1662	0	0.1	1677	0	0
1648	0	0	1663	0	0.7	1678	0	0
1649	0	0	1664	0.5	0.7	1679	0	0
1650	0	0	1665	3.0	0.7	1680	0	0
1651	0	0	1666	0	0.7	1681	0	0
1652	0	0	1667	0	1.3	1682	0	0
1653	0	0.2	1668	2.0	0.8	1683	0	0
1654	0	0.2	1669	1.5	0.9	1684	0	0
1655	1.0	0.2	1670	0.5	1.0	1685	0	0
1656	0	0.2	1671	0.5	0.6	1686	0	0
1657	0	0.2	1672	0.5	0.3	1687	0	0
1658	0	0	1673	0	0.2	1688	0	0

年份	权重	滑动平均	年份	权重	滑动平均	年份	权重	滑动平均
1689	0	3.2	1733	0	0.1	1777	0	0.2
1690	0	4.9	1734	0	0.1	1778	1.0	0.2
1691	16.0	4.9	1735	0	0.1	1779	0	0.4
1692	8.5	4.9	1736	0	0.1	1780	0	0.4
1693	0	5.2	1737	0.5	0.2	1781	1.0	0.2
1694	0	2.6	1738	0	0.2	1782	0	0.2
1695	1.5	4.1	1739	0.5	0.2	1783	0	0.2
1696	3.0	5.3	1740	0	0.3	1784	0	0
1697	16.0	5.3	1741	0	0.7	1785	0	0
1698	6.0	5.1	1742	1.0	0.6	1786	0	0
1699	0	4.5	1743	2.0	1.2	1787	0	0
1700	0.5	4.5	1744	0	1.3	1788	0	0
1701	0	0.1	1745	3.0	1.4	1789	0	0
1702	0	0.6	1746	0.5	2.5	1790	0	0.6
1703	0	0.7	1747	1.5	2.5	1791	0	1.2
1704	2.5	0.7	1748	7.5	1.9	1792	3.0	1.2
1705	1.0	0.7	1749	0	1.8	1793	3.0	1.3
1706	0	0.7	1750	0	1.9	1794	0	1.4
1707	0	0.2	1751	0	0.8	1795	0.5	0.8
1708	0	0	1752	2.0	0.8	1796	0.5	0.2
1709	0	0	1753	0	1.0	1797	0	0.3
1710	0	0	1754	2.0	1.0	1798	0	0.3
1711	0	0	1755	1.0	0.6	1799	0.5	0.3
1712	0	0	1756	0	0.6	1800	0.5	0.4
1713	0	0.2	1757	0	2.2	1801	0.5	0.4
1714	0	0.2	1758	0	2.0	1802	0.5	4.3
1715	1.0	0.2	1759	10.0	2.0	1803	0	4.2
1716	0	0.2	1760	0	2.0	1804	20.0	4.5
1717	0	0.2	1761	0	2.2	1805	2.0	5.6
1718	0	12.0	1762	1.0	0.3	1806	0	6.0
1719	0	24.0	1763	0	0.5	1807	6.0	2.0
1720	60.0	36.0	1764	0.5	0.5	1808	2.0	1.8
1721	60.0	37.2	1765	1.0	0.3	1809	0	2.3
1722	60.0	37.3	1766	0	0.3	1810	1.0	1.1
1723	6.0	25.3	1767	0	0.2	1811	2.5	0.8
1724	0.5	13.4	1768	0	0	1812	0	1.0
1725	0	1.6	1769	0	0	1813	0.5	1.0
1726	0.5	0.4	1770	0	0	1814	1.0	0.7
1727	1.0	0.3	1771	0	0	1815	1.0	1.1
1728	0	0.3	1772	0	0	1816	1.0	1.0
1729	0	0.2	1773	0	0	1817	2.0	1.1
1730	0	0.1	1774	0	0	1818	0	0.9
1731	0	0.1	1775	0	0	1819	1.5	0.7
1732	0.5	0.1	1776	0	0.2	1820	0	0.3

年份	权重	滑动平均	年份	权重	滑动平均	年份	权重	滑动平均
1821	0	0.5	1852	0.5	0.4	1883	0	0.3
1822	0	0.3	1853	1.5	0.4	1884	1.0	0.3
1823	1.0	0.5	1854	0	0.8	1885	0.5	0.3
1824	0.5	0.7	1855	0.5	0.7	1886	0	0.3
1825	1.0	0.8	1856	1.5	0.8	1887	0	0.1
1826	1.0	0.6	1857	0	1.2	1888	0	0.2
1827	0.5	0.6	1858	2.0	2.8	1889	0	3.2
1828	0	0.4	1859	2.0	2.9	1890	1.0	6.2
1829	0.5	0.4	1860	8.5	3.2	1891	15.0	6.5
1830	0	0.3	1861	2.0	3.0	1892	15.0	6.7
1831	1.0	0.9	1862	1.5	2.6	1893	1.5	6.6
1832	0	1.0	1863	1.0	1.0	1894	1.0	3.6
1833	3.0	1.9	1864	0	0.7	1895	0.5	0.6
1834	1.0	1.7	1865	0.5	0.6	1896	0	0.5
1835	4.5	1.9	1866	0.5	0.5	1897	0	0.7
1836	0	1.3	1867	1.0	1.2	1898	0	6.6
1837	1.0	1.1	1868	0.5	1.3	1899	3.0	11.8
1838	0	0.2	1869	3.5	1.2	1900	30.0	12.2
1839	0	0.2	1870	1.0	1.1	1901	26.0	12.2
1840	0	0	1871	0	1.0	1902	2.0	11.6
1841	0	0	1872	0.5	0.4	1903	0	5.7
1842	0	0	1873	0	0.7	1904	0	3.7
1843	0	0	1874	0.5	12.7	1905	0.5	3.6
1844	0	0.6	1875	2.5	30.6	1906	16.0	3.6
1845	0	1.0	1876	60.0	42.6	1907	1.5	3.6
1846	3.0	1.1	1877	90.0	42.5	1908	0	3.6
1847	2.0	1.1	1878	60.0	42.1	1909	0	0.4
1848	0.5	1.1	1879	0	30.1	1910	0.5	0.5
1849	0	0.6	1880	0.5	12.1	1911	0	0.6
1850	0	0.2	1881	0	0.1			
1851	0	0.4	1882	0	0.3			

注：滑动平均数均值为 2.7

表 5-5　民国时期汾河流域洪涝灾害权重滑动平均数

年份	权重	滑动平均	年份	权重	滑动平均	年份	权重	滑动平均
1912	6.0	5.2	1921	2.0	2.5	1930	5.0	6.2
1913	8.0	5.2	1922	3.5	2.5	1931	4.0	7.2
1914	6.0	4.3	1923	4.0	1.9	1932	10.0	6.0
1915	0	4.7	1924	0	1.5	1933	10.0	5.6
1916	1.5	3.1	1925	0	0.8	1934	1.0	4.8
1917	8.0	1.9	1926	0	1.0	1935	3.0	2.8
1918	0	2.5	1927	0	2.4	1936	0	1.4
1919	0	2.6	1928	5.0	3.4	1937	0	5.2
1920	3.0	1.7	1929	7.0	4.2	1938	3.0	5.4

续表

年份	权重	滑动平均	年份	权重	滑动平均	年份	权重	滑动平均
1939	20.0	5.4	1943	0	6.4	1947	0	1.6
1940	4.0	10.8	1944	1.0	6.4	1948	0	
1941	0	10.2	1945	4.0	1.0	1949	4.0	
1942	27.0	6.4	1946	0	1.0			

注：滑动平均数均值为 3.8

表 5-6　民国时期汾河流域干旱灾害权重滑动平均数

年份	权重	滑动平均	年份	权重	滑动平均	年份	权重	滑动平均
1912	1.0	0.4	1925	0	1.3	1938	0	0
1913	0.5	0.3	1926	0	3.5	1939	0	0
1914	0	0.4	1927	0	4.2	1940	0	0.6
1915	0	0.2	1928	13.0	4.2	1941	0	0.6
1916	0.5	0.1	1929	8.0	4.2	1942	3.0	0.8
1917	0	0.4	1930	0	4.2	1943	1.0	8.2
1918	0	7.2	1931	0	1.6	1944	0	8.2
1919	1.5	7.8	1932	0	0	1945	37.0	7.6
1920	34.0	8.3	1933	0	0.6	1946	0	7.4
1921	3.5	8.7	1934	0	0.6	1947	0	7.4
1922	2.5	9.3	1935	3.0	0.6	1948	0	
1923	2.0	2.5	1936	0	0.6	1949	0	
1924	4.5	1.8	1937	0	0.6			

注：滑动平均数均值为 3.2

表 5-7　现代汾河流域洪涝灾害权重滑动平均数

年份	权重	滑动平均	年份	权重	滑动平均	年份	权重	滑动平均
1950	40.5	0	1967	8.5	20.8	1984	0	26.5
1951	0	0	1968	0	20.2	1985	85.8	24.3
1952	9.2	15.8	1969	62.8	16.4	1986	12.5	44.2
1953	0.1	24.5	1970	0	14.7	1987	0	44.2
1954	29.2	24.5	1971	10.6	14.7	1988	122.7	31.3
1955	84.0	22.7	1972	0	2.3	1989	0	28.8
1956	0	22.6	1973	0.2	2.3	1990	21.3	28.8
1957	0	35.0	1974	0.8	0.2	1991	0	18.7
1958	0	18.2	1975	0	43.6	1992	0	19.4
1959	91.0	18.7	1976	0	45.0	1993	72.4	15.1
1960	0	20.1	1977	217.0	44.9	1994	3.2	44.4
1961	2.6	22.8	1978	7.3	44.9	1995	0	47.4
1962	6.8	8.4	1979	0	47.2	1996	146.4	41.6
1963	13.6	9.0	1980	0	6.0	1997	15.1	41.1
1964	19.0	14.4	1981	11.7	9.2	1998	43.3	41.7
1965	3.1	14.8	1982	11.2	9.2	1999	0.5	
1966	29.6	12.0	1983	23.0	26.3	2000	3.1	

注：滑动平均数均值为 24.4

表 5-8 现代汾河流域干旱灾害权重滑动平均数

年份	权重	滑动平均	年份	权重	滑动平均	年份	权重	滑动平均
1950	2.5	0	1967	0	74.9	1984	7.0	80.7
1951	0	0	1968	22.9	7.9	1985	0	80.7
1952	0	9.2	1969	0	5.6	1986	396.4	80.7
1953	0	25.8	1970	5.0	79.8	1987	0	79.3
1954	43.7	25.8	1971	0	77.5	1988	0	193.0
1955	85.3	45.7	1972	371.0	79.8	1989	0	113.7
1956	0	50.0	1973	11.4	78.8	1990	568.6	200.6
1957	99.3	41.2	1974	11.4	78.8	1991	0	390.7
1958	21.6	36.6	1975	0	4.6	1992	434.4	390.7
1959	0	44.5	1976	0	2.3	1993	950.7	390.2
1960	62.2	30.8	1977	0	0	1994	0	390.2
1961	39.6	26.4	1978	0	1.2	1995	566.0	303.3
1962	30.4	26.4	1979	0	1.2	1996	0	113.2
1963	0	82.0	1980	6.0	1.2	1997	0	113.2
1964	0	76.4	1981	0	1.2	1998	0	0
1965	340.0	70.3	1982	0	2.6	1999	0	
1966	11.4	74.9	1983	0	1.4	2000	0	

注：滑动平均数均值为 87.4

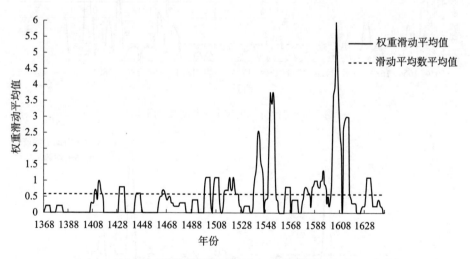

图 5-1 明代汾河流域洪涝灾害权重滑动平均

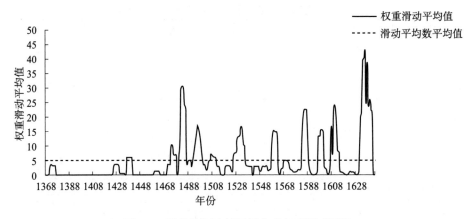

图 5-2　明代汾河流域干旱灾害权重滑动平均

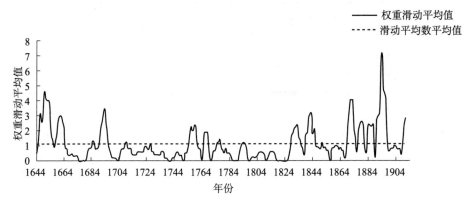

图 5-3　清代汾河洪涝灾害权重滑动平均

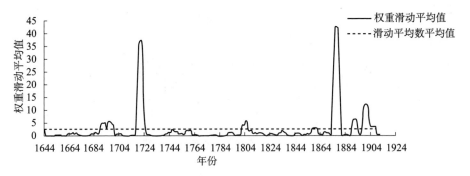

图 5-4　清代汾河流域干旱灾害权重滑动平均

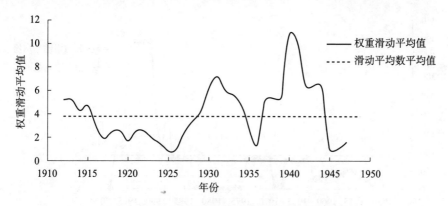

图 5-5 民国时期汾河流域洪涝灾害权重滑动平均

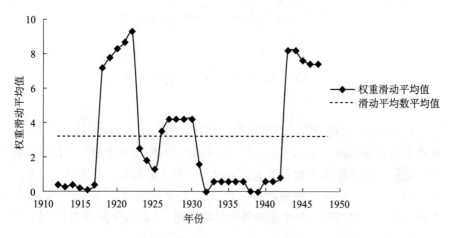

图 5-6 民国时期汾河流域干旱灾害权重滑动平均

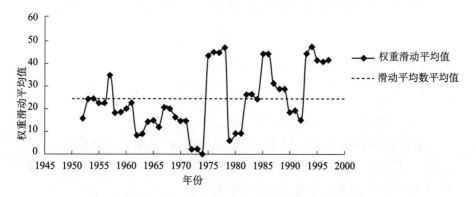

图 5-7 现代汾河流域洪涝灾害权重滑动平均

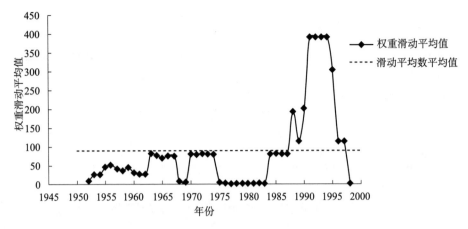

图 5-8　现代汾河流域干旱灾害权重滑动平均

第三节　Kendall 秩次相关方法

Kendall 秩次相关检验的原理是：对时间序列 x_1，x_2，…，x_{n-1}，x_n，先确定所有对偶值 (x_i, x_j)，$(j > i)$ 中 $x_i < x_j$ 的出现个数 k。如果按顺序前进的 x 值全部大于前一个 x 值，这是一种上升趋势，k 为 $(n-1) + (n-2) + \cdots + 1$，其总和为 $n(n-1)/2$。若全部倒过来，则 $k = 0$，即为下降趋势。由此可知。对于无趋势的时间序列，k 的数学期望为 $E(k) = n(n-1)/4$。

要确定时间序列有无趋势成分，需进行检验。为此，构造统计量

$$U = \frac{\tau}{\left[D_{(\tau)}\right]^{1/2}} \tag{5-2}$$

其中，Kendall 统计量 τ、方差 $D_{(\tau)}$ 分别为

$$\tau = \frac{4k}{n(n-1)} - 1; \qquad D_{(\tau)} = \frac{2(2n+5)}{9n(n-1)}。$$

当 n 增加时，统计量 U 很快趋于标准正态分布。

假设原序列无趋势（H_o）。给定显著性水平 a 后，查算 $U_{a/2}$。当 $|U| < U_{a/2}$ 时，接受原假设，即趋势不显著；反之，拒绝原假设，即趋势显著（$U_{a/2}$ 可查正态分布 Z 值的概率表）。

一、汾河水库上游年径流变化趋势

据该水库水文站的实测资料，1954—2004 年 51 年平均年径流量为

3.50 亿 m^3，总体呈下降趋势。若划分为等长的 3 个时段，即 1954—1970 年、1971—1987 年、1988—2004 年（时段均长为 17 年），则各时段的年径流量平均值分别为 4.68 亿 m^3、3.09 亿 m^3、2.72 亿 m^3，最近17 年的平均值为第一时段平均值的 58.19%，再应用 Kendall 秩次相关法分析 1954—2004 年共 51 年系列 Kendall 标准化变量 $U=3.022\,9$，取显著水平 $a=0.05$，得相应的检验临界值 $U_{a/2}=1.96$，$|U|>U_{a/2}$，表明该系列的下降趋势显著。

李丽娟等[1]指出，对于海河、滦河流域的河流系统而言，20 世纪 70 年代以前受人类活动的影响相对较小。参考这一意见，应用 Kendall 秩次分析方法对汾河水库上游和汾河流域上、中、下游 1970 年以前的年径流系列进行了检验，结果如表 5-9 所示，表中各栏的 $|U|$ 均小于 $U_{a/2}$。

表 5-9　汾河各区段 1970 年以前年径流趋势分析结果

区段	$|U|$	观测时期/年	系列长度/a
汾河水库上游	0.156 9	1954—1970	17
汾河上游	0.994 8	1951—1970	20
汾河中游	0.167 0	1952—1970	19
汾河下游	0.995 2	1934—1970	37

由表 5-9 可见：①汾河水库上游与汾河上、中、下游 1970 年以前的年径流演变趋势均不显著；②1970 年以前，气候及人类活动因素对年径流均没有大的影响。

二、跳跃成分的检验

应用游程（轮次）分析方法进行 U 检验，以检验时间序列中有无跳跃成分，先确定人类活动可能导致序列发生显著变化的时间点。依前述原因，假定第一个时间点 t_1 为 1971 年。另外，山西省在1988—1997 年开展了汾河水库上游水土流失综合治理，1998—2007 年开展了第二期综合治理。因此，假定第二个时间点 t_2 为 1987 年。这样就把 1954—2004 年分成了 3 个时间段，长度均为 17 年，即为3 个小样本。

为了检验序列中跳跃成分是否显著，采用下式计算标准化变量 U。

---

[1]　李丽娟、郑红星：《华北典型河流年径流演变规律及其驱动力分析——以潮白河为例》，《地理学报》2000 年第 3 期，第 309-317 页。

$$U = \frac{k - (1 + \frac{2n_1 n_2}{n})}{\sqrt{\frac{2 n_1 n_2 (2 n_1 n_2 - n)}{n^2(n-1)}}} \tag{5-3}$$

式中，n_1 为小样本容量；n_2 为另一样本容量；k 为游程总个数；n 为样本总容量。

选择显著水平 $a = 0.05$，在标准正态分布的情况下，临界值 $U_{a/2} = 1.96$，若 $|U| < U_{a/2}$，则接受原假设，即时间分割点前后之两个样本来自同一分布总体，表示跳跃不显著。计算结果表明，前一时间点前后 $|U| = 1.7416 < 1.96$；后一时间点前后 $|U| = 0.3483 < 1.96$，故可以认为 3 个时段的跳跃成分均不显著。

三、年径流演变的相依性

相依性即不同年份年径流的相互依存关系。应用自相关函数分析方法，计算汾河水库上游 1954—2004 年共 51 年径流系列的一阶自相关系数 γ_k：

$$\gamma_k = \frac{\sum_{t=1}^{n-k}(x_t - \overline{x})(x_{t+k} - \overline{x})}{\sum_{t=1}^{n-k}(x_t - \overline{x})^2} \tag{5-4}$$

式中，$\overline{x}$ 取 3.50 亿 m^3；k 为时移（滞时），当样本数 >50 时，一般可取 $n/10$ 左右，今 $n = 51$，故取 $k = 5$。

计算所得 $\gamma_k = 0.16$，查相关系数检验表，当置信度为 95% 时，容许限应大于 0.273，今 $\gamma_k = 0.16 < 0.273$，故认为相依性不明显。

四、与汾河水库至兰村区间年径流演变趋势的比较

由水利部主持，中国科学院、住房和城乡建设部、地质矿产部、农业部、国家教育委员会参加主持编写的《战略研究》曾经对汾河水库至兰村区间年演变趋势进行了深入细致的探讨。

《战略研究》认为，山西省近年来河川的减少，已非降水量减少所能解释。人类活动的影响是一个不可忽视的重要因素。因此，《战略研究》对太原市汾河干流的汾河水库至寨上水文站，以及寨上水文站至兰村水文站两个区间的当地实测年径流系列（此两区间内基本无用水）进行了系列非平稳性检验，其结果如表 5-10 所示。

表 5-10　汾河水库—寨上、寨上—兰村区间年趋势检验

项目	汾河水库—寨上		寨上—兰村	
	期望值	实测值	期望值	实测值
秩次检验	-0.04 ± 0.39	0.49	-0.04 ± 0.36	0.88
U 检验	78 ± 36	27	113 ± 47	24
游程检验	13 ± 5	12	16 ± 5	8

注：①实测数据分别为 1960—1987 年及 1958—1987 年；②汾河干流太原市兰村以上为上游，控制流域面积为 7727.1km²，汾河水库上游只占汾河全上游流域面积的 68.18%。汾河水库至寨上水文站区间的面积为 1551km²，寨上至兰村区间的面积为 908.1km²

《战略研究》对汾河水库—兰村区间内几个有代表性的雨量站的年雨量系列进行了同样的检验，结果表明各雨量站的百年雨量系列均具有明显的随机性、持续性，而没有趋势性，寨上—兰村区间也十分明显。这就证明汾河水库上游年径流同其下游两个区间的年径流一样，均具有明显的下降趋势，但下游两个区间的趋势演变与降水无关，也与用水无关。

五、汾河水库上游年径流呈下降趋势的原因

为了探讨汾河水库上游年径流呈下降趋势的原因，我们从年降水量系列的演变趋势和上游用水量的变化两方面进行分析。

（一）年降水量系列的 Kendall 秩次相关分析

分析汾河水库水文站 1954—2004 年年降水量系列，得到 $\tau=0.071\,37$，方差 $D(\tau)=0.009\,67$，Kendall 标准化变量 $U=0.725\,67$。取显著水平 $a=0.05$，相应的检验临界值 $U_{a/2}=1.96$，因 $|U|=0.725\,67<U_{a/2}$，故认为年降水量系列的下降趋势并不明显。

又据实测资料，1954—1970 年汾河水库上游的平均年降水量为 456.58mm，1971—1987 年为 412.88mm，而 1988—2004 年为 435.29mm，1988—2004 年的平均年降水量仅比 1954—1970 年的减少了 4.66%，而平均年径流量却减少了 41.81%之多，显然，年径流的下降趋势与降水量的变化没有关系。

（二）人类活动的影响

汾河水库上游为林区、牧区和农区，至今尚无规模以上的工矿企业，也没有大中型灌区和中型水库。该区宁武、静乐、娄烦、岚县 4 县 20 世纪 90 年代有效灌溉面积约为 6367 公顷，笔者估计每年实灌面积为 5000—5500 公顷，年用水量为 2000 万—3000 万 m³，只占年径流量的 7%左右，

因此其增减变化对年径流量的影响较小。此外，据研究[①]，该区 1983 年农业人口为 435 100 人，而 1996 年不增反减，只有 427 300 人，比 1983 年减少了 1.8％，故生活用水对年径流变化无影响。

以上用排除法排除了工矿、灌溉及生活用水的因素之后，值得注意的是煤炭开采对地下水出流（即泉水）的影响。[②③] 据统计，目前水库上游 4 县年产煤炭 764 万 t、焦炭 73.6 万 t，而在 1970 年以前，受当时的政策所限，小煤矿开采量几乎为零。笔者在论文中也提出过这样的怀疑。

有研究者[④]评述明代万历十二年（1584）的静乐地震时，曾引用了喻克智的《山西省主要构造带及震中分布图》[⑤]，由该图可清楚地看到由宁武到静乐有一条中生代褶皱轴，几乎与汾河干流相重合；而在该褶皱轴的东、西两侧，又各有一条与其平行的小断裂。设想汾河水库上游两侧的小煤矿开挖，是否会将原有各支沟的泉水或地下水注入断裂？这是一个很值得勘测和分析的问题。

① 山西省统计局：《山西省三十五年建设成就》，太原：山西人民出版社，1984 年，第 87 页。

② 杨贵羽、周祖昊、秦大庸等：《三川河降水径流演变规律及其动因分析》，《人民黄河》2007 年第 29 卷第 2 期，第 42-45 页。

③ 彭文启、张祥伟：《现代水环境质量评价理论与方法》，北京：化学工业出版社，2001 年，第 159 页。

④ 王尚义、张慧芝：《历史时期汾河上游生态环境演变研究——重大事件及史料编年》，太原：山西出版集团，山西人民出版社，2008 年，第 319 页。

⑤ 喻克智：《山西地质构造及地震活动特征》，《山西地震》1977 年第 1 期，第 58 页。

第六章 汾河流域水资源可持续安全利用途径研究

第一节 汾河流域水资源可持续安全利用途径

一、保障河流水资源安全的必要性

保证流域水资源安全，概括地讲，就是要保障河流水资源的可持续发展。可持续发展，即 1987 年，联合国世界环境与发展委员会（The United Nations World Commission On Environment Development，WCED）发表了《我们共同的未来》，把可持续发展定义为："既满足当代人的需要，又不对后代人满足其需要的能力构成危害的发展"，其后，牛文元又对上述定义从空间尺度上进行了补充："满足特定区域的需要而不削弱其他区域满足其需要的能力。"[①]

河流水资源是一种可再生资源，与一般不可再生资源相比，具有明显的优势。例如，一条河流的径流量，当其在今年被消费了一部分，甚至于大部分以后，明年还会再度产生径流。然而，河流水资源也有另一个特点：它的过度消费必定会导致生态环境的恶化。而对于不可再生资源（如煤炭资源），虽然挖一吨就少一吨，但即使全部挖完（指可采储量），只要不产生地面塌陷或挖断地下水源，就不会对周边生态环境产生什么影响。

汾河流域地处黄土高原，其多年水量平衡的特点是：地下水和地表水

---

① 马子清：《山西省可持续发展研究报告》，北京：科学出版社，2004 年，第 59-61 页。

的重复率较高，一旦地表水资源被过量开发和利用，地下水资源也势必大幅度减少，近年来几个岩溶大泉水量的减少就证明了这一点。因此，对于汾河流域而言，保障流域水资源的安全，首先是要维护流域河流水资源的可持续发展，对其的完整定义是，对河流水资源的开发和利用，应当满足以下 3 个条件：①以不破坏良好的生态环境为前提；②既满足当代人的需要，又不对后代人满足其需要的能力构成危害；③既满足特定区域的需要，又不削弱其他区域满足需要的能力。

二、汾河流域的水危机表现

汾河流域早在 2000 年之前，就已出现了严重的危机，具体表现在以下几个方面。

1）河道实际流量减少。例如，汾河流域 1980—2000 年平均地表水利用消耗率为 64.8%，同期平均年汇入黄河的水量为 5.84 亿 m³，仅占多年平均径流量的 28.25%。[①]

2）河水严重污染。2003 年汾河上游静乐的水质为 Ⅳ 类，寨上为超 Ⅴ 类，兰村河干，中游小店桥、义棠和下游临汾、柴庄的水质均为超 Ⅴ 类。全省最大的水库汾河水库的水质也达 Ⅳ 类。[②]

3）因地表水枯竭而集中开采地下水，形成了地下水的漏斗区。例如，太原市城区漏斗区面积 173.1km²，西张水源区漏斗面积 31km²。

三、汾河流域水资源安全利用途径分析

有研究[③]指出，汾河河流水资源的允许开发利用率是 32% 左右，而在 2000 年实际开发利用率已达 64.8%。由于人口和经济的不断增长，用水率也会不断增长，当时假设水资源开发利用率每年增加 1 个百分点，到 2008 年也会达到 73%，更何况由于地区发展的不平衡，汾河等 6 条河流业已不同程度地超过了允许利用的极限，成为事实上的排污渠。因此，必须亡羊补牢，及早采取对策，治理三废，减少以至完全杜绝污水向河流的自由排放，是保护水环境安全的大前提，但治污不属于本书讨论的范围。因此，该流域水资源安全利用的途径，本书只探讨河流生态环境需水量的保持途径，以控制水资源在安全的开发程度之内。

---

① 李英明、潘军峰：《山西河流》，北京：科学出版社，2004 年，第 235-239 页。

② 山西省水利厅：《山西省水资源公报》，2004 年。

③ 任世芳：《山西河流水资源安全研究》，北京：气象出版社，2008 年，第 8-11 页。

（一）节水

为了贯彻科学发展观，在本来就缺水的山西建设资源节约型、环境友好型的社会，节约水资源无疑是必须坚持采取的战略性措施。任伯平等在1984年就指出：节水是解决山西省缺水的一项现实可行的措施。[1] 但仅仅依靠节水这种治标措施不可能完全解决山西的水危机[2][3]，更不用说解决汾河流域的水危机了。有研究者通过引用权威部门编写的《战略研究》的内容预测：1987—2000年，通过努力提高和推广节水和污水资源化，只能把工业万元产值用水量减少18.4%。显然，这13年工业总产值增长所带来的总用水量增长，将大大降低和抵消节水所产生的效果。

（二）调整产业结构

有关学者指出，解决水危机的治本措施是调整产业结构，即改变过去的既定方向，在今后相当长一段时间内应该做到水资源消耗量负增长，使其朝着恢复径流良性循环的方向前进，逐步把总用水量压低到允许的限度以下，然后再保持零增长状态。所谓调整产业结构，就是在水资源缺乏的地区，先停止兴建高耗水企业（如火电站、洗煤厂等），然后逐步将现有的以高耗水产业为主的产业结构置换为低耗水企业（如煤层气开采、液化、煤炼油等）。但这种结构性的转变需要较长的过渡期，如果现在不抓紧决策，则将会面临更加被动的局面。

（三）蓄水

此处所提出的蓄水工程措施，包括以下两个方面。

1）雨水工程。在人畜吃水困难，既没有条件用较大工程集中加以解决，又无小泉水可资利用的山区，可推广西北地区近年来行之有效的雨水工程，因为山西省年降雨量一般多于西北地区，雨水资源更加丰富。

2）建设改善生态环境需水量（W_r）的蓄水工程。为了增加非汛期径流量，需要用水库对某些河流进行季调节。据有研究者[4]估算，黄、海河

① 任伯平、刘天福、张兴教：《节水是解决我省水资源问题的一项现实可行措施》，《农业投资效果》1984年第5期，第1-8页。

② 赵淑贞、任伯平：《关于淡水资源的可持续开发》，《技术经济与管理研究》1996年第6期，第23-25页。

③ 赵淑贞：《关于淡水资源的可持续开发模式》，《山西大学师范学院学报》（自然科学版）1997年第1期，第36-38页。

④ 任世芳：《山西河流水资源安全研究》，北京：气象出版社，2008年，第14页。

流域分别需要的 W_r 为 1.43 亿 m³ 和 3.46 亿 m³，按总库容系数 $\beta=1.50$ 估计，共需增加库容 7.33 亿 m³，这一需求有一些可由已建、正建水库附带满足，如文峪河建设中的柏叶口水库，有些则需要由新建水库来满足，如汾河干流的上石家庄水库。

(四) 跨流域引水

汾河流域依靠本身的径流已不能满足用水需求，汾河中游在建潇河松塔、文峪河柏叶口等水库；上游新建上石家庄水库；下游新建引沁入汾工程。但是问题在于，这些工程增加的供水量很少，而且并不能改变流域总体缺水和水环境恶化的严酷现实，建议从新的视角来重新定位引黄入晋工程的性质和作用。

(五) 引黄入晋转变为生态环境供水工程的设想

据估算，2000 年汾河流域的地表水实际利用水量超过了允许利用水量，赤字为 4.32 亿 m³。

如果假定通过上述各项措施的努力，使水资源消耗实现负增长，再假定负增长的速度与 GDP 增长的速度基本相同（这是最低要求），则需要解决的问题就是以引黄入晋供水来弥补上述赤字。引黄入晋工程设计向桑干河流域、汾河流域两大流域供水 6.4 亿 m³ 和 5.6 亿 m³，目前，南干渠第一期工程供水 3.2 亿 m³ 已经完成，北干渠尚未动工。

引黄入晋工程现在面临的困境是：①水质不好，万家寨库区的水质为劣 V 类；②成本太高，送到太原并处理后的成本为 8 元/m³，是当地水价的 2.67 倍。因此，该工程曾经一度处于停止运营状态。[①]

对于第一个困难，中央及各省已加大水环境治理的力度，万家寨库区以上的水质有望逐步好转，只要能提升为 Ⅲ 级水质，即可考虑恢复引水进行利用。对于后一个问题，则建议把引黄入晋的性质转变为生态环境工程，供水成本与当地水价之差额（5 元/m³），属于水环境保护费，以年引黄 6.74 亿 m³ 计，金额为 33.68 亿元，应由两流域用水户按一定的规则分摊。据统计，2000 年桑干河流域、汾河流域的 GDP 为 978 亿元，水环境保护费仅占 GDP 的 3.44%，征收这一费用，用水者能够也是应该承担的。

---

① 刘文国、武勇、刘砺平：《过百亿引水工程为何被大量闲置——山西万家寨"引黄入晋"一期工程调查》，新华社，2006 年 4 月 28 日。

（六）改变传统的水资源开发模式

传统的水资源开发模式，就其发展史而言，大体可分为两个阶段。第一个阶段：依靠水资源的高消耗来追求经济数量增长，力图最大限度地开发利用当地或邻近地区的水资源，以充分满足经济社会发展的需要；第二个阶段：当可利用的水资源均已开发完毕，生态环境严重恶化，出现水危机时，研究并推行各种节水措施，并且使污水资源化。山西省的水资源开发模式，走的正是这一条道路。

赵淑贞等[1][2]指出：从生态环境所允许的条件看，河川径流的最大允许利用率为 35%—40%，如果山西省在 2000 年的河川径流开发利用率超过允许值的 1 倍，自然生态平衡将会进一步恶化。这一预测不幸而言中，2000 年永定河、汾河、涑水河流域的地表水开发利用率分别达到 85%、72% 和 85%，都超过了国际公认标准的 1 倍。由于清水流量减少，以及污水未经处理直接排入河道，桑干河东榆林以上、御河口以下的水质为劣 V 类；汾河流域严重污染，水质为劣 V 类的河长占评价河长的 71.8%；涑水河下游河段水质常年为劣 V 类，污染严重。[3]

有研究者[4][5]早在汾河流域水资源危机出现的伊始，就曾针对山西省的水资源可持续开发问题提出了两点建议：①传统的水资源开发模式必须改变，河川径流的开发利用率不能超过允许的最大限度，以维持良好的生态环境；②在今后相当长的时期内，做到水资源消耗量的负增长，在达到允许开发的利用率之后，保持零增长状态。但是在最近半个世纪以来，特别是近 10 年来，山西省境内以汾河为代表的某些河流，开发利用率远远超过了允许的合理阈值，而且虽然积极采取了各种节水和治污措施，但水资源利用量的增速并未减缓，因此既做不到零增长，更做不到负增长。

---

① 赵淑贞、任伯平：《关于淡水资源的可持续开发》，《技术经济与管理研究》1996 年第 6 期，第 23-25 页。
② 赵淑贞：《关于淡水资源的可持续开发模式》，《山西大学师范学院学报》（自然科学版）1997 年第 1 期，第 36-38 页。
③ 李英明、潘军峰：《山西河流》，北京：科学出版社，2004 年，第 34、228、325 页。
④ 赵淑贞、任伯平：《关于淡水资源的可持续开发》，《技术经济与管理研究》1996 年第 6 期，第 23-25 页。
⑤ 赵淑贞：《关于淡水资源的可持续开发模式》，《山西大学师范学院学报》（自然科学版）1997 年第 1 期，第 36-38 页。

第二节　生态环境需水量的计算原理

一、生态环境需水计算对于汾河流域水安全的意义

生态与环境用水的评价和估算是我国水文水资源学研究和水利建设中的新课题，更是我国北方半干旱、半湿润地区水资源安全面临的重大问题。[①] 在对包括华北地区在内的三北地区水危机化解策略、措施和关键科技进行深入研究后指出：要进行生态与环境蓄水战略研究，其目的是通过研究促进生态脆弱区生态环境需水量的保证程度，降低水资源利用率，协调上、中、下游的水资源调配关系，保证河流不断流，保证下游区域有足够的水量支持其生态和经济社会发展。

汾河流域是山西省内人口最密集、经济最发达的地区之一，由于水利建设和经济社会发展之初，没有对生态环境用水加以充分考量，煤炭工业的无序开发，加之气候变化的影响使河川径流量减少，而工矿企业和城镇用水量又大幅度增加，造成水资源供需失衡。地下水的大量超采，使多处岩溶大泉（如晋祠、兰村、神头等）出现衰减。行业污水和生活污水未能及时和充分地被处理，往往直接排入河道，而河道又因天然径流大为减少，已缺乏起码的自净能力。问题最严重的汾河干流，由于在太原市兰村水文站以下经常处于干涸断流状态，已经成为一条名副其实的排污沟。造成上述水安全严峻形势的主要原因，就是对水资源的无节制开发，没有预留足够的生态环境用水。

河川水资源的可持续利用课题包括两方面：一是水资源的永续利用；二是水资源的开发利用与生态环境的协调发展。[②] 对全球性水资源危机的分析显示[③]：日本和美国两个发达国家的总提水量，均已做到了零增长，而且美国的人口自 1980 年以来每年增加 150 万—200 万人，工农业生产也以 3％ 左右的速度增长，这就表明：水资源的合理利用与经济增长之间并无根本矛盾，问题的关键在于开发利用率必须

---

① 中国科学院水资源领域战略研究组：《中国至 2050 年水资源领域科技发展路线图》，北京：科学出版社，2009 年，第 9-28 页。

② 刘昌明：《中国 21 世纪水资源供需趋势与重点问题的探讨》，见：刘昌明：《21 世纪中国水文科学研究的新问题新技术和新方法》，北京：科学出版社，2001 年，第 3-10 页。

③ 任世芳、牛俊杰：《关于全球性水资源危机若干问题的探讨》，《世界地理研究》2006 年第 15 卷第 2 期，第 31-35 页。

低于最大限度。

二、生态环境用水需求分析

有关生态环境需水量的分析思路，刘昌明[1]指出，生态环境用水评价和计算的问题，实质上就是水资源与生态环境协调发展的可持续性问题。为此，他提出了"四大平衡"的问题。

(一) 水热 (能) 平衡

刘昌明提出一个对水利工程规模有控制意义的指标——水分适宜度 (C_r)：

$$C_r = E_o/W_h$$

式中，E_o 为反映蒸发能力的近似值，$E_o \approx pE$，p 为多年平均降水量 (mm)；E 为蒸发量 (g)，其凝结时为负值；W_h 为区域湿润度，$W_h = p - R_s$，R_s 为地表径流深度。

当 $C_r > 1$ 时，表明地区干旱，需要补水（引水灌溉）；当 $C_r < 1$ 时，则表明地区湿涝，需要排水（除涝）；而只有当 $C_r = 1$ 时，才是水分最适宜的状况，区域生态表现为最佳状态。

(二) 水盐平衡

内陆盐渍化是水盐不平衡所造成的，一般与排盐水量不足有关。为了缓和盐渍化过程的加剧，维持生态平衡，需要预留足够的水量排盐。由于目前实测资料不足以作出所需的排盐水量，刘昌明提出了两种粗略的估算方法。

1）根据流域出口水文测站的观测资料，以河流离子径流除以离子含量，可近似地推求盐分平衡时相应的排盐需水量。

2）把海、滦河平原的来水量与入渤海水量的差值作为盐分平衡的排盐水量，即减少的入海水量。

据刘昌明应用上述两种方法粗估，所得的结果相差 50%。

汾河流域所在的山西省的实际情况是：该省的盐碱化土地是在季风气候和人为灌溉因素的作用下，由地下水蒸发而造成的土壤积盐过程。在一般情况下，当地下水埋深大于 3m 时，该省土壤几乎从不发生盐碱化现

---

① 刘昌明：《中国 21 世纪水资源供需趋势与重点问题的探讨》，见：刘昌明：《21 世纪中国水文科学研究的新问题新技术和新方法》，北京：科学出版社，2001 年，第 3-10 页。

象。全省盐碱地面积在 20 世纪 60 年代初期有 32 万公顷，经过多年的改良，面积不断缩小，目前尚余 16.67 万—26.67 万公顷。加之近几十年来地下水超采和井灌的发展，地下水位大多降到了 3m 以下，故排盐所需的淡水数量是很有限的。

另外，李丽娟等认为，在保证基本生态环境需水量和输沙水量的前提下，河流系统同时也将完成排盐的功能。因此，在计算了基本生态环境需水量和输沙水量后，就无需另外计算排盐水量。

（三）水沙平衡

汾河流域位于黄土高原，土壤侵蚀相当严重。河流上游的山区来水挟带大量泥沙，进入平坦地区（如太原盆地）以后，由于纵坡骤然变缓，河床宽浅，水流流速降低，导致泥沙沉淀，淤塞河道，进而降低了河道的泄洪能力，往往形成洪涝灾害等环境问题。由于河流泥沙主要沉积在河床、河滩地段，以及引水灌溉的渠系内，部分泥沙可能淤积在被灌溉的农田上，故水沙平衡主要是指河、渠的冲淤平衡。为输沙、排沙需要的水量，被称为沙量平衡用水量。它的多少取决于多种自然条件，如泥沙量的大小、水量的大小、河道纵坡、河床与河滩的水力学特性等，其计算十分复杂且缺乏足够多的观测资料。刘昌明认为，海河下游平原其他河流的年冲沙用水量，应与盐分平衡排水量相当。又据黄河水利委员会的大致计算，黄河下游的年冲沙用水量为 200 亿 m³，而有学者估算，在不同的气候条件下，这一数值为 220 亿—460 亿 m³ 不等[①]，可见各种方法的计算结果误差之大，因此本书将结合具体情况详加讨论。

（四）区域水量平衡与供需平衡

刘昌明在 2001 年根据中国各地近百个山区流域的年水量平衡要素统计资料计算得出：随着年降水量由小到大，区域水量平衡要素的结构有着十分明显的差异，并将它们归纳为 5 种类型。汾河流域大多数地区的年降水量为 400—600mm，仅有极小部分少于 400mm，属于刘昌明所举的第二种类型，其特点是：与年降水量小于 400mm 的地区相比，地表水（径流 R）与地下水径流（R_g）的比例开始逐渐增大，但在水量平衡要素中，蒸发仍是主要的，蒸发能力始终大于降水量（$E_o > p$）。

水量供需平衡可以分为农业与水资源供需平衡和城市工业的水资源供

[①] 尹国康：《黄河流域环境对水资源开发承受力的思考》，《地理学报》2002 年第 57 卷第 2 期，第 224-231 页。

需平衡。如果仅仅从农业的角度思考问题，就只是一个相对简单的水土平衡问题，平衡只涉及在一定的种植制度下农业需水量与水资源（降水量、地表水与地下水）所能提供使用的水量，但实际上问题要复杂得多。汾河流域耕地面积占全省耕地总面积的 29.23%，而水资源量占全省水资源总量的 27.12%，两者的比例相近，似乎勉强算得上均衡。但如稍做分析，便可察觉这种平衡只是假相。第一，农业灌溉水平不高，汾河流域现有的有效灌溉面积为 48.7 万公顷，2000 年农业灌溉实际用水量为 19.68 亿 m^3，平均毛用水量只有 $4041m^3$/公顷，比全国平均值（$7500\ m^3$/公顷）低 46.1%。第二，汾河流域人口稠密，城市众多，工业发达，2000 年城市生活、工业、农业灌溉、农村生活和林牧渔业合计总用水量为 29.43 亿 m^3，占水资源总量 33.58 亿 m^3 的 87.64%，这一开发利用率远远高于国际公认的合理开发利用率（30%－40%）。第三，没有给经济社会的发展留下余地。由于水资源开发利用率已接近 90%，今后即使在节水方面有所进展，但经济社会（包括人口的增长）发展对水资源需求的增长，可能部分或全部抵消节水的效果，使水资源供求关系更加紧张，水环境形势更加严峻。

三、生态环境用水的功能与内涵

(一) 河流系统的功能

河流系统包括河流、湖泊及其邻近的土地，国外有学者从工程技术的角度，把河流系统定义为百年一遇的洪泛区。河流系统的功能通常可以概括为资源功能、生态功能、环境功能。[1][2]

1. 资源功能

资源功能是指河流系统具有如供水、发电、航运、水产养殖等经济价值，是人类及其他生物赖以生存的重要资源。实现这一功能所需要的水量平衡，对应于刘昌明所论述的"四大平衡"中的水量供需平衡，即能否有足够的水量来实现河流系统的资源功能。众所周知，从 20 世纪 50 年代初起，我国进行的流域规划工作中，无一例外地都只考虑了如何实现河流系统的资源功能（如黄河综合利用技术经济报告、海河流域规划，以及山西省的汾河流域规划等），而缺乏对生态功能和环境功能出现负面作用的预

---

① Boon P J：《河流保护与管理》，宁远等译，北京：科学出版社，1997 年，第 62-175 页。
② G. E. 佩茨：《蓄水河流对环境的影响》，王兆印等译，北京：中国环境科学出版社，1988 年，第 65-75 页。

想和对策。总而言之，半个世纪以来，流域规划的目标只注意到该流域水、土资源最大限度的开发利用和经济效益的最大化、工程投入的最小化。

半个世纪以来，河流系统开发利用的成绩是显著的，但"竭泽而渔"，把水资源吸尽用干的后果也是严重的。

例如，汾河上、中游分界处的兰村水文站，在 1961 年以前，1951—1961 年实测最小月平均流量为 1 月份，其多年平均值为 6.83 m^3/s（从 1951 年开始有 1 月份的实测资料）；而自 1961 年 6 月上游汾河水库竣工蓄水后，1962—1970 年 1 月份的平均流量的平均值仅为 4.00 m^3/s，比前一时期减少了 41.43%。尤其是在近 20 多年来，除在每年冬浇、春浇时期之外，汾河水库基本上不向下游放水，故兰村以下汾河干流河道多数时段处于河干状态。

兰村以上的流域面积为 7705 km^2，潇河口以上的流域面积为 10 140 km^2，区间面积为 2435 km^2，正是太原市城区，该区间内只有一条较大的支流——阳兴河（流域面积 1398 km^2）注入，而该河又是季节性河流，非汛期河道干涸无水，所以当兰村站处于枯水季节时，也不能指望区间有可补充的流量，因此在这一段汾河干流就很可能只剩下废水和污水。据实际观测统计，2003 年，太原市废、污水排放量为 1.75 亿 m^3，折合年平均流量为 5.55 m^3/s，比前述 1962—1970 年 1 月份的兰村月平均流量还高 39%，根据 2000 年山西省水环境监测中心对汾河水质的评价，汾河水库以上河段水质较好，符合Ⅲ类水标准；而寨上以下河段几乎全部为氨、氮超标，其中太原市控制断面小店桥氨、氮超标最大为 70.1 倍。又据山西省水文水资源勘测局提供的评价结果，小店桥水质 2002 年及 2003 年均为超Ⅴ类（或可称劣Ⅴ类）。由此可见，缺水已使汾河成为一条名副其实的排污渠。

综上所述，在规划和实施水资源的可持续安全开发利用时，应首先考虑如何实现其生态功能和环境功能，只能在生态功能和环境保持良好状态的前提下，去考虑实现其资源功能。这与以往对水资源开发利用的思维方式截然相反，因此，本书将首先实现生态功能和环境功能，其次实现资源功能为目标的水资源利用方式，定义为水资源可持续安全利用模式。

2. 生态功能

所谓生态功能，是因为河流系统中的水体、洪泛平原、湿地，以及河口地区是水生、湿生生物的理想栖息地，具有很高的生物多样性，河水和泥沙为它们提供了饵料等营养物质，使它们得以繁衍生息。而这些生物一方面为人类提供了丰富的营养物质，同时在降解污染物等方面也能发挥着重要作用。

3. 环境功能

环境功能是指在调节气候、补给地下水、调蓄洪水、排水、排盐、排沙、稀释降解污染物、构成水体景观、休闲娱乐等方面的功能。对山西省的重点河流汾河来说，保证其补给地下水和稀释降解污染物这两个方面尤为重要。汾河干流从汾河水库至兰村，流程约为 78.25km，其间有 3 个漏失段，总长为 42.25km，渗漏量达 0.91－1.21 m³/s。河水在漏失段下渗后，渗入岩溶地层，到峙头村以下和上兰村分别溢出地表，形成玄泉寺泉和兰村泉，均为太原市的重要水源地。

俗话说："水流百步自清。"由于天然河流中的流体一般属于具有剪切作用的湍流运动，在这种湍流场中，流体粒子扩展是平流输送和弥散作用的结果。污染物进入这类水体后，在平流输送与弥散的共同作用下发展迁移，即在 x、y、z 三个方向上弥散。同时，污染物中的酚、氰具有降解作用，即便污水处理厂按 II 级处理，酚、氰不加治理，只要保证流量不小于某一数值，河段仍可达到清洁级或尚清洁级，所以关键在于能否保证河流系统的最小流量不低于一定的阈值。

还以汾河干流上游段为例，据《太原西山水源保护研究》编写组（1990 年）应用核工业部七所野外示踪实验求得的数据对 2000 年的情况进行预测，当汾河水库以下的河水流量 $Q=0.5$ m³/s 时，古交钢铁厂以下属严重污染，而其以上属中、重污染级。而在河水流量达到 15 m³/s 时，古交钢铁厂以上属尚清洁级。影响河流水质的主要污染物是酚，它在整个河段起作用；其次是氰，它在古交钢铁厂以下河段起作用。如使酚、氰全部得到治理，在 $Q=0.5$m³/s 的情况下，全部河段均可达到清洁级或尚清洁级。由于酚、氰具有降解作用，即使污水处理厂按 II 级处理，即对酚、氰不加治理，只要保证河水流量 $Q>0.5$m³/s，则上兰村断面河水的水质不会劣于尚清洁级。进一步分析得知，如河水流量 $Q=0.5$m³/s，则对氰、酚加以治理后，镇城底至上兰村全段水质可达清洁级。由此可见，流量大小对水质的好坏起着十分关键的作用。

(二) 生态环境需水量的内涵

由前文分析可知，实现河流系统的生态功能和环境功能，都需要消耗一定数量的水流，李丽娟等①②列举了其中主要的 8 种耗水量，在此结合汾河的实际情况，略去了河流系统中天然和人工植被耗水量，以及维持河口地区生态平衡所需的水量。至于保持水体调节气候、美化景观等功能所损耗的蒸发量，一般均在相应水利工程的水利计算中考虑，如汾河水库的水面蒸发损失、太原市汾河公园水面蒸发损失等，列入水量供需平衡计算之中，据刘昌明等的观点，剩余的 5 项可以归纳为以下 4 种需水量。

1）河流基本生态环境需水量（W_b）。河流基本的生态环境需水量主要用以满足维持水生生物的正常生长、入渗补给地下水，以及污染自净和稀释等方面的要求。对于本书所讨论的汾河而言，它们在受到人类活动干扰（蓄水、跨流域引水等）之前，虽然流量随季节不同而有所变化，洪枯比值较大，但大多数河流仍常年有水。因此，要求年内各时段的河川径流量都能维持在一定的水平上，不出现诸如断流等可能导致河流生态环境功能被破坏的现象，符合这一水平的径流量，就是河流基本生态环境需水量。

2）河流输沙需水量（W_{se}）。水沙平衡主要是指河流中、下游的冲淤平衡。为了输沙排沙，维持冲刷与侵蚀的动态平衡，就必需保持一定的生态环境用水量，称为输沙平衡用水量，简称输沙水量。以汾河干流为例，其下游石滩（赵城）至河津段河道纵坡较缓，河口又受黄河顶托，故淤积较为显著。

3）河流排盐需水量（W_{sa}）。刘昌明指出：内陆盐渍化（又称盐碱化）是水盐不平衡所造成的，它与排盐水量不足有关。为了缓和盐渍化过程的加剧，维持生态平衡，需要保持足够的水量输送盐分，使其排出所保护的地区。

4）湖泊洼地生态环境需水量（W_l）。湖泊洼地生态环境需水量主要考虑的是，为了维持湖泊洼地特定的水、盐和水生生态条件，维护其生态环境功能，要求湖泊洼地蓄水量不发生变化。但就北方河流系统来讲，其蒸发量远大于降水量，因此在地下水位维持动态平衡的前提下，必须有一定入湖水量用于补偿湖泊洼地的水面蒸发。

汾河流域的宁武天池湖泊群，位于宁武县境东南，桑干河与汾河的分水岭地段上，共有大小 15 个湖泊，合计面积不足 2km²，年蒸发量很小，可不予考虑。

---

① 李丽娟、郑红星：《华北典型河流年径流演变规律及其驱动力分析——以潮白河为例》，《地理学报》，2000（3），第 309-317 页。

② 李丽娟、郑红星：《河流系统生态环境需水量初步研究》，见：刘昌明：《21 世纪中国水文科学研究的新问题新技术和新方法》，北京：科学出版社，2001 年，第 54-59 页。

第三节 计算原理与方法

上述河川径流最大允许利用率为 35%—40%的观点,[1] 来自于国外的实践总结,这一标准是否适用于汾河流域,还需要结合汾河流域所在的山西省的情况进行全面讨论。

结合山西省的实际情况,选择利用受人类经济活动影响较小的 1970 年以前之水文气象实测数据,分别计算基本生态环境需水量 (W_b)、输沙排盐需水量 (W_s) 和湖泊洼地生态环境需水量 (W_l),并对某些非汛期径流量很少的季节性河流,增加了一项改善生态环境需水量 (W_r),上述各项之和即为河流系统生态环境需水量 (W_e)。本书的假定是认为 1970 年山西省河流系统的生态环境状况良好,因此由当时的水文气象数据推算出来的需水量,也就是保持那种状态的需水量。最后,以国际公认的标准,即允许利用率 35%—40%作为第二层次的考核标准。

李丽娟等在估算海、滦河流域河流系统生态环境需水量的工作中,提出了一个利用既往水文实测数据,估算各项需水量的简便方法。[2][3] 他们认为,对于海、滦河流域的河流系统而言,20 世纪 70 年代以前受人类活动的影响相对较为微弱,因此,生态环境需水量的计算可以采用这一时期的水文资料。具体计算方法如下。

1) 河流基本生态环境需水量,又称枯季维持生态基流量,其计算公式为

$$W_b = \frac{T_n}{n}\sum_i \min(Q_{ij}) \times 10^{-8},\qquad(6\text{-}1)$$

式中,W_b 为河流基本生态环境需水量,Q_{ij} 表示第 i 年第 j 个月的月平均流量,T 为换算系数,其值为 $31.563 \times 10^6 \mathrm{s}$,$n$ 为统计年数。

2) 河流输沙需水量,其计算公式为

$$W_{se} = S_t / C_{\max},\qquad(6\text{-}2)$$

式中,W_{se} 为输沙用水量,S_t 为多年平均输沙量,$C_{\max}$ 为多年最大月平均含沙量的平均值,用下式计算

① 李丽娟、郑红星:《河流系统生态环境需水量初步研究》,见:刘昌明:《21 世纪中国水文科学研究的新问题新技术和新方法》,北京:科学出版社,2001 年,第 54-59 页。

② 李丽娟、郑红星:《华北典型河流年径流量演变规律及其驱动力分析——以潮白河为例》,《地理学报》,2003 年第 3 期,第 309-317 页。

③ 李丽娟、郑红星:《河流系统生态环境需水量初步研究》,见:刘昌明:《21 世纪中国水文科学研究的新问题新技术新方法》,北京:科学出版社,2001 年,第 54-59 页。

$$C_{\max} = \frac{1}{n}\sum_{i}^{n}\max\ (C_{ij})\ , \tag{6-3}$$

式中，C_{ij} 为第 i 年第 j 个月的平均含沙量，n 为统计年数。

3）河流排盐需水量（W_{sa}）。刘昌明认为，现有的实际资料还不足以作出对所需水量的确切计算，因而提出两种对海、滦河流域的粗略估算方法。第一种：根据入海水文测站的观测资料，以河流离子径流除以离子含量，可近似地推求盐分平衡相应的排盐需水量。第二种：把平原的来水量与入海水量的差值作为盐分平衡的排盐水量，即减少的入海水量，第二种方法的成果较第一种方法偏大，约为 50%。

4）湖泊洼地生态环境需水量（W_l），其计算公式为

$$W_l = \sum A_i(E_i - P_i)\ , \tag{6-4}$$

式中，W_l 为湖泊洼地的生态环境需水量，A_i 为第 i 个湖泊洼地的水面面积，E_i 为相应的水面蒸发量，P_i 为湖泊洼地上的降水量。

第四节　对计算方法的讨论

对汾河河流系统进行计算时，本书结合该地区的历史实际和地理实际，进行了以下几点调整和修正。

一、关于水文资料的截止年份

李丽娟等采用的资料一律从有观测数据起，到 1970 年为止。本书所研究的绝大多数支流也取这一做法，但对汾河干流则视具体情况酌情修正。例如，李丽娟等认为，海、滦河流域在 20 世纪 70 年代以前受人类活动的影响微弱，但汾河流域的情况则有所不同，人类活动对径流和泥沙的重大影响在 1959 年以后就已充分显示出来。从 1958 年起，汾河干支流上的大中型水库相继开工兴建，1960 年左右初步建成蓄水。据统计，共有大中型水库 11 处，总库容 11.8 亿 m^3。因此，不计其小型水库，汾河流域的总库容系数 β 已达 0.46 以上，其调节和拦沙作用显而易见。以汾河水库为例，该工程 1958 年开工，1959 年拦洪，1961 年竣工蓄水。拦洪之前，下游兰村站 1951—1958 年的 8 年间，最小月平均流量均值为 7.30m^3/s；拦洪以后，1959—1970 年的 12 年间的均值下降为 3.55m^3/s，不到过去的一半。相应地，最大月平均含沙量均值由 115.5kg/m^3 下降为 46.5kg/m^3，是拦洪前的 40%。

为此，本书视各河段受水库影响的时间先后不同，以 1958—1960 年为界，计算此前的生态环境需水量，计算成果（称为短系列）再与以 1970 年为截止期的计算成果（称为长系列）进行比较。

二、关于排沙需水量的计算问题

李丽娟等关于主要河流排沙水量的计算，主要是针对华北大平原上的若干控制性水文测站，在这些站中，少数处于河流出山口附近，如永定河官厅站、滹沱河黄壁庄站两处。其余的 7 处均在大平原上，其中，大清河的白沟站、新镇站；子牙河的献县站；滏阳河的衡水站等 4 处甚至位于大平原中心。上述各站相应水文数据算得的结果，无疑代表了平原河流排沙所需的水量，而在山西黄土高原上的河流情况则另有其特点。

(一) 山西河流泥沙输移的特点

1) 山西省的 29 条主要河流，总流域面积为 140 631km²，占全省总面积 156 300 km² 的 90%；年输沙多年平均量为 2.1685 亿 t，平均侵蚀模数为 1542t/（km²·a）。按照景可等[①]建议的侵蚀强度分级，属于Ⅱ级，即轻度侵蚀［1000—2500t/（km²·a）］。而且东、西部分属海河、黄河两大流域，强度又有所不同。

黄河流域的 18 条主要河流，流域面积合计 83 044 km²，多年平均年输沙量为 1.70 亿 t，平均侵蚀模数达 2049t/（km²·a），但仍属于轻度侵蚀（即Ⅱ级）。

海河流域的 11 条主要河流，流域面积合计 57 587 km²，多年平均输沙量 4669 万 t，平均侵蚀模数仅为 811t/（km²·a），强度属于最低的Ⅰ级，即微弱侵蚀［小于 1000t/（km²·a）］。

由此可见，黄河流域侵蚀模数是海河流域侵蚀模数的 2.5 倍多，因而对它们应区别对待。

2) 对河、渠的淤积问题，也应根据具体情况具体分析。河道的淤积与否，关键不仅在于含沙量的大小，更在于其坡降的陡或缓。水力学中的艾里定律

$$M_s = AV^6 ,\qquad\qquad (6\text{-}5)$$

式中，M_s 为搬运物（泥沙或砾石）的重量，A 为系数，V 为启动流速。由该公式可知，流速增加 1 倍，则水流所能搬运的颗粒重要增加 64 倍。水

---

① 景可、陈永宗、李凤新：《黄河泥沙与环境》，北京：科学出版社，1993 年，第 89-92 页。

力学中的谢才公式

$$V = C \sqrt{Ri} , \tag{6-6}$$

式中，C 为系数，R 为水力半径，i 为河道坡降，V 为水流流速。当 C 和 R 不变时，如坡降 i 增加 1 倍，则流速 V 增加 1.41 倍，即流速与坡降是正比关系。综上所述，河道坡降越大，水流的挟沙能力也就越强。

景可等对黄河中游所有的一级支流泥沙输移比进行分级，除汾河中、下游以外，均属于坡降大于 1‰、横断面窄深、大断面冲刷的 I 级河流。其又指出，如果水深达到 2m，含沙量达到 600kg/m³，河道具有 1‰ 的坡降，在此条件下，足以使高含沙水流动而不会落淤，而黄河中游山西省境内的河流（除汾河中、下游外）都具备这些条件。黄河流域 18 条主要河流的坡降均大于等于 1‰（最缓的汾河为 1.12‰），其中鄂河竟达 15.4‰。但汾河中游兰村—介休义棠段及下游赵城—河口段，流经太原及临汾盆地，坡降较缓，为 0.3‰—0.5‰，河口又有黄河倒流之顶托，故有泥沙淤积问题。

海河流域 11 条主要河流的泥沙问题本来就不严重 [侵蚀模数最高的西洋河也只有 2327t/（km² · a），属于轻度侵蚀]，而坡降普遍不小于 3‰，最大的清漳河坡降竟达 18‰，西洋河坡降为 10.9‰，因此没有泥沙淤积问题。

根据陕西省水利科学研究所对渠道不淤比降的研究，含沙量为 200—600kg/m³ 的干渠，其不淤比降为 0.83‰—1‰[1]，汾河的自然条件均满足上述条件（表 6-1）。因此，在河道流量和河道纵坡不小于表 6-1 所列的数值，而且含沙量也在该表所列范围之内时，泥沙将不会淤积。

表 6-1 渠道不淤比降

单位	渠道级别	流量/（m³/s）	不淤比降	备注
人民引洛灌区	总干	>8	1/2500	适用于含沙量 30%—59%
	干渠	3—5	1/2000	
	斗渠	0.3—0.5	1/1000	
冶峪河灌区	支渠	0.5—2.0	1/1000	
	斗渠	0.1—0.3	1/500—1/800	
陕西省水利科学研究所	干渠		1/1000—1/1200	适用于含沙量为 200—600kg/m³，泥沙中径为 0.020—0.035mm
	支渠		1/800—1/1000	
	斗渠		1/500—1/800	

资料来源：刘天福主编：《技术经济手册·农业卷》，沈阳：辽宁人民出版社，1986 年，第 874 页

———————

[1] 刘天福：《技术经济手册·农业卷》，沈阳：辽宁人民出版社，1986 年，第 874 页。

3）水沙同期及其正面效应。汾河与华北、西北的大多数河流一样，具有水沙同期的特点，即丰水期也就是多沙期。1970 年之前，汛期（6—9 月）输沙量占全年输沙量的 93.4%—99.3%，是输沙量最大的年份；而同期径流量占全年径流量的 58.2%—87.8%。最大月平均输沙量出现的月份，同时也是出现最大月径流量的月份。

水沙同期有利于排沙，因为汛期各水库多半处于高水位运行状态，库内存水较多，可利用泄水调水调沙；同时，水库在控制运用中的弃水和流域内，未受水库控制拦蓄的其他河段的洪水也能起到排沙的作用。

（二）针对汾河特点的生态环境需水量模型修正

由于汾河具备上述 3 个特点，因此，按李丽娟等[①]建议的模型计算方法，所得到的数值既不能代表该河流的挟沙能力，也不等于输移泥沙所必需的水量，而只仅仅表示该次暴雨所产生的径流量和土壤侵蚀量。换言之，如该次暴雨的时空分布等非人力所能控制的因素有所变化，则可能出现含沙量的变化。

首先，无论在土壤强度侵蚀区、强烈侵蚀区，还是在土壤微弱侵蚀区，月平均含沙量与月平均径流量并无数值上的固定比例关系，同样数量的月平均含沙量可能对应于截然不同的月径流量，有时甚至相差数倍之多。

其次，既然任一河流在任一时刻的含沙量并不代表当时该河流断面及水流的挟沙能力，则用该含沙量数值反算输沙需水量就可能会严重夸大或缩小。因此，对于汾河流域而言，式（6-3）应修正为

$$C_{max} = M_{max}\{C_{ij}\}, (i = 1, 2, \cdots, n; j = 1, 2, \cdots, 12), \qquad (6\text{-}7)$$

即 C_{max} 应取历年最大月平均含沙量系列中的最大值。李丽娟等指出："通过人工调节、控制河流含沙量，充分利用汛期洪水较强的输沙能力，以维持河流形态的动态平衡，是有效而且可行的手段。"因此笔者认为，从理论和实际观测两方面来观察，能实现输送式（6-3）要求的含沙量，同样也能实现式（6-7）所要求的含沙量。使用水利设施（主要为水库）人工调水调沙，只要加强控制运用，充分利用汛期较大的洪水量和含沙量，既可完成输沙要求，也必将有利于水资源得到最大限度的开发和利用。

---

① 李丽娟、郑红星：《华北典型河流年径流演变规律及其驱动力分析——以潮白河为例》，《地理学报》2003 年第 3 期，第 309-317 页。

（三）小结

1）山西省河流河道坡降较陡，因此在一般情况下不会发生泥沙淤积现象。但汾河中游兰村—介休义棠段及下游赵城—河口段，流经太原及临汾盆地，坡降较缓，为 0.3‰－0.5‰，河口又有黄河倒流的顶托，所以有泥沙淤积问题。

2）汾河流域属于微弱侵蚀和轻度侵蚀，即汾河属于少沙型河流。

3）汾河水沙同期，有利于丰水期排沙。

4）利用人工手段，按历年各月平均含沙量的最大值调水调沙，有利于对水资源进行最大限度的开发和利用。

三、关于河流排盐需水量

1970 年以前，汾河仅有河津站有 1958－1967 年的水化学观测数据。20 世纪 70 年代以来，由于各地进行盐碱地改良工程，又普遍发展井灌区，地下水位大幅度下降，盐碱地面积大量减少。汾河流域的吕梁、太原、晋中、临汾市的盐碱地面积由原来的 8.418 万公顷，到 1986 年减为2.349 万公顷。[①]

李丽娟等指出，在基本生态环境需水量和输沙需水量得到保证的前提下，河流系统同时也将完成排盐的功能。因此，本书不再另行计算排盐需水量。

---

① 山西省水利厅：《山西省水利统计资料》（内部资料），1987 年，第 16-17 页。

第七章
汾河流域干支流生态环境
需水量概算

本章计算了汾河流域上、中、下游 3 个地区的生态环境需水量，分别以兰村、石滩、河津水文站为代表，并对文峪河、潇河、浍河、岚河、涝河、白马河、昌源河、乌马河、象峪河、磁窑河、洪安涧河、段纯河等 12 条一级支流进行了估算。

第一节　汾　　河

一、水文计算

水文基本数据包括兰村、石滩（赵城）、河津等 3 个水文站，截至 1970 年，历年最小月平均流量和最大月平均含沙量如下。

1）兰村站。该站有 1943－1945 年和 1951－1970 年共 23 年的资料，但新中国成立以前数据不全，故只使用了 1944 年及 1951－1970 年的 20 年最小月平均流量资料和 1951－1970 年的 20 年最大月平均含沙量资料，如表 7-1 和表 7-2 所示。

表 7-1　汾河兰村历年（1944 年和 1951－1970 年）最小月平均流量

单位：m^3/s

年份	流量
1944	7.8
1951	8.0
1952	5.7
1953	5.6

续表

年份	流量
1954	6.04
1955	8.63
1956	7.45
1957	8.96
1958	8.0
1959	4.0
1960	3.75
1961	3.03
1962	2.89
1963	3.56
1964	3.6
1965	4.3
1966	3.6
1967	3.33
1968	3.57
1969	3.47
1970	3.44
合计	108.72
均值	5.18

表 7-2　汾河兰村历年（1951—1970 年）最大月平均含沙量　单位：kg/m^3

年份	含沙量
1951	119.04
1952	136.02
1953	179.89
1954	85.5
1955	130
1956	81.1
1957	81.6
1958	139
1959	40.2
1960	20
1961	30.6
1962	30.1
1963	89
1964	17.5
1965	10.6
1966	127
1967	70.6
1968	21.9
1969	74.9
1970	25.6
合计	1510.15
均值	75.51

基本生态环境需水量 W_b＝5.177 m³/s×31.536×10⁶ s＝1.63 亿 m³。1951—1970 年实测年平均输沙量为 1820 万 t，计算需水量为：①河流输沙需水量 W_s＝1820 万/0.075 51 ＝2.41 亿 m³。生态环境需水量 W_e＝W_b＋W_s＝4.04 亿 m³。②按 C_{max}＝最大月平均含沙量 0.179 89t/m³ 计算，河流输沙需水量为 1.01 亿 m³；生态环境需水量共计 2.64 亿 m³。

由于兰村站以上有汾河水库调水调沙的要求，而兰村站以下有太原盆地干流河道冲淤排沙的要求，故 W_s 选较大数值（2.41 亿 m³），而 W_e＝W_b＋W_s＝4.04 亿 m³，占年径流量的 58.81%，河川水资源允许开发利用率为 41.19%。

2）石滩（赵城）站。该站有 1952—1970 年共 19 年的完整资料，如表 7-3 和表 7-4 所示。

表 7-3　汾河石滩（赵城）站历年（1952—1970 年）最小月平均流量　单位：m³/s

年份	流量
1952	8.7
1953	8.6
1954	6.36
1955	6.49
1956	9.62
1957	8.59
1958	7.76
1959	6.02
1960	1.40
1961	2.15
1962	9.09
1963	8.23
1964	16.4
1965	1.84
1966	1.04
1967	6.87
1968	13.9
1969	10.6
1970	2.58
合计	136.24
均值	7.17

表 7-4　汾河石滩（赵城）站历年（1952—1972 年）最大月平均含沙量

单位：kg/m³

年份	含沙量
1952	49.97
1953	133.09
1954	89.9
1955	66.9
1956	56.7
1957	105

续表

年份	流量
1958	109
1959	89.4
1960	79.5
1961	33.8
1962	66.5
1963	53.4
1964	32.6
1965	9.17
1966	139
1967	63.2
1968	39.7
1969	63.9
1970	38.1
1971	1318.83
1972	69.41

$W_b = 2.26 \times 10^8 \text{m}^3$。年输沙量 3710 万 m^3，计算输沙需水量为：①按历年最大月平均含沙量平均值计算，$W_s = 5.35$ 亿 m^3；②按历年最大月平均含沙量的最大值（1953 年为 133.09kg/m^3）计算，$W_s = 2.67$ 亿 m^3。$W_e = W_b + W_s = 4.93$ 亿 m^3。

3）河津站。该站有 1934—1970 年共 37 年的流量和含沙量资料，如表 7-5 和表 7-6 所示。

表 7-5　汾河河津站历年（1934—1970 年）最小月平均流量　单位：m^3/s

年份	流量
1934	22.6
1935	1.7
1936	9.2
1937	4.3
1938	19.9
1939	16.6
1940	17.6
1941	18.3
1942	21.4
1943	21.2
1944	26.1
1945	17.1
1946	19.2
1947	16.5
1948	19.8

续表

年份	流量
1949	18.7
1950	20.2
1951	16.9
1952	16.4
1953	11.5
1954	8.56
1955	11.0
1956	13.1
1957	13.6
1958	9.06
1959	16.0
1960	15.3
1961	7.09
1962	17.0
1963	26.3
1964	47.1
1965	13.2
1966	4.85
1967	8.29
1968	21.9
1969	17.1
1970	14.2
合计	598.85
均值	16.19

表 7-6 汾河河津站历年（1934—1970 年）最大月平均含沙量 单位：kg/m³

年份	含沙量
1934	37.92
1935	33.67
1936	49.54
1937	87.22
1938	73.5
1939	67.8
1940	84.3
1941	57.8
1942	70.4
1943	53.9
1944	85.9
1945	56.0
1946	56.0
1947	47.5

年份	含沙量
1948	47.5
1949	65.5
1950	74.26
1951	64.59
1952	31.02
1953	87.71
1954	77.2
1955	53.1
1956	55.8
1957	61.7
1958	87.7
1959	84.3
1960	40.8
1961	17.8
1962	56.9
1963	43.8
1964	37.6
1965	10.1
1966	51.3
1967	41.0
1968	15.1
1969	44.3
1970	35.5
合计	2046.03
均值	55.3

多年平均年输沙量为 4980 万 t，计算输沙需水量为：①按历年最大月平均含沙量的平均值计算，$W_s = 9.01$ 亿 m^3；②按历年最大月平均含沙量的最大值计算，$W_s = 5.68$ 亿 m^3。现采用 $W_s = 9.01$ 亿 m^3，$W_b = 5.10$ 亿 m^3。

说明：由于 1970 年以后，汾河干支流大中型水库发挥了拦沙作用，下泄泥沙甚少，各站测得的输沙量数据已不能代表实际流域产沙量，故在计算 W_s 时均用 1970 年以前的输沙量。

生态环境需水量 $W_e = W_b + W_s = 14.11$ 亿 m^3。

二、汾河流经盆地河段的纵坡分析

汾河全河干流纵坡虽为 1.12‰，但其中游流经晋中盆地，下游流经临汾盆地，坡降相当平缓，如表 7-7 所示。

表 7-7　汾河干流兰村—河津纵坡

站名	海拔/m	至河口/km	高差/m	距离/km	纵坡/‰
兰村	807.65	476			
二坝	758.37	416	49.28	60	0.821
左家堡	737.03	354	21.34	62	0.344
义棠	725.88	316	11.15	38	0.293
柴庄	403.50	129	322.38	187	1.724
河津	373.66	22	29.84	107	0.279

综合表 7-7 中有关晋中盆地河段的数据可知：兰村—义棠段，高差 $h=81.77$m，距离 $L=160$km，纵坡 $i=0.5110$‰（1/1957）；二坝—义棠段，高差 $h=32.49$m，距离 $L=100$km，纵坡 $i=0.325$‰（1/3078）。即纵坡有逐渐变缓的趋势，而该盆地河段总的纵坡已接近 1/2000，临汾盆地河段则将近 1/3600，因此，有输沙排盐之需要。

三、小结

总结以上计算，得出汾河上、中、下游生态环境需水量的估算结果，如表 7-8 所示。表中每个水文站都有两个不同的数值，第 1 列与第 2 列之所以不同，是由于输沙排盐需水量是分别按历年最大月平均含沙量的平均值及最大值计算的。由表 7-8 又可见，在兰村（上游）和石滩（中游）两站，不同的计算公式所得的结果相差 20 个百分点，而在下游的河津站，只相差 16 个百分点，其原因是汾河流域的泥沙主要沙源来自上游，所以越往下游，含沙量的平均值和最大值的差异就越小。

表 7-8　汾河上、中、下游生态环境需水量估算成果

项目	兰村站		石滩（赵城）站		河津站	
	1	2	1	2	1	2
多年平均年径流量 (W_o) /亿 m³	6.87	6.87	13.27	13.27	20.67	20.67
1. 基本生态环境需水量 (W_b) /亿 m³	1.63	1.63	2.26	2.26	5.10	5.10
2. 输沙排盐需水量 (W_s) /亿 m³	1.01	2.41	2.67	5.35	5.68	9.01
3. 生态环境需水总量 (W_e) /亿 m³	2.64	4.04	4.93	7.61	10.78	14.11
4. W_e 占 W_o 之百分比/%	38.46	58.81	37.15	57.32	52.16	68.26

注：栏 1 的 W_s 按式（6-3）计算，栏 2 的 W_s 按式（6-5）计算

生态环境需水量的计算结果见表7-8。因此，兰村、石滩（赵城）、河津三站河川水资源的允许开发利用率分别为41.19％、42.68％和31.74％。前两个数值略高于国际公认标准的上限（40％），是否合理，有待进一步探讨。

第二节 文 峪 河

一、流域概况

文峪河是汾河最大的一级支流，发源于交城县西北关帝山森林区，河源至文水县北峪口村为上游段。北峪口至文水与汾阳交界处为中游段，再往下则为下游段，在孝义市南姚村汇入汾河。全长158.6km，流域面积4034.57 km²。平均年径流量1.74亿m³，年均清水径流量占年径流量的36％左右。由于上游森林植被茂密，输沙量很少。但其支流西峪河在20世纪80年代以来，由于采矿、伐木，生态环境恶化，致使输沙量较大，是文峪河水库的主要沙源。

文峪河流域1979年建成大（二）型水库文峪河水库，库容1.0525亿m³，控制流域面积1876km²，控制了整个流域上游。支流孝河1963年建成张家庄水库，为中型水库，总库容0.38亿m³，控制了孝河流域面积的86.11％。

支流孝河贯穿孝义市全市，境内煤炭和铝矾土矿藏丰富，全国最大的特大型炼铝企业——山西铝厂孝义铝矿即在孝河流域。

文峪河干流的纵坡为：上游6‰－7‰；中游0.3‰－1.4‰；下游0.25‰－0.3‰。中、下游纵坡虽然平缓，但因干流上游泥沙来量很少，又基本上为文峪河水库所拦截，故未发现有淤积抬升现象。

孝河年平均输沙量为174万t，已超过了文峪河上游来沙量，平均侵蚀模数3783t/（km²·a），属于中度侵蚀。张家庄水库总库容为3810万m³。截至1987年，已淤积库容2229万m³，目前则已基本淤满，下游河床也逐年抬高，行洪能力降低。大部分工矿和生活废水未经处理排入孝河，年排放量达441.52万t，相当于孝河年径流量的32.16％。据监测分析，地表水中氨、氮含量最高者超标23倍，化学耗氧量（COD$_{cr}$）超标4.1倍，镉超标2.8倍。张家庄水库库区水质污染也十分严重。

二、水文计算

1）基本生态环境需水量（W_{b1}）。文峪河三站最小月平均流量如表 7-9 所示。故 W_{b1}＝0.46 亿 m^3。

表 7-9　文峪河北峪口站（1951—1956 年）、崖底站（1957—1960 年）、
　　　　　文峪河水库站（1961—1970 年）最小月平均流量　　单位：m^3/s

年份	流量
1951	3.1
1952	1.2
1953	1.1
1954	1.11
1955	1.46
1956	1.88
1957	1.41
1958	1.46
1959	2.52
1960	3.99
1961	0.82
1962	1.40
1963	0.567
1964	3.08
1965	0.262
1966	0.15
1967	1.57
1968	1.71
1969	0.059
1970	0.25
合计	29.10
均值	1.46

2）输沙排盐需水量（W_{s1}）。文峪河北峪口（1951—1956 年）和崖底（1957—1960年）两站实测 1952—1959 年 8 年平均年输沙量为 264 万 t。文峪河水库自 1960 年起，即将上游来沙全部拦截。1987 年已淤积泥沙 2016 万 m^3，平均为 75 万 m^3，以容重 1.3 估计，年平均输沙量为 97 万 t。将上述两个结果组合为 1952—1987 年系列，则年平均输沙量约为 135 万 t。

文峪河三站历年最大月平均含沙量如表 7-10 所示。

表 7-10 文峪河北峪口站（1951－1956 年）、崖底站（1957－1959 年）和文峪河水库站（1963—1970 年）历年最大月平均含沙量 单位：kg/m³

年份	含沙量
1951	27.8
1952	31.9
1953	103
1954	23.6
1955	46.7
1956	15.5
1957	34.5
1958	20.2
1959	80.7
1963	0.32
1964	0.16
1965	0.09
1966	0.21
1967	0.20
1968	0.25
1969	1.58
1970	9.06
合计	386.76
均值	22.75

注：因自 1960 年起，文峪河水库所观测到的含沙量数据已不能代表实际泥沙量，故选取 1951－1959 年 9 年平均值＝383.9/9＝42.66（kg/m³）。其中，最大值为 1953 年的 103 kg/m³

计算输沙需水量：①按式（6-3）计算，$W_{s1}=0.32$ 亿 m³；②按式（6-5）计算，$W_{s1}=0.13$ 亿 m³。现选择前者。

3）关于孝河 W_b 和 W_s 的讨论。以上对 W_b 和 W_s 的估算，都是针对文峪河水库水文站，亦即文峪河干流的水文情况。孝河虽为文峪河支流，但它是在文峪河汇入汾河的河口上游不远处，才注入文峪河干流，因此上述 W_b 和 W_s 的数字，并不包括孝河所需水量。我们将对文峪河水库估算的成果分别记为 W_{b1} 和 W_{s1}，而把孝河的估计值分别记为 W_{b2} 和 W_{s2}。W_{b2} 和 W_{s2} 则分别按两河的径流量比例和输沙量比例来粗略估计。两河径流量、输沙量分别记为 W_{o1}、W_{o2} 和 S_{o1}、S_{o2}。

$W_{b2}=（W_{o2}/W_{o1}）×W_{b1}=（1373/17\ 410）×0.46$ 亿 m^3，故 $W_{b2}=0.04$ 亿 m^3。

$S_{b2}=（S_{o2}/S_{o1}）×S_{b1}=（174/135）×0.32$ 亿 m^3，故 $S_{b2}=0.41$ 亿 m^3。此数值超过了孝河的平均年径流量，应如何由文峪河干流调水调沙，

需今后进一步探讨。

4）改善生态环境需水量（W_r）。文峪河清水径流量仅占年径流量的36%，根据我们在第六章中的讨论，应该由水库增加径流调节的力度，把这一比例提高到46%左右，即增加一项改善生态环境需水量（W_r），其值为年径流量的10%，等于0.17亿 m³。

三、小结

该河生态环境需水总量（W_e）为

$$W_e = W_{b1} + W_{b2} + W_{s1} + W_{s2} + W_r$$
$$= (0.460\,4 + 0.036\,3 + 0.131\,1 + 0.407\,9 + 0.174\,1) 亿 m^3$$
$$= 1.21 亿 m^3。$$

W_e占该河年径流量的69.49%，故地表水的允许开发利用率为30.51%。这一水量可由流域规划中拟在文峪河水库上游新建的柏叶口大（二）型水库加以解决。需要说明的是，输沙需水量（W_s）实际上是为孝河及张家庄水库未来排沙而预留的，并非文峪河干流所必需。

第三节 潇 河

一、流域概况

潇河是汾河第二大支流，发源于昔阳县沾上乡马道岭，流经晋中市的昔阳、和顺、寿阳等县和榆次区，进入太原市的清徐县、小店区，在小店区洛阳、南马村之间汇入汾河。

潇河上游有白马河、松塔河两大支流，在寿阳芦家庄汇合为干流。再下至榆次区北合流村，又有支流涂河汇入，然后在源涡村出山口进入平川区。流域面积为3894 km²，干流全长为147 km，平均纵坡为2.85‰。

流域内设有芦家庄（干流）、独堆（松塔河）等水文站，源涡大坝（俗称潇河大坝）也进行水文观测。1956—2000年多年平均年径流量为1.41亿 m³。源涡大坝1957—1986年30年平均实测年径流量为1.56亿 m³，上游灌溉用水还原后，天然径流量约为1.60亿 m³，清水径流量占年径流的20%左右。独堆站1953—1995年共43年泥沙观测（包括少数年份插补延长），多年平均年输沙量为105.6万 t，土壤侵蚀模数为916.7t/（km²·a），属于微弱侵蚀（第Ⅰ级）。

流域内没有大型水库，只建有中型的蔡庄水库，该库位于白马河上游，控制流域面积为 223 km²，总库容 2225 万 m³，到 1987 年已淤积库容 1155 万 m³。由此粗估白马河上游侵蚀模数接近 2500 t/（km²·a），即接近轻度侵蚀的上限。

潇河下游两岸有众多大中型企业，源涡大坝灌溉的潇河灌区控制面积达 26 000 公顷，故该河的防洪、灌溉需求都很迫切。芦家庄站 1954－1970 年统计，汛期（6－9 月）径流量占年径流量的 72.27%，平年清水流量约为 1m³/s。

二、水文计算

1) 基本生态环境需水量（W_b）。由表 7-11 和表 7-12 计算，上游松塔河 $W_{b1}=0.13$ 亿 m³，流域面积 1152km²。干流（芦家庄）$W_{b2}=0.25$ 亿 m³，流域面积 2367km²。

表 7-11　松塔河独堆站历年（1956－1961 年，1964－1970 年）最小月平均流量

单位：m³/s

年份	流量
1956	0.65
1957	0.68
1958	0.26
1959	0.25
1960	0.36
1961	0.16
1964	0.91
1965	0.44
1966	0.36
1967	0.33
1968	0.49
1969	0.33
1970	0.28
合计	5.5
均值	0.423

表 7-12　潇河芦家庄站历年（1953－1970 年）最小月平均流量　单位：m³/s

年份	流量
1953	1.40
1954	0.77
1955	0.93

续表

年份	流量
1956	0.85
1957	0.92
1958	0.56
1959	0.50
1960	0.73
1961	0.40
1962	0.52
1963	0.58
1964	1.19
1965	0.80
1966	0.66
1967	0.74
1968	1.18
1969	0.75
1970	0.60
合计	14.08
均值	0.78

2) 输沙需水量（W_s）。流域内目前仅白马河上建有中型的蔡庄水库，库区淤积并不严重。但按水利部《战略研究》的规划，在 2020 年之前拟于松塔河上建设总库容为 1.6 亿 m³ 的大型水库——松塔水库。为了满足上述大中型水库远景的调水调沙需要，以及干流平原段河道清淤刷深，仍需计算 W_s。

潇河河流历年最大月平均含沙量如表 7-13 和表 7-14 所示。

表 7-13 松塔河独堆站历年（1956—1960 年，1964—1970 年）最大月平均含沙量

单位：kg/m³

年份	含沙量
1956	39.3
1957	72.4
1958	36.0
1959	60.2
1960	20.7
1964	50.2
1965	26.2
1966	50.7
1967	26.5
1968	49.4
1969	33.7
1970	30.8
合计	496.1
均值	41.34

表 7-14　潇河芦家庄站历年（1953—1970 年）最大月平均含沙量

单位：kg/m^3

年份	含沙量
1953	48.83
1954	43.9
1955	131
1956	98.7
1957	121
1958	89.4
1959	116
1960	61.4
1961	47.7
1962	122
1963	97.7
1964	57.5
1965	40.3
1966	83.5
1967	70.1
1968	99.8
1969	84.8
1970	87.9
合计	1501.53
均值	83.42

独堆站的 W_s 为：①按式（6-3）计算，$W_s = 2554$ 万 m^3；②按式（6-5）计算，$W_s = 1459$ 万 m^3。现采用 1459 万 m^3。

芦家庄站 1954—1970 年 17 年实测多年平均年输沙量为 678 万 t，故计算输沙需水量：①按式（6-3）计算，$W_s = 8128$ 万 m^3；②按式（6-5）计算，$W_s = 5557$ 万 m^3。

三、改善生态环境需水量

潇河清水径流量仅占全年径流量的 20% 左右，故应补充一项改善生态环境需水量（W_r），其数值为年径流的 25% 左右，即 0.4 亿 m^3，可由过去规划兴建松塔大（二）型水库予以解决。

四、小结

潇河生态环境需水量 $W_e = W_b + W_s = 1.20$ 亿 m^3，占年径流的 75.14%，允许开发利用率为 24.86%。上游松塔河的 $W_e = 0.28$ 亿 m^3，

占年径流（1956—1970 年 15 年[①]的实测）1.016 亿 m^3 的 27.56％，允许开发利用率为 72.51％。

第四节　浍　　河

一、流域概况

浍河是汾河的一级支流，发源于翼城县胡圪塔山，流经翼城小河口水库、曲沃浍河水库和侯马市浍河二库，在新绛县寨子村下游汇入汾河，河长 118km，流域面积 2060km²。据河云水文站观测，其多年平均年径流量为 0.91 亿 m^3，汛期径流量占年径流量的 48.13％，多年平均年输沙量达 120 万 t。但上游水土流失严重，位于干流第一级的小河口水库，总库容为 4430 万 m^3，1967—1993 年 26 年已淤积泥沙 1850 万 m^3，占总库容的 41.76％。平均年来沙量达 92.5 万 t，水库上游侵蚀模数为 2737t/(km²·a)，属于中度侵蚀（第Ⅲ级）。

流域内已建成 3 座中型水库，自上而下为小河口水库，总库容为 4430 万 m^3；浍河水库，总库容为 7517 万 m^3；浍河二库，总库容为 2856 万 m^3。3 座水库有效灌溉面积为 1.21 万公顷。据 1987 年测量，浍河水库和浍河二库分别已淤积 2534 万 m^3 和 190 万 m^3，分别占总库容的 33.71％、6.65％。由于泥沙主要来自上游的黄土丘陵沟壑区，故越靠上游的水库淤积得越严重。

二、水文计算

1）基本生态环境需水量（W_b）。浍河裴庄和河云站最小月平均流量如表 7-15 所示。流域面积为 1329km²。

表 7-15　浍河裴庄（1954—1958 年）和河云站（1959—1970 年）最小月平均流量

单位：m^3/s

年份	流量
1954	2.02
1955	0.66
1956	1.52
1957	0.97
1958	0.80

---

① 笔者注：资料有中断。

续表

年份	流量
1959	0.65
1960	0.42
1961	0.60
1962	1.03
1963	2.12
1964	2.01
1965	1.15
1966	0.60
1967	0.73
1968	0.40
1969	0.46
1970	0.63
合计	16.77
均值	0.99

基本生态环境需水量 $W_b = 0.31$ 亿 m^3。

2）输沙需水量（W_s）。由表 7-16 可知，计算输沙需水量：①按式 （6-3）估算，$W_s = 1549$ 万 m^3；②按式（6-7）计算，$W_s = 583$ 万 m^3。现采用 $W_s = 1549$ 万 m^3（因为小河口、浍河两库淤积严重）。

三、小结

浍河生态环境需水总量 $W_e = W_b + W_s$。$W_e = 0.4671$ 亿 m^3，占年径流量的 51.44%，允许开发利用率为 48.56%。

浍河裴庄和河云站历年最大月平均含沙量如表 7-16 所示。

表 7-16　浍河流域裴庄（1954—1958 年）和河云站
（1959—1970 年）历年最大月平均含沙量　　单位：kg/m^3

年份	含沙量
1954	80.1
1955	206
1956	56.3
1957	75.7
1958	113
1959	119
1960	64.3
1961	63.8
1962	43.5
1963	42.7
1964	41.8
1965	54.0

续表

年份	含沙量
1966	48.1
1967	31.8
1968	116
1969	93.2
1970	67.6
合计	1316.9
均值	77.46

第五节 岚 河

一、流域概况

岚河为汾河的一级支流，发源于岚县北马头山冷沟、卧羊沟，南流经岚县城东南处有上明河、普明河注入，又在曲立村进入娄烦县界，复有龙泉河汇入，然后在下静游汇入汾河。河流全长 57.6km，其中，东村以上长 34.5km，纵坡 9.56‰；东村以下长 18.5km，纵坡 1‰，流域面积 1148km²。入汾河口附近的上静游村设有区域代表性水文站，1954 年开始观测。多年平均年径流量为 0.69 亿 m³，年输沙量 638 万 t。清水流量长年不断，为 1.13m³/s，故非汛期径流量占 51.99%，汛期径流量只占 48.01%，这是在晋西北、晋西地区比较少见的。而且该流域以岚城、东村、普明 3 镇为中心，是一个黄土丘陵阶地区，地势平缓，土质较好，为主要产粮区。

流域内在 20 世纪 70 年代建有岚城、蛤蟆神两座小（一）型水库，总库容分别为 600 万 m³ 和 624 万 m³。

岚河流域煤、铁矿产资源丰富，近期有在岚县建立煤、焦、电企业和煤、电、铝综合开发企业的计划项目。

二、水文计算

1）基本生态环境需水量（W_b）。岚河上静游站历年最小月平均流量如表 7-17 所示。

表 7-17   岚河上静游站历年（1955—1970 年）最小月平均流量   单位：m³/s

年份	流量
1955	0.74
1956	0.69
1957	0.53
1958	0.43
1959	0.73
1960	0.60
1961	0.72
1962	0.96
1963	0.58
1964	0.58
1965	0.59
1966	0.70
1967	0.52
1968	0.99
1969	0.66
1970	0.43
合计	10.46
均值	0.65

$W_b = 0.65 \times 3\,153.6$ 万 m³ $= 2061$ 万 m³。

2）输沙需水量（W_s）。年输沙量 638 万 t，故计算输沙需水量：①按式（6-3）计算，$W_s = 4304$ 万 t。②按式（6-7）计算，$W_s = 2552$ 万 t。现采用 $W_s = 2552$ 万 t。

1954—1970 年岚河上静游站历年最大月平均含沙量如表 7-18 所示。

表 7-18   岚河上静游站历年（1954—1970 年）最大月平均含沙量

单位：kg/m³

年份	含沙量
1954	134
1955	215
1956	125
1957	73.4
1958	238
1959	151
1960	144
1961	89.1
1962	161
1963	174
1964	77.6
1965	48
1966	148
1967	204

续表

年份	含沙量
1968	122
1969	250
1970	166
合计	2 520.1
均值	148.24

三、关于输沙需水量的讨论

岚河水土流失比较严重，平均侵蚀模数达 5558t/（km^2·a），已属于强度侵蚀（第Ⅳ级）。实际在盆地周围的黄土丘陵沟壑区侵蚀程度更高。岚河全流域的侵蚀模数甚至超过了晋西的三川河［5013t/（km^2·a）］。

已建成的两座小（一）型水库，1987 年已淤积库容 138 万 m^3，占总库容的 11.27％。但其中蛤蟆神水库因坝基渗漏严重，建成后始终未正式蓄水，故估计在正常蓄水状态下淤积量应翻一番，达到总库容的22.5％—23％。而到目前则可能达到 40％—50％。1958 年建成的上明水库已淤平报废。

岚河流域大型能源基地的建设只是时间问题，届时还有可能建设若干蓄水工程。

基于上述理由，我们认为仍有考虑输沙需水量的必要。

四、小结

岚河生态环境需水量 $W_e = W_b + W_s = 4613$ 万 m^3，占年径流量的 67.29％；允许开发利用率为 32.71％，合乎国际公认的标准。

第六节　涝　河

一、流域概况

涝河是汾河的一级支流，发源于浮山县四十岑村，流入临汾市尧都区后，在下康庄南与巨河会合，在西高河注入汾河。全长 66.7km，河道纵坡为 13.1‰，流域面积为 909.27km^2。涝河干流建有涝河水库，控制流域面积 450.7km²，总库容 6300 万 m³。支流上的巨河水库，控制流域面积 311km²，总库容 4867 万 m³。

涝河干流上设有贤庄水文站，集水面积为 479km²，涝河年径流量为 3260 万 m³。河道清水流量为 0.1－0.3m³/s，年输沙量为 131 万 m³。巨河水土流失严重，据巨河水库实测（自 1960 年[①]的文献作 1980 年，年份有误）至 1989 年，共淤积 2467 万 m³，平均年淤积 85 万 m³[②]约合 110 万 t，则侵蚀模数达 3537t/（km²·a）。

二、水文计算

1）基本生态环境需水量（W_b）。贤庄站有 1959－1961 年及 1965－1970 年共 9 年不连续的流量观测资料，如表 7-19 所示。

表 7-19　涝河贤庄站历年（1959—1961 和 1965—1970 年）最小月平均流量

单位：m³/s

年份	流量
1959	0.22
1960	0.06
1961	0.09
1965	0.18
1966	0.20
1967	0.17
1968	0.29
1969	0.15
1970	0.19
合计	1.55
均值	0.17

计算输沙需水量（W_s）：①按式（6-3）计算，W_s＝1062 万 m³。②按式（6-5）计算，W_s＝814 万 m³。

鉴于巨河水库淤积严重，我们选用 W_s＝1062 万 m³。

基本生态环境需水量 W_b＝539 万 m³。

2）输沙需水量（W_s）。涝河贤庄历年最大月平均含沙量如表 7-20 所示。

---

① 李英明、潘军峰：《山西河流》，北京：科学出版社，2004 年，第 50 页。
② 李英明、潘军峰：《山西河流》，北京：科学出版社，2004 年，第 50 页。

表 7-20　涝河贤庄站历年（1958—1961 年和 1964—1970 年）最大月平均含沙量

单位：kg/m³

年份	含沙量
1958	113
1959	126
1960	127
1961	91.8
1964	131
1965	134
1966	122
1967	122
1968	136
1969	161
1970	93
合计	1356.8
均值	123.35

3）改善生态环境需水量（W_r）。涝河清水径流量只占年径流量的 10%－30%，且巨河清水几乎断流[①]，故需补充常流清水，以改善河流系统的生态环境。假定理想的非汛期径流量占年径流量的 46%，则还应补充占年径流量 26% 的改善生态环境需水量，$W_r = 848$ 万 m³。

三、小结

涝河生态环境需水量 $W_e = W_b + W_s + W_r = 2449$ 万 m³，占年径流量的 75.12%，则允许开发利用率为 24.88%，即不宜超过 25%。

第七节　白　马　河

白马河是潇河的一级支流，也是汾河的二级支流，它发源于寿阳县南庄乡胡家烟村，由西北向东南流经寿阳城关，在上湖乡赵家庄附近汇入潇河。主流全长 66.7km，流域面积 1067.5km²，平均纵坡 4.58‰。

该河未设水文站，1956—2000 年平均年径流量为 3397 万 m³，年输沙量约为 31 万 t。由于采矿排水，地下水位下降严重，现在河道基本没有清水而只有废水和污水，故可认为清水流量为零。

白马河与潇河另一支流的松塔河流域的面积相近，相差 7.34%。故我们先按松塔河独堆水文站计算结果粗估白马河的 W_s。

① 李英明、潘军峰：《山西河流》，北京：科学出版社，2004 年，第 50 页。

独堆站 1956－1961 年及 1964－1970 年的 13 年实测平均年输沙量为 140 万 t，W_1＝1459 万 m³，占年径流量的 14.36％。

故白马河的 W_s 占年径流量的比例也为 14.36％，W_s＝488 万 m³。

白马河清水流量奇缺，需补充改善生态环境需水量（W_r），按年径流量的 46％粗估，W_r＝1563 万 m³。

综合以上估计，该河生态环境需水总量 W_e＝2051 万 m³，占年径流量的 60.38％，允许开发利用率为 39.62％，即已接近国际公认标准的上限。

第八节 昌 源 河

一、流域概况

昌源河是汾河的一级支流，发源于平遥县东南部太岳山脉孟山头南麓的北岭底村，流经平遥、武乡、祁县，在祁县原西村注入汾河，全长 87km，流域面积为 1 029.7km²，干流平均纵坡为 6.86‰。

干流在祁县盘陀设立了水文站。全河 1956－2000 年的多年平均年径流量为 3901 万 m³。据盘陀站 1954－1970 年实测，汛期径流量占年径流量的 64％左右，平均年输沙量为 45.1 万 t，平均侵蚀模数为 438t/(km²·a)（实际在子洪水库以上侵蚀模数大于此数）。

昌源河中游建有中型水库——子洪水库，控制流域面积 576km²，总库容为 1660 万 m³。

二、水文计算

1）基本生态环境需水量（W_b）。1954—1970 年昌源河盘陀站的最小月平均流量如表 7-21 所示，流域面积 533km²。

表 7-21 昌源河盘陀站历年（1954－1970 年）最小月平均流量

单位：m³/s

年份	流量
1954	0.22
1955	0.11
1956	0.46
1957	0.44
1958	0.24
1959	0.35
1960	0.22

年份	流量
1961	0.175
1962	0.08
1963	0.59
1964	0.89
1965	0.20
1966	0.03
1967	0.48
1968	0.30
1969	0.47
1970	0.49
合计	5.745
均值	0.34

基本生态环境需水量 $W_b = 1072$ 万 m^3。

2）改善生态环境需水量（W_r）。该河非汛期径流量仅占年径流量的 36%，需要增加改善生态环境需水量 W_r，其值等于年径流量的 10%，即为 390 万 m^3。

3）输沙需水量（W_s）。1954—1963 年昌源河盘陀站历年最大月平均含沙量如表 7-22 所示。

表 7-22　昌源河盘陀站历年（1954—1963 年）最大月平均含沙量

单位：kg/m^3

年份	含沙量
1954	21.8
1955	16.8
1956	18.3
1957	42.0
1958	24.6
1959	21.8
1960	24.1
1961	17.2
1962	17.8
1963	24.3
合计	228.7
均值	22.87

年输沙量为 45.1 万 t，计算输沙需水量：①按式（6-3）计算，$W_s = 1972$ 万 m^3；②按式（6-5）计算，$W_s = 1074$ 万 m^3。兹采用 $W_s = 1074$ 万 m^3（因子洪水库淤积不太严重）。

三、小结

生态环境需水总量 $W_e = W_b + W_r + W_s = 2536$ 万 m^3，占年径流量均值的 65%，允许开发利用率为 35%。

乌马河及其支流象峪河在昌源河入汾河口上游不远处汇入该河，因对昌源河的影响很小，故另立专节，此处不再赘述。

第九节 乌 马 河

一、流域概况

从河流的级别来看，乌马河是昌源河的支流，而象峪河又是乌马河的支流。由于前文已单独叙述了昌源河，该节中并未包括乌马、象峪两河的内容，故本书选择对昌源、乌马、象峪 3 条河流分别进行单独叙述，使情况能更加简单清晰一些。

乌马河发源于太谷、祁县交界处的上下黑峰通天沟一带，流经太谷、祁县、清徐境内，在清徐县东罗村纳入支流象峪河，再流入祁县境内，与昌源河会合后，在苗家堡注入汾河。

该河全长 109.9km，流域面积 500km²，平均河道纵坡为 18‰。1956—2000 年多年平均年径流量为 1545 万 m^3，年输沙量为 56 万 t，流域内未设置水文站。

乌马河中上游建有中型水库——庞庄水库，水库控制流域面积 278km²，总库容为 1520 万 m^3。

二、水文估算

由于没有水文资料，只能比照邻近的昌源河，粗估乌马河的生态环境需水量 $W_e = 1000$ 万 m^3，占年径流量的 65%，允许开发利用率为 35%。这一数值也符合国际公认的标准。

第十节　象　峪　河

一、流域概况

象峪河是乌马河的一级支流，发源于太谷、榆次和榆社三县交界的通梁山八赋岭，流经太谷县境内，再入清徐县境，在东罗村注入乌马河。全长 63km，流域面积 341km²，平均纵坡 9‰。1956—2000 年多年平均年径流量为 1275 万 m³，其中，清水径流量为 400 万 m³，占年径流量的 31.37%；汛期径流量占年径流量的 68.63%，此比例与昌源河（64%）相近，平均年输沙量为 26.7 万 t。

1958 年在太谷县修建了中型的郭堡水库，控制流域面积 229km²，总库容为 2927 万 m³。截至 1989 年，该库共淤积泥沙 400 万 m³，占总库容的 13.67%。按此淤积量估算，平均每年拦沙 16.77 万 t，上游平均侵蚀模数为 732t/（km²·a），但丰水年弃水也会带走一些泥沙，故来沙量应略高于库内淤积量，估计侵蚀模数不超过 1000t/（km²·a），仍属于微弱侵蚀。

二、水文估算

该流域 1958 年曾在郭堡水库下游约 1.5km 处设立王公水文站，但只观测了几个月即撤站，现在可参考的数据只有 1958 年最小月平均流量为 1月份的 0.11m³/s。故仅能比照昌源河的成果，粗略估算。估计其生态环境需水量为 829 万 m³，占年径流量的 65%，允许开发利用率为 35%。

昌源河盘陀站 1958 年的最小月平均流量也发生在 1 月份，为 0.25m³/s，王公站为盘陀站的 44%。象峪河平均年径流量为昌源河平均年径流量的 32.68%；而前者的年输沙量为后者年输沙量的 59.20%。

第十一节　磁　窑　河

一、流域概况

磁窑河是汾河的一级支流，发源于交城县山区的塔棱村和清徐县山区的养天池一带，流经交城、文水、汾阳、平遥、孝义、介休 6 个县市，在历史上水灾频繁，至今仍承担着清徐部分地区和文峪河的部分泄洪任务。河道总长 66.4km，流域总面积为 1059.83km²。因河道为季节性泄洪，无清水流量，多年平均年径流量为 4800 万 m³，年输沙量为 48 万 t，山区侵蚀模数为 1041t/（km²·a）。

该河处在平川区的河长 66.4km，纵坡为 0.28‰—0.5‰，泥沙淤积严重，交城县城附近 13km，已形成悬河，高出两岸地面 1—2.6km，直接威胁着交城县城及西石侯村的安全。

磁窑河按 20 年一遇的防洪标准应为 115m³/s，但现在河道行洪能力不足 50m³/s。

该流域内没有设立水文站。现有小型水库 4 座，总库容为 382 万 m³，设计灌溉面积为 2066 公顷，现实际不足 700 公顷。流域内有耕地 8000 公顷。

二、水文估算

由于没有水文资料，又鉴于该河目前的主要问题是河道行洪标准过低，河道淤积严重，故我们从输沙角度出发，估算其排沙需水量 W_s。

根据表 6-1，人民引洛灌区总干渠的含沙量为 30%—59%，流量大于 8m³/s 时，不淤比降 1/2500，即 0.4‰。磁窑河平川区河道纵坡为 0.28‰—0.5‰，平均约为 0.39‰，与人民引洛灌区相近似，按输沙需水量 8m³/s 计算，含沙量按 300kg/m³ 估计，输沙需水量为 160 万 m³，仅占年径流量的 3.33%。可见磁窑河的主要问题是提高河道防洪标准，建议在未来清淤疏浚时改为窄深式断面，即宽深比（$\sqrt{B/H}$）要小些。景可等[1]指出，河道的宽深比（$\sqrt{B/H}$）小，在相同水流条件下，挟沙能力就大。漱水河河口林家坪站的宽深比＝0.99，如果未来的磁窑河新河采用复式断面，其主槽底宽 15—20m，深 4—5m，则（$\sqrt{B/H}$）将小于 1，而设计流量将可达到甚至超过 20 年一遇的防洪标准，并使悬河改造为"地下河"。

第十二节　洪安涧河

一、流域概况

洪安涧河为汾河的一级支流，在五马以上为上游，分为南北二涧。北

---

① 景可、陈永宗、李凤新：《黄河泥沙与环境》，北京：科学出版社，1993 年，第 137-144 页。

涧（又称热留河）发源于古县，南涧发源于安泽，两涧在古县五马和五马湾之间汇合，以下即为下游，流入洪洞县境后，在北营村注入汾河。主流全长 59.7 km，流域面积为 1149.7km²，平均坡降为 8‰。根据东庄水文站（控制流域面积为 987km²）1965—1983 年的资料分析，多年平均流量为 1.98m³/s，其中，清水流量为 0.5m³/s，占 25.25%。该河多年平均年径流量为 0.596 亿 m³。北涧平均年输沙量为 62 万 t，平均侵蚀模数为 2458t/（km²·a）。

干流设立了北铁沟水文站（1953—1964 年），1965 年移至东庄。据两站 18 年的观测资料，年平均输沙量为 244 万 t，平均侵蚀模数为 2383—2472t/（km²·a）。

洪安涧河目前没有大中型水库，《战略研究》曾规划在 2020 年以前建设五马水库，主要任务是为洪洞县工农业供水。

二、水文计算

1）基本生态环境需水量（W_b）。由于该河以前曾设立了北铁沟（一、二、三、四站）、东庄等水文站，控制流域面积相差仅 2.35%，故可视为连续的时间序列（表 7-23、表 7-24 和表 7-25）。

表 7-23　洪安涧河北铁沟（一、二）站（1953—1958 年）最小月平均流量
（控制流域面积＝998km²）　　　　　　　　　　单位：m³/s

年份	流量
1953	1.1
1954	0.53
1955	0.39
1956	0.71
1957	0.80
1958	0.53
合计	4.06
均值	0.68

表 7-24　洪安涧河北铁沟（三、四）站（1959—1964 年）历年最小月平均流量
（控制流域面积＝1022km²）　　　　　　　　　单位：m³/s

年份	流量
1959	0.87
1960	0.21
1961	0.11
1962	0.15
1963	0.96
1964	2.18

续表

年份	流量
合计	4.48
均值	0.75

表 7-25　洪安涧河东庄站历年（1965－1970 年）最小月平均流量
（控制流域面积＝987km²）　　　　　　　　　　　单位：m³/s

年份	流量
1965	1.39
1966	0.92
1967	0.88
1968	0.83
1969	0.90
1970	0.88
合计	5.80
均值	0.97

最小月平均流量的 18 年平均值为 0.80m³/s，故 W_b＝0.25 亿 m³。

2）改善生态环境需水量（W_r）。据东庄站 1965－1970 年实测，非汛期径流量占年径流量的 47.11%，但据北铁沟站 1959－1964 年实测，非汛期径流量占年径流量的 40.67%，与我们参考沁河情况所拟订的标准（45.8%）尚差 5%，故定改善生态环境需水量 W_r＝0.03 亿 m³。

3）输沙需水量（W_s）。北铁沟、东庄站组成 18 年的连续时间序列，最大月平均含沙量的平均值 72.24kg/m³，最大值为 140kg/m³，平均年输沙量为 244 万 t，故计算输沙需水量：①按式（6-3）计算，W_s＝0.34 亿 m³；②按式（6-5）计算，W_s＝0.17 亿 m³。

考虑到未来规划建设的五马水库蓄水后可以进行调水调沙，故选用较小值，即 W_s＝0.17 亿 m³。

北铁沟、东庄站最大月平均含沙量如表 7-26、表 7-27 和表 7-28 所示。

表 7-26　北铁沟（一、二）站（1953－1957 年）最大月平均含沙量
单位：m³/s

年份	含沙量
1953	71.53
1954	80.8
1955	69.3
1956	71.1
1957	33.7
合计	326.43
均值	65.29

表7-27 北铁沟（三、四）站历年（1958—1964年）最大月平均含沙量

单位：m^3/s

年份	含沙量
1958	36.7
1959	74.2
1960	91.5
1961	52.1
1962	65.0
1963	91.3
1964	63.0
合计	473.8
均值	67.69

表7-28 东庄站历年（1965—1970年）最大月平均含沙量 单位：m^3/s

年份	含沙量
1965	50.1
1966	78.1
1967	53.8
1968	113
1969	140
1970	65.1
合计	500.1
均值	85.35

三、小结

生态环境需水总量 $W_e = W_b + W_r + W_s = 0.46$ 亿 m^3，占年径流量的 76.56%，故允许开发利用率为 23.44%。

第十三节　段　纯　河

一、流域概况

段纯河（旧名双池河）是汾河的一级支流，有东、西两源。东源为大麦郊河，西源为下村川河。大麦郊河发源于交口县南沟底村，下村川河发源于交口县化垎垛。两源在双池镇官桑园村汇合，出交口县境入灵石县，流经段纯镇，在孙家山村注入汾河。流域面积为 1115.6km^2，河道平均比降为 9‰。

在下村川河上距交口县城 7.5km 处建有西山水库，为小（一）型水库，该库控制流域面积 190km²，总库容为 764 万 m³。由于库底及库岸均为奥陶系石灰岩，漏水特别严重，故只具备防洪能力，无灌溉等其他功能。

该河系季节性河流，东、西两源均无清水流量，干流中游有水神头泉出露，流量为 33L/s，近年来也呈衰减趋势。总之，流域内人畜吃水困难，整个交口县有效灌溉面积仅 100 亩（机电灌站）。该流域从未设立过水文站。

二、年径流量及输沙量的估算

据李英明等[1]介绍，段纯河河流年径流量为 1263 万 m³，年输沙量为 95×10⁴t。我们感觉上述数据有待商榷。

1）李英明等的文献记载[2]，西源（下村川河）流域面积为 273.75km²，年径流量为 1900 万 m³；东源（大麦郊河）流域面积为 208.13km²，年径流量为 637 万 m³。以上两源合计流域面积仅 481.88km²，年径流量已达 2537 万 m³，是段纯河年径流量 1263 万 m³ 的一倍多。显然，3 个年径流量数据中至少有一个是错误的。

2）上述文献又介绍，东源流域年输沙量为 73 万 t，西源流域年输沙量为 161 万 t，两源流域合计输沙量为 234 万 t，是段纯河全河年输沙量 95 万 t 的 2.46 倍。显然，3 个年输沙量中，至少有一个是错误的。

3）段纯河全流域面积年径流量如为 1263 万 m³，则径流深为 11.32mm。但参考有关资料[3]的附图（多年平均年径流深等值线图），双池河（即段纯河）绝大部分的径流深为 25mm，交口城以上则为 50－75mm。如通按 25mm 计算，年径流也应为 2789 万 m³。另查参考资料[4]的附图（多年平均年径流深等值线图），双池河绝大部分的径流深为 25mm，河源部分为 50mm。

4）综上所述，初步认为该河年径流量至少应为 2537 万 m³。

5）文献记载[5]，东源流域年输沙量为 73 万 t，西源流域年输沙量为

---

① 李英明、潘军峰：《山西河流》，北京：科学出版社，2004 年，第 110-111 页。
② 李英明、潘军峰：《山西河流》，北京：科学出版社，2004 年，第 110-111 页。
③ 山西省水文总站吕梁地区分站：《山西省吕梁地区水文计算手册》（内部资料），1974 年 11 月。
④ 山西省水文总站晋中地区分站：《山西省晋中地区水文计算手册》（内部资料），1974 年 11 月。
⑤ 李英明、潘军峰：《山西河流》，北京：科学出版社，2004 年，第 110-111 页。

161 万 t，二者合计为 234 万 t，是段纯河全河年输沙量 95 万 t 的 2.46 倍，这一倍数与年径流量的倍数完全一样，显然其中必定有错。由于错误的倍数相同，我们认为，两源的年输沙量之和 234 万 t 是比较符合实际的，这样平均侵蚀模数为 2098t/（km² · a），也与此文献所述"水土流失极为严重"的说法相一致。

三、生态环境需水量的粗估

由于该流域没有实测水文资料，生态环境需水量无法应用水文学方法计算，而只能按经验来粗估。

应该注意到该流域的几个现象：

1）东源、西源流域清水奇缺，中游水神头泉水流量也呈衰减趋势，故河道、水系的生态环境恶劣。

2）西山水库漏水严重，建库 30 多年来，在总库容 764 万 m³ 中，虽已淤积库容 118 万 m³，但漏水仍然严重，估计除库岸漏水之外，库底的淤积层也起不到任何防渗作用。

为了改善当地的水环境，我们提出以下参考意见：

1）按非汛期径流量应占到年径流量 45.8% 的标准，生态环境需水总量为 1162 万 m³，相应蓄水工程的总库容为 1743 万 m³，即该流域除西山水库外，还需增建总库容为 979 万 m³ 的蓄水工程。

2）对西山水库进行彻底的勘探分析，设法治漏改造，并在各支流寻找地质情况和库容条件较好的坝址，广建蓄水工程。

3）大力推广各种类型的雨水工程，解决人畜吃水困难问题。

参考流域面积、年径流量、气候条件，以及径流年内分配等情况与该流域相似的晋西地区屈产河，该河流域面积为 1218.29km²，年径流量为 3476 万 m³，平均年降水量为 496mm（段纯河为 550mm），汛期径流量占年径流量的 78.74%。计算该河生态环境需水量 W_e 为年径流量的 85.9%，故段纯河的允许开发利用率不能超过 14%，W_e 为 2182 万 m³。

第八章
极端气候条件下汾河流域的水安全

对流域水资源安全利用进行研究的目的，是寻求在不破坏良好生态环境的前提下，水资源满足该流域经济社会发展需要的途径。作为黄河一级支流的汾河，整个流域除去生态环境需水量后，水资源允许开发利用率为 31.74%，截至 2000 年的实际开发利用率已达 52.64%，远远超出了国际公认的标准（35%—40%），严重威胁到流域的生态安全。在全球变化的背景下，流域如遇中等干旱和特大干旱年等极端气候事件发生，水危机将更为严重。

第一节　极端气候的含义及对流域水安全的影响

联合国政府间气候变化报告（Intergovernment Panel on Climate Change，IPCC）第四次评估报告指出，即使目前大气温室气体停止增加，但由于其巨大的惯性作用，在未来 50—100 年，全球气候将继续向变暖的方向发展。在全球变暖的背景下，极端气候事件更加复杂多变，已有的认识、检测和预测手段已难以适应这种变化。

IPCC 第三次和第四次评估报告都对极端气候事件进行了明确的定义：对一特定地点和时间，极端气候事件就是从概率分布的角度来看发生概率极小的事件，通常发生概率只占该类天气现象的 10% 或者更低。换言之，极端气候事件指小概率事件。[1]

洪水和干旱都被视为水文气候学上的极端事件。直观地讲，洪水来自

---

[1] 封国林、侯威、支蓉等：《极端气候事件的检测、诊断与可预测性研究》，北京：科学出版社，2012 年，第 3、30-31、185-186 页。

水量过度的极端水文气候，而干旱来自水分稀缺的极端水文气候。有研究[1]指出，要全面地理解极端事件发生的复杂性，需要用水文气候变量的均值、方差或者两者一起来描述极端事件。极端事件的频率随着均值分布而发生非线性变化，因此均值的微小变化，都可导致频率的巨大改变。识别水文现象极端事件的频率变化，需要可靠的统计分析来阐明这些复杂自然过程的影响。本书笔者同意上述重要观点，并将在本章中就汾河水库入库最大洪峰流量和汾河 3 条主要支流的频率分析问题进行有针对性的讨论。

在本书第三章和第四章的内容中，已介绍和分析了从西汉到新中国成立 2200 多年来，汾河流域曾经发生过多次洪涝和干旱灾害，其中有不少次给人民的生命财产造成了巨大损失。新中国成立之后的 50 年中，便发生过 1977 年、1988 年和 1996 年 3 次特大洪涝灾害；1965 年、1972 年、1986 年、1990 年、1992 年、1993 年和 1995 年 7 起特大干旱灾害，至于历史上发生过的更不胜枚举。因此，如何利用现有的资料，检测、诊断和预测极端气候事件，找出水文数据中的极端值，就十分必要。

作为重要的案例，本章对汾河水库年最大洪峰流量的极端大值和汾河水库年来水量的极端小值，应用多种方法进行计算，分析比较以求得较安全的结果，并对整个汾河流域水资源在极端干旱气候条件下的安全问题，进行初步讨论。

第二节　年最大洪峰流量的极端大值

一、传统的基于平均值的方法

下面首先介绍极端值的简单检测方法。极端值包括极大值和极小值，本节以极大值为例，介绍基于均值的极端气候事件的检测方法，并对极小值的检测采取类似的操作。

以传统的基于均值的极端气候事件检测方法为例，设有一气候或水文观测值系列 x_i，$i = 1, 2, \cdots, n$。如果

$$x(i) > \bar{x} + Z\sigma, \tag{8-1}$$

则 $x(i)$ 被认为是极端大值，$\bar{x}$ 为样本均值，σ 为标准差（均方差）。根据概率理论[2]，取 $Z = 1.28$，当 $x(i)$ 符合正态分布时，超过这个阈值的极

① 〔美〕谢尔登：水文气候学视角与应用，刘元波主译，北京：高等教育出版社，2011 年，第 217、247-249 页。

② Bronshtein，et al，1927. Handbook of mathematics. New York：Springer Verlag.

端气候事件的发生概率小于 0.1。

表 8-1 列举了 1961—1990 年共 30 年历年最大洪峰流量的实测数据，其均值为 783.4m³/s。

表 8-1　汾河水库年最大洪峰流量频率分析（1961—1990 年）

年份	x	k	$(k-1)$	$(k-1)^2$	年份	x	k	$(k-1)$	$(k-1)^2$
1961	542	0.692	−0.308	0.094 9	1977	1 650	2.106	1.106	1.223 2
1962	770	0.983	−0.017	0.000 3	1978	872	1.113	0.113	0.012 8
1963	315	0.402	−0.598	0.357 6	1979	1 138	1.453	0.453	0.205 2
1964	216	0.276	−0.724	0.524 2	1980	336	0.429	−0.571	0.326 0
1965	90	0.115	−0.885	0.783 2	1981	1 138	1.453	0.453	0.205 2
1966	1 275	1.628	0.628	0.394 4	1982	606	0.774	−0.226	0.051 1
1967	2 320	2.961	1.961	3.845 5	1983	1 319	1.684	0.684	0.467 9
1968	651	0.831	−0.169	0.028 6	1984	493	0.629	−0.371	0.137 6
1969	1 400	1.787	0.787	0.619 4	1985	1 940	2.476	1.476	2.178 6
1970	745	0.951	−0.049	0.002 4	1986	1 110	1.417	0.417	0.173 9
1971	542	0.692	−0.308	0.094 9	1987	131	0.167	−0.833	0.693 9
1972	144	0.184	−0.816	0.665 9	1988	432	0.551	−0.449	0.201 6
1973	935	1.194	0.194	0.037 6	1989	666	0.850	−0.150	0.022 5
1974	714	0.911	−0.089	0.007 9	1990	126	0.161	−0.839	0.703 9
1975	446	0.569	−0.431	0.185 8	总计	23 503		0.002	14.437
1976	441	0.563	−0.437	0.191 0					

注：均方差＝552.78；$\sum$＝253 03，均值＝783.4m³/s

先按传统方法求极端最大值。按公式

$$\sigma=\sqrt{\frac{\sum(x-\bar{x})^2}{n}},\tag{8-2}$$

求得均方差 σ 为 552.78。

若 $x(i)>\bar{x}+Z\sigma$，则 $x(i)$ 为极端大值。现 $\bar{x}=783.4$m³/s，$Z=1.28$。故阈值为

783.4＋1.28×552.78＝1 490.96m³/s。

按这一结果，在 30 年序列中 1967 年（2320m³/s）、1977 年（1650m³/s）和 1985 年（1940m³/s）3 年大于阈值。

二、Hampel 基于中值的方法

Hampel[①] 提出了一种新的极端值检测方法，即基于中值的检测方法。

---

① 封国林、侯威、支蓉等：《极端气候事件的检测、诊断与可预测性研究》，北京：科学出版社，2012 年，第 30-31 页。

$$x(i) > (x) + z\text{MAD}(x), \tag{8-3}$$

则 $x(i)$ 被认为是极端大值。样本 $x(i)$ 的长度为 n，$\text{MED}(x)$ 和 $\text{MAD}(x)$ 分别是原始系列 $x(i)$ 和序列 $\{|x(i) - \text{MED}(x)|; i = 1, 2, \cdots, n\}$ 的中值。中值的定义如下：如果将观测值按递增的顺序排列，中值 M 就是所有数据的中心点，一半观测值在中值之下，一半观测值在中值之上。将数据排列为 $x_1 \leqslant x_2, x_2 \leqslant x_3, \cdots, x_{n-1} \leqslant x_n$，则中值可根据式（8-4）计算

$$M = \begin{cases} \text{X}_{(n+1)/2} & (n\text{ 为奇数}) \\ (x_{n/2} + x_{n/2+1})/2 & (n\text{ 为偶数}) \end{cases}, \tag{8-4}$$

原始系列 $x(i)$，即 1961—1990 年最大洪峰流量序列，按递增顺序排列，如表 8-2 所示。因 n 为偶数，中值是第 15 项和第 16 项的平均数，即（651＋661）/2＝658.5＝$\text{MED}(x)$。

表 8-2　汾河水库年最大洪峰流量 $|x(i) > \text{MED}(x) + z\text{MAD}(x)|$ 计算

年份	x_i	$x_i - 658.5$	年份	x_i	$x_i - 658.5$
1965	90	−568.5	1989	666	7.5
1990	126	−532.5	1974	714	55.5
1987	131	−527.5	1970	745	86.5
1972	144	−514.5	1962	770	111.5
1964	216	−442.5	1978	872	213.5
1963	315	−343.5	1973	935	276.5
1980	336	−322.5	1986	1110	451.5
1988	432	−226.5	1981	1138	479.5
1976	441	−217.5	1979	1138	479.5
1975	446	−212.5	1966	1275	616.5
1984	493	−165.5	1983	1319	660.5
1971	542	−116.5	1969	1400	741.5
1961	542	−116.5	1977	1650	991.5
1982	606	−52.5	1985	1940	1281.5
1968	651	−7.5	1967	2320	1661.5

注：MAD＝（322.5＋343.5）/2＝333；x_i 系列按大小排序，故对应年份被打乱。表 8-3 同。

在表 8-2 中计算出 $\{|x(i) - 658.5|\}$，$i = 1, 2, \cdots, n$。再做 $\{|x(i) - 658.5|\}$ 的排序如表 8-3 所示。

表 8-3　　汾河水库年最大洪峰流量 $|x(i)-\mathrm{MED}|$ 排序表

序数	年份	$|x(i)-\mathrm{MED}(x)|$	序数	年份	$|x(i)-\mathrm{MED}(x)|$
1	1989	7.5	16	1963	343.5
2	1968	7.5	17	1964	442.5
3	1982	52.5	18	1986	451.5
4	1974	55.5	19	1981	479.5
5	1970	86.5	20	1979	479.5
6	1962	111.5	21	1972	514.5
7	1961	116.5	22	1987	527.5
8	1971	116.5	23	1990	532.5
9	1984	165.5	24	1965	568.5
10	1975	212.5	25	1966	616.5
11	1978	213.5	26	1983	660.5
12	1976	217.5	27	1969	741.5
13	1988	226.5	28	1977	991.5
14	1973	276.5	29	1985	1281.5
15	1980	322.5	30	1967	1661.5

在表 8-3 中，中值为第 15 项和第 16 项的平均值 =（322.5＋343.5）/ 2＝333＝MAD。

Hampel[1]应用蒙特卡罗模拟实验得到，当原始序列符合正态分布时，z 取 $1.92 \approx 1.28/0.67$，超过该阈值的极端气候事件发生概率小于 0.10。

因此，Hampel[1] 的判别式转化为

$$x(i)>\mathrm{MED}(x)+z\mathrm{MAD}(x)。$$

若 $x(i)>\mathrm{MED}(x)+z\mathrm{MAD}(x)$，即

$$x(i)>658.5\mathrm{m}^3/\mathrm{s}+（1.92\times333）\mathrm{m}^3/\mathrm{s}，$$

$x(i)>1297.86\mathrm{m}^3/\mathrm{s}$，则 $x(i)$ 为极端大值，因此，年最大洪峰流量极大值的阈值就是 $1297.86\mathrm{m}^3/\mathrm{s}$。

三、皮尔逊Ⅲ型曲线的计算结果

从历史流域学的观点看来，注意的重点是在洪涝灾害和干旱灾害两方面，即从水文水利计算的角度研判极端气候的严重程度，如供水，传统的判别标准是 50％保证率为平年，75％保证率为中等干旱年，95％保证率为特大干旱年，以此来确定农田灌溉工程的设计规模。在防洪方面，例如，在设计某一中型水库工程时，其规模按 1％概率的洪水进行设计，再按 1‰概率的洪水来校核该水库能否承受这样大的洪水。通常即简称为

① Hampel F R. 1985. The breakdown point of the meancombined with some rejection rules. Technometrics，27：95-107.

"百年一遇设计，千年一遇校核"。

汾河水库现在达到的防洪标准是：一百年一遇洪水设计，两千年一遇洪水校核，山西省汾河水库管理局于 2005 年 6 月编制了《汾河水库 2005年防汛手册》。按该手册介绍，各种频率的年最大洪峰流量如表 8-4 所示。

表 8-4　汾河水库各种设计频率的年最大洪峰流量　　　　单位：m^3/s

频率（P%）	最大洪峰流量（Q）
0.01	11 800
0.02	10 800
0.05	9 400
0.10	8 320
0.20	7 300
0.33	6 580
1.00	5 010
2.00	4 080
5.00	2 870
10.00	2 010
20.00	1 260
33.00	770
50.00	495
75.00	324

据了解，该计算应用了长系列观测值，时段长达 40 多年，并加入了历史洪水和调查洪水，故笔者称之为长系列计算成果。《汾河水库 2005 年防汛手册》还计算出最大可能降水（PMP）的洪峰为 14 000m^3/s。

四、关于年最大洪峰流量极端大值的讨论

以上计算和列举了 3 种不同的关于年最大洪峰流量极端大值成果，它们分别是：①用传统的均值方法，为 1490.96m^3/s；②用 Pampel 中值方法，为 1297.86m^3/s；③用长系列皮尔逊Ⅲ型曲线（考虑了历史洪水和调查洪水）百年一遇为 5010m^3/s，千年一遇为 8320m^3/s，万年一遇为 11 800m^3/s；④最大可能降水（PMP）为 14 000m^3/s。

比较以上成果可知，第 4 种方法是第 1 种方法成果的近 10 倍，更是第 2 种方法成果的 10.78 倍。而 PMP 方法的成果，比第 3 种万年一遇洪峰大了 18.64%。

1）极端气候学中的均值和中值两种方法所得到的结果，从水文学角度来看，显然很不安全。其原因在于，这两种方法的基础均基于随机变量的概率分布服从正态分布，而如众所知，水文学所处理的各种随机变量，如年最大洪峰流量、年来水量（年径流量）等，均为偏态分布，它们服从皮尔逊Ⅲ

型曲线分布。因此，均值法和中值法都不适合于用水安全的检测。

2）第3种，即长系列皮尔逊Ⅲ型曲线的计算成果，略小于PMP计算成果。但笔者怀疑的是，所谓长与短，是相对而言的。40多年的资料与30年资料的代表性，仍同属于一个数量级，以40多年的资料推测百年一遇尚属可行，如用以推测千年一遇甚至万年一遇的事件，存在着巨大的不确定性。

3）水文学中应用历史洪水和调查洪水，也有不确定性的因素存在。根据野外调查访问的经验，历史洪水痕迹往往是根据群众指认而得以发现，就发现洪水痕迹所在点的河槽而言，该次"最大"历史洪水发生中难免掩盖"第二大"、"第三大"历史洪水所留下的痕迹。显然，如果加上"第二大"、"第三大"的数据，计算结果将会完全不同。

4）至于因PMP导致的PMF（可能最大洪水），曾经在水文学界有过争议，陈先德先生[①]指出：PMP是按水文气象法求得的，万年一遇洪水是按数量统计法求得的，这二者的基本概念和理论基础不同，所依据的基本资料差别也很大。因此，它们之间没有也不可能有任何固定的关系。但从汾河水库的实例来看，数据统计法成果只比PMP方法成果减少了15.71%，差别并不太大。依笔者之见，从安全观点出发，仍以PMP法较妥。特别是自20世纪90年代以来，全球极端气候事件频发，更需要人们对超特大洪水的发生提高警惕。

总结以上几点，可以认为均值法和中值法的成果过于偏小，并不适合于汾河流域，仍以数理统计法和PMP方法相结合为妥。

极端气候事件在汾河流域是否发生过？笔者认为是肯定的，有第二大支流潇河为证。1997年6月25日，凌晨1时至3时，潇河上游降雨200mm，洪水暴涨。根据文献[②]潇河控制站芦家庄的60分钟点暴雨均值为26mm，C_v 为0.55，假设 $C_s = 6C_v$，则降雨量200mm为皮尔逊型Ⅲ型曲线坐标 $K_p = 7.69$。而查 K_P 表，在 $C_s = 6C_v$，$C_v = 0.55$ 时，$K_p = 7.03$，此时频率已达万年一遇。

第三节 极端干旱气候条件下汾河流域河流水资源安全研究

上述分析表明，均值法及中值法均不适合汾河流域，因此不能应用这两种方法评估该流域在极端干旱条件下的水资源问题。本书尝试应用水文

---

① 陈先德：《黄河水文》，郑州：黄河水利出版社，1996年，第430-460页。
② 山西省水利厅：《山西省水文计算手册》，郑州：黄河水利出版社，2011年，第196-198页。

学方法，进一步估算极端干旱条件下汾河流域的生态环境需水量，以解决这一问题。

一、该流域自然地理和水文基本情况

汾河是黄河的第二大一级支流，流域面积 39 471km²，占山西省总面积的 25％以上，多年平均年径流量为 20.67 亿 m³。干流兰村水文站以上为上游，流域面积为 7705km²，多年平均年径流量为 68 700 万 m³；兰村水文站至石滩（赵城）水文站为中游，流经太原盆地，区间流域面积为 20 509km²，区间的年径流量为 64 000 万 m³；赵城水文站至入黄河口区间为下游，流经临汾盆地，区间流域面积为 11 276km²，区间年径流量为 74 000 万 m³。

据 2000 年统计，汾河流域人口为 1195 万人，占山西全省人口的 36.79％；而 GDP 为 730 亿元，占全省的 44％。由此可见，汾河流域是山西省经济发展最集中、最发达的地区。山西省 8 个国家统配的矿务局，有 3 个局（西山、汾西、霍州）位于该流域，其原煤年产量约占 8 局总产量的 1/4。由此可见，该流域能源工业在山西能源重化工基地中占有重要地位。尤其重要的是，中游的太原钢铁公司是全国最大的不锈钢生产基地；上游的古交市是我国最大的主焦煤生产基地，而岚县建设中的袁家村铁矿，"十二五"期间总投资 1000 亿元，将成为全国最大的铁矿之一。

汾河流域属半干旱、半湿润气候的过渡地区，干旱指数为 2.0～2.5，干旱发生频繁，干旱年份河川流量一般也剧烈衰减。历史上距今最近一次大干旱为清光绪三年（1877），是年全省平均降水量为 116mm，仅为多年平均值的 22.1％。这次大旱是 4 年（1875－1879）连旱，该流域太原府属地就死亡 95 万人，占灾前人口的 95％。[①] 据汾河水库水文站实测，1960－2004 年的 45 年中有 5 年降水量少于 300mm，最少的 1972 年为 213.5mm，只有多年平均年降水量 522.67mm 的 40.8％。该年来水量为 1.37 亿 m³，只达多年平均来水量 3.316 亿 m³ 的 41.3％（山西省汾河水库管理局，2005 年 6 月）。

汾河流域降水量特征值，如表 8-5 所示。

表 8-5　汾河流域降水量特征值

分区	统计年限	统计参数/mm			不同保证率（P）的年降水量/mm			
		均值	C_v	C_s/C_v	20%	50%	75%	95%
上游	1956－2000	490.7	0.22	2.0	578.4	482.8	414.3	327.7

[①]　李英明、潘军峰：《山西河流》，北京：科学出版社，2004 年，第 31 页。

续表

分区	统计年限	统计参数/mm			不同保证率（P）的年降水量/mm			
		均值	C_v	C_s/C_v	20%	50%	75%	95%
下游	1956—2000	539.0	0.22	2.0	635.3	530.3	455.1	360.0
全流域	1956—2000	504.8	0.20	2.0	587.1	498.1	433.7	351.2

干旱年份，汾河流域河川径流量一般也剧烈衰减。对汾河断流的研究发现：对于汾河这样的北方河流来说，降水量对径流量具有决定性的影响。由于降水与径流为非线性关系，当降水量减少时，径流量的减少幅度要大于降水量的减少幅度。[①]

根据山西省第二次水资源评价成果，汾河流域各分区和各控制站河川径流量如表8-6和表8-7所示（表8-7中带有括号的为笔者估计值）。

表 8-6 汾河流域分区天然年径流量特征值表

分区	统计年限	多年均值/万 m³	不同保证率（P）的天然年径流量/万 m³			
			20%	50%	75%	95%
上中游	1956—2000	132 600	175 000	119 600	88 900	61 800
下游	1956—2000	74 000	89 300	68 700	57 700	48 900
全流域	1956—2000	206 600	26 100	194 300	153 700	112 800

表 8-7 汾河各主要水文站天然年径流量特征值统计表

流域	河流	站名	统计参数		多年均值年径流量/万 m³	不同保证率（P）的天然年径流量/万 m³			
			C_v	C_s/C_v		20%	50%	75%	95%
汾河	干流	兰村	(0.60)	(2.5)	38 308	53 882	32 992	21 602	(12 259)
	干流	石滩			(132 600)	178 940	124 510	904 82	62 090
	干流	柴庄	(0.38)	(2.0)	184 302	240 191	178 812	134 797	97 950
	干流	河津	(0.32)	(2.0)	203 598	254 524	190 955	152 553	112 060

由表8-5可知，汾河上游区保证率为95%的特大干旱年，年降水量为327.7mm。而根据汾河水库水文站1960—2004年共计44年的实测资料，有7年的降水量小于327.7mm。现将这7年的降水量和来水量，以及它们分别占多年均值之比例列表，如表8-8所示（多年均值分别为490.7mm及3.33亿 m³）。

表 8-8 汾河水库上游7个特大干旱年的降水量与来水量

年份	降水量/mm	占多年均值/%	来水量/亿 m³	占多年均值/%
1965	249.6	50.87	2.014	60.48

---

① 李英明、潘军峰：《山西河流》，北京：科学出版社，2004年，第31页。

续表

年份	降水量/mm	占多年均值/%	来水量/亿 m³	占多年均值/%
1968	294.2	59.96	3.83	115.02
1972	213.5	43.51	1.37	41.14
1984	315.2	64.24	1.75	52.55
1986	302.6	61.67	1.19	35.74
1999	223.6	45.57	1.35	40.54
2004	273.0	55.64	2.189	65.74

在表 8-8 中，1968 年的降水量虽少于 327.7mm，但来水量仍大于多年平均来水量 15.5%，其原因在于前一年（1967 年）是 45 年中降水量最多的一年，高达 706.2mm，是多年平均值的 1.35 倍，这一因素导致地下水（泉水）的补给大增。显然，如遇光绪三年（1876）那样的多年连旱，来水量必然会大幅衰减。

葛全胜等指出，1876—1878 年全球化干旱事件可能与赤道东太平洋海温异常升高及厄尔尼诺事件发生有关。对 1854 年以来 5 次（1877 年、1936 年、1965 年、1986 年、1997 年）最为严重的极端干旱事件发生年的海表温度进行综合分析，结果显示，厄尔尼诺 3 区异常偏高的海温为华北大旱提供了大气驱动的必要条件。他们还指出，1876—1878 年中国北方 3 年连旱事件不是孤立的。当时全球同时有多个区域发生了极端干旱事件，范围涉及亚洲、澳大利亚、欧洲、非洲、北美洲及南美洲。[①] 在此也应注意，1965 年山西大旱和 1986 年汾河上游大旱，也处在上述 5 次最为严重的极端干旱事件之列。

汾河流域水资源的一个重要特点，就是地表水与地下水重复量在水资源总量中所占比例较大，当一些岩溶大泉以开采方式被利用之后，河流中的清水流量迅速减少，甚至断流，因此，对地表水、地下水应统一规划，统一利用。表 8-9 列出了汾河分区的水资源量。

表 8-9　汾河流域 1956—2000 年系列水资源量表　　　　单位：亿 m³/a

流域	水资源总量	河川径流量	地下水资源量	重复量	不同保证率（P）的水资源总量			
					20%	50%	75%	95%
上中游	21.11	13.27	14.76	6.92	22.15	17.45	15.06	13.25
下游	12.47	7.40	9.33	4.26	13.23	11.20	9.22	7.99
全流域	33.58	20.67	24.09	11.18	35.38	28.65	24.28	21.24

资料来源：山西省水利厅编纂：《山西河流》，北京：科学出版社，2004 年，第 34 页

---

① 葛全胜等：《中国历朝气候变化》，北京：科学出版社，2011 年，第 613-620 页。

二、极端干旱条件下的河流水资源安全

(一)研究的必要性

根据笔者的分析与计算,汾河流域河流水资源为 20.67 亿 m³,而生态环境需水量为 14.11 亿 m³,故允许利用水量是 6.56 亿 m³,允许开发利用率仅为 31.74%。但截至 2000 年,实际开发利用率已达 52.64%(国际公认标准为 35%—40%),因此该河严重污染,水质为劣 Ⅴ 类的河长占评价河长的 71.8%。[①]

在极端干旱气候的条件下,如遇保证率为 95% 的年份,天然年径流量只有 11.28 亿 m³,而按 2000 年实际水平的用水量为 10.88 亿 m³ 计算,则两者相减,汾河流域只剩 0.4 亿 m³ 的水量,且全为劣 Ⅴ 类之污水。

因此,要应对极有可能出现的水资源危机和环境更加恶化的危机,必须尽可能地准确计算汾河流域的生态环境需水量,从而确定允许开发利用量,当后者不能满足经济社会发展的需要时,要提出对策和预案。

在对汾河水库上游 1954—2004 年 50 年间的年径流量时间序列进行趋势分析时发现,该序列总体呈下降趋势。其原因虽尚未查明,但确实表明汾河水库上游的河川水资源有衰减的趋势。[②]

(二)生态环境需水量的计算原理与方法

生态环境需水量计算的简便方法,据研究,鉴于 20 世纪 70 年代以前汾河流域受人类活动的影响相对较为微弱,因此可利用既往水文实测数据,估算各项的需水量。

但汾河流域的人类活动对径流和泥沙的重大影响,在 1959 年以后就已充分显示出来。从 1958 年起,汾河干支流上的大中型水库相继开工兴建,1960 年左右初步建成蓄水。据统计,汾河流域共有大中型水库 11 处,总库容为 11.8 亿 m³。因此,即使不计小型水库,汾河流域的总库容系数 β 已达 0.46 以上,其调节和拦沙作用显而易见。

以汾河水库为例,该工程 1958 年开工,1959 年拦洪,1961 年竣工蓄水。拦洪之前,下游兰村站 1951—1958 年的 7 年间,最小月平均流量的均值为 7.30m³/s;拦洪以后,1959—1970 年的平均值下降为 3.55% m³/s,

---

① 任世芳:《山西河流水资源安全研究》,北京:气象出版社,2008 年,第 44-45 页。
② 任世芳、赵淑贞:《汾河水库上游年径流量演变趋势分析》,《人民黄河》2012 年第 34 卷第 3 期,第 17-21 页。

不到此前的一半。相应地，最大月平均含沙量的均值由 115.5kg/m³ 下降为 46.5kg/m³，为拦洪前的 40%。

为此，笔者计算时视各河段受水库影响时间的先后不同，以 1958－1960 年为界计算成果（称为短系列），再与以 1970 年为截止期的计算成果（称为长系列）进行比较。其中，上游段为 1951－1970 年；中游段为 1952－1970 年，下游段为 1934－1970 年。

根据第六章的介绍，生态环境需水量（W_e）包括以下 4 项：河流基本生态环境需水量（W_b），又称枯季维持生态基流量；河流输沙需水量（W_{se}）；河流排盐需水量（W_{sa}）；湖泊洼地生态环境需水量（W_l）。且

$$W_e = W_b + W_{se} + W_{sa} + W_l, \tag{8-5}$$

式中提出的河流输沙需水量包含两个方面的功能。

1）汾河中游兰村—介休义棠段，以及下游赵城—汾河口段，流经太原盆地及临汾盆地，坡降较缓，为 0.3%－0.5%，汾河口又有黄河倒流顶托，故有冲刷淤积泥沙之必要。

2）用于水库闸坝排沙。但汾河流域的各大中型水库并无足够数量的排沙底孔，也没有如何排沙的可靠经验，因此缺乏可用以预测的观测数据。汾河水库库容为 7.21 亿 m³，从 1961 年蓄水到 2000 年 10 月，40 年共已淤积 3.71 亿 m³，占总库容的 51.5%。巨河水库和小河口水库也分别淤积 55.4% 和 48.6%。为了延长水库的运用年限，排沙减沙势在必行。为此，现参考三门峡水库改建后的观测资料进行估算。

三门峡水库改建后，泄洪设施由 12 条深孔、2 条隧洞、10 个底孔和 1 条钢管共 25 个孔洞构成。自 1962 年 3 月起按国务院的决定，运用方案改为滞洪排沙，即利用异重流排沙，但水沙比仅为 0.68%。1962 年 7 月－1964 年 10 月降低水位运用，排沙比提高到 40%。[①]

山西省绝大多数河流 6－9 月汛期径流量占年径流量的 70% 左右，因此，为了尽可能多蓄水，水库不可能在汛期低水位泄洪排沙，而只有可能利用异重流等情况，在高水位或中水位时排沙。所以，在此假定汾河流域各水库排沙量的水沙比为 0.68%，并据此估算了两个案例。

1）汾河上游流域出口控制站为兰村水文站，20 年实测平均输沙量为 1820 万 t，按水沙比 0.68% 计算，排沙需水量为 2.68 亿 t。而按式（2-3）估算，排沙需水量为 2.41 亿 t，两者相差 9.96%。

2）三川河横泉水库（圪洞水文站），10 年实测年平均输沙量为 161

① 叶青超：《黄河流域环境演变与水沙运行规律研究》，济南：山东科学技术出版社，1994 年，第 139-140 页。

万 t，按水沙比 0.68％计算，排沙需水量为 2368 万 m³。而按式（2-3）估算，排沙需水量为 2557 万 m³，两者相差 7.39％。

以上两个案例，计算成果的误差均不超过 10％，因此笔者认为上述计算方法是可行的。

3）河流排盐水量（W_{se}）和湖泊洼地生态环境需水量（W_1）。李丽娟等指出，在基本生态环境需水量和输沙需水量得到保证的前提下，河流系统同时也将完成排盐的功能。[①] 因此，本书不再另行计算排盐需水量。此外，汾河流域仅在河源宁武县有一个天池湖泊群，共有大小 15 个湖泊，面积合计不足 2km²，年蒸发水量很少，也可不予考虑。

三、极端干旱条件下河流水资源的允许开发利用量

（一）生态环境需水量计算成果

利用上述计算方法，计算成果如表 8-10 所示。兰村、石滩（赵城）、河津站河川水资源的允许开发利用率分别为 41.19％、42.68％和 31.74％。兰村、石滩（赵城）站的数值略高于国际公认标准的上限（40％），但高出不多。

表 8-10　汾河上、中、下游生态环境需水量估算成果　　单位：亿 m³

站名	多年平均年径流量（W_o）	基本生态环境需水量（W_b）	输沙排盐需水量（W_{se}）	生态环境需水总量（W_e）	W_e占W_o之百分比/％
兰村	6.87	1.63	2.41	4.04	58.81
石滩（赵城）	13.27	2.26	5.35	7.61	57.32
河津	20.67	5.1	9.01	14.11	68.26

（二）允许开发利用水量计算成果

表 8-11 列出了多年平均情况，以及保证率为 95％时的河川水资源量，在扣除生态环境需水总量后，得到允许开发利用水量。习惯上常将上述后两种保证率的年份称为中等干旱和特大干旱年。

表 8-11　汾河上、中、下游地区在极端干旱条件下的供水量

地区	来水量/亿 m³			生态环境需水总量（W_e）/亿 m³	允许开发利用水量/亿 m³		
	多年平均	75％	95％		多年平均	75％	95％
上游	3.83	2.16	1.23	4.04	−0.21	−1.88	−2.82

① 李丽娟、郑红星：《海滦河流域河流系统生态环境水量计算》，《地理学报》2000 年第 55 卷第 4 期，第 495-500 页。

续表

地区	来水量/亿 m³			生态环境需水总	允许开发利用水量/亿 m³		
	多年平均	75%	95%	量（W_e）/亿 m³	多年平均	75%	95%
中游	9.43	6.73	4.96	3.57	5.86	3.16	1.39
下游	7.40	6.48	5.10	6.50	0.90	−0.02	−1.40

　　计算结果表明，该流域河川水资源如遇中等干旱和特大干旱年份，流域经济社会发展和维持生态环境安全的水资源数量均不能满足。

　　汾河上游区在 3 种年份的允许开发利用水量（W_{pr}）均为负值，负值的含义就是天然来水量（W_o）或（W_p）小于生态环境需水量（W_e），更没有能力供给工、农及生活用水。

　　中游区在两种干旱年份的允许开发利用水量（W_{pr}）均为正值，但数量极少，如发生特大干旱情况，只能开发利用的供水量为 1.39 亿 m³，只达平均年径流量的 14.73%。

　　如将上游区与中游区综合考虑，2000 年的实际供水量为 18.09 亿 m³，扣除水井工程所供地下水 12.40 亿 m³，河川供水量为 5.69 亿 m³[①]，而按表 3-2 所示，上、中游在特大干旱年的来水量为 6.18 亿 m³，而生态环境需水总量为 7.61 亿 m³，换言之，仅维持生态环境需水，即尚缺 1.43 亿 m³。可见仅仅依靠汾河流域自身的水资源，生态环境和生产生活需求无法兼顾。

　　下游区缺水情况最为严重，两种保证率的干旱年份的允许开发量均为负值，即生态环境和生产生活需求两者均无法满足。

四、应对极端气候以维护流域水安全的对策与建议

(一) 上游区

　　因已建成之汾河水库具有多年调节功能，与汾河二库联合运用，调节性能将更高。该区 W_e 需要 4.04 亿 m³，两库联合运用时，可供水 3.77 亿 m³ 左右，已达 W_e 的 93.32%，有研究者在文献[②]中曾建议，将引黄入晋南干渠工程作为公益性工程，所引水 6.4 亿 m³ 中的 4.0 亿 m³ 充当生态环境用水，则两库仍可按原设计要求为太原、晋中两市供水。

(二) 中游区

　　中游区平均来水量为 9.43 亿 m³，已建文峪河水库及其上游已建成之

---

① 李英明、潘军峰：《山西河流》，北京：科学出版社，2004 年，第 41 页。
② 任世芳：《山西河流水资源安全研究》，北京：气象出版社，2008 年，第 174-176 页。

柏叶口水库联合运用，可具备多年调节功能，但两者合计只能控制 1.83 亿 m³，仅占中游平均来水量的 20% 弱，而其他支流上的中、小型水库并无多年调节功能，没有抗拒极端干旱气候的能力。

按 2000 年统计，上、中游区河川供水量为 5.69 亿 m³，今后如遇特大干旱年，汾河水库、汾河二库、文峪河水库和柏叶口水库的可供水量为 5.6 亿 m³，引黄入晋可供水量为 6.4 亿 m³，合计有 12 亿 m³，扣除两区生态环需水量 7.61 亿 m³ 后，地面水可供水 4.39 亿 m³，与 2000 年的水平相比，还缺水 1.30 亿 m³。

(三) 下游区

本区的中、小型水库均无多年调节功能，干旱年份依靠沁河马连圪塔水库的引沁入汾工程予以支援。但沁河只可供水 1.78 亿 m³，在补充 W_e 之后，余水仅有 0.38 亿 m³，粗估本区缺水量可达 4.8 亿－5.0 亿 m³ (2000 年水平)，笔者认为，彻底解决本区的缺水问题，必须依靠黄河大北干流古贤水利枢纽的兴建。

(四) 全流域

鉴于汾河全流域在极端干旱条件下水资源安全将面临的严重威胁，除依靠水利工程进行引水、调水等对策外，全区仍需在污水资源化、循环用水及全面推行节水措施等方面加大力度，上述措施的具体实施方案及相关技术还有待于今后深入研究。